应用型本科信息大类专业“十二五”规划教材

单片机原理与应用

——实验实训和课程设计

主　编　陈朝大　韩　剑

副主编　李颖琼　胡　明　郭军团　傅婉丽
　　　　李德明　云彩霞　柴西林　苏　明
　　　　陈江艳　高迎霞

参　编　张春志　刘远聪

主　审　杨　宁　宋春翔

华中科技大学出版社

中国·武汉

内 容 简 介

本书是将作者在单片机教学与开发应用过程中的实践经验，以及实验实训与课程设计中的心得体会相结合，以实际应用为主线，对单片机应用系统设计加以总结、整理而成的。

本书分为三个部分，第一部分为单片机常用软件及基本理论，第二部分为单片机实验实训，第三部分为单片机课程设计。本书的特色是强调模块实训教学，每个模块实训又介绍了必需的基础理论知识，把理论彻底融入实训教学中。本书所有实例都有详细说明和程序设计流程，并在 Proteus 电子设计软件中进行了仿真。本书中各小节之间的内容既相互关联，又独立成篇。

本书既可作为实验实训教材，也可作为理论教材，是真正的一体化专业教材。为了方便教学，本书还配有电子课件及仿真程序等教学资源包，任课教师和学生可以登录“我们爱读书”网（www. ibook4us. com）免费下载，或者发邮件至 hustpeiit@163. com 免费索取。

本书可作为应用型本科院校及高职高专院校的电子、电气、自动化、机电、计算机等专业的相关课程教材，也可作为单片机应用能力的培训教材，还可供进行单片机课程设计、电子竞赛、毕业设计的学生及广大从事单片机系统开发应用的工程技术人员参考。

图书在版编目(CIP)数据

单片机原理与应用：实验实训和课程设计/陈朝大，韩剑主编. —武汉：华中科技大学出版社，2014.6（2021.1重印）

ISBN 978-7-5680-0161-8

Ⅰ.①单…　Ⅱ.①陈…　②韩…　Ⅲ.①单片微型机算机-高等学校-教材　Ⅳ.①TP368.1

中国版本图书馆 CIP 数据核字(2014)第 118688 号

单片机原理与应用——实验实训和课程设计　　陈朝大　韩剑　主编

策划编辑：康　序

责任编辑：康　序

封面设计：李　嫚

责任校对：李　琴

责任监印：张正林

出版发行：华中科技大学出版社(中国·武汉)　　电话：(027)81321913

武汉市东湖新技术开发区华工科技园　　邮编：430223

录　　排：武汉正风天下文化发展有限责任公司

印　　刷：广东虎彩云印刷有限公司

开　　本：787mm×1092mm　1/16

印　　张：14.5

字　　数：366 千字

版　　次：2021 年 1 月第 1 版第 6 次印刷

定　　价：29.00 元

只有无知，没有不满。

Only ignorant, no resentment.

……………………迈克尔·法拉第(Michael Faraday)

迈克尔·法拉第（1791—1867）：英国著名物理学家、化学家，在电磁学、化学、电化学等领域都作出过杰出贡献。

应用型本科信息大类专业“十二五”规划教材

编审委员会名单

前言 PREFACE

“单片机原理与应用”是工科类专业的一门重要的专业基础课程，是自动化、电子信息工程、集成电路工程、电气工程及其自动化等专业学生必须要掌握的一项基本技能。学生在课程设计、毕业设计、电子竞赛及社会实践中会广泛应用到单片机知识。

如何在较短时间内掌握单片机原理，具备应用单片机知识解决实际问题的能力？编者围绕这个主题，完成了两个课题：2011 年 3 月至 2011 年 11 月，完成“单片机原理与应用优秀课程建设”课题；2010 年 9 月至 2012 年 7 月，完成“单片机原理与应用课程教学改革与实践研究”课题。经过编者多年的不懈努力，以及对长期的教学和科研进行总结，才有了编写本书的基础。本书由编者近年来的专题讲稿整理而成，具有极强的实践性。

本书以专题的形式从原理知识到电路设计，从解决问题的思路到程序流程设计，以及从虚拟仿真到实物制作这三个方面，对单片机应用系统设计进行了详细说明。书中各小节内容之间既相互关联，又独立成篇。本书具有以下特色与创新。

1. 增添理论知识

本书的第 1 部分为单片机常用软件及基本理论。主要讲述了以下内容：Keil C51 开发工具的安装与使用、Proteus 仿真软件的安装与使用、单片机内部结构和工作原理、单片机的 C51 基础知识等。C51 编程简洁灵活，可移植性强。Proteus 计算机仿真技术可以有效地降低模块制作的风险，通过 Proteus 仿真，让学生掌握该仿真软件并完成编程。使用本书的教师，可以按照项目驱动的教学方法进行教学，而无须再另行购买理论教材。

2. 实践教学特色

本书的第 2 部分为单片机实验实训。本书将实践教学从实验箱教学转变为模块实训教学。实验箱教学的主要工作是调试程序，然后连接好电路把调试好的程序导入进去，实验就完成了。模块实训教学则是把大的系统分割为若干小单元，并分别完成硬件和软件的设计。例如，分割为基本系统单元、流水灯单元、数码管单元、4×4 键盘单元、8×8 点阵单元等。每个小单元制作完毕后，又会将它们有机组合在一起，实现更复杂的功能。

本书的所有章节，均是编者多年来进行模块实训、课程设计的经验总结，每个模块均包含功能仿真、程序代码、元器件清单及制作心得等部分。使用本书的教师，可以根据本校的实际教学情况及需要，进行适当的取舍。

3. 创新培养模式

本书的编者在从事单片机教学的同时，多年来也一直担任电子竞赛的指导教师。通过各种类型的比赛，可以让学生把所学的知识应用到实践中，学生通过实际的竞赛，才知道自己的不足，教师也能知道教学中存在的问题。这样，教和学就会在实际的动手操作中得到真正的检验，如此培养出来的学生也更加符合预期的要求和社会的期望。

本书共分为三个部分。第 1 部分介绍了 Keil C51 和 Proteus 软件的安装及使用、单片机内部结构和工作原理、单片机的 C51 基础知识。第 2 部分介绍了单片机实验实训，2.1 节～2.5 节介绍了单片机与常用外部设备接口电路，2.6 节～2.8节介绍了单片机中断系统的应用，2.9 节～2.10 节介绍了单片机与液晶显示器的接口电路，2.11 节～2.12 节介绍了单片机与 D/A 及 A/D 的接口电路，2.13节～2.14 节介绍了单片机与电动机的接口电路，2.15 节介绍了单片机与温度传感器的接口电路。第 3 部分介绍了单片机课程设计。

本书由广东技术师范学院天河学院陈朝大、桂林电子科技大学信息科技学院韩剑担任主编，由广东技术师范学院天河学院李颖琼及傅婉丽、中国矿业大学徐海学院胡明、西安工业大学郭军团、桂林电子科技大学信息科技学院李德明、燕京理工学院云彩霞、西北师范大学知行学院柴西林、燕山大学里仁学院苏明、三峡大学科技学院陈江艳、石家庄铁道大学四方学院高迎霞担任副主编。由杨宁教授、宋春翔副教授担任主审，他们在审阅本书时提出了许多宝贵的意见和建议，在此表示衷心的感谢！全书由陈朝大负责审核统稿。具体编写任务的分配及课时安排如表 0-1 所示。

表 0-1　本书编写任务分配和课时安排

章　节	编写人	课时安排		
		理论	实验	合计
第 1 部分　单片机常用软件及基本理论		8	2	10
1.1　Keil C51 开发工具的安装与使用	柴西林	1	1	
1.2　Proteus 仿真软件的安装与使用	柴西林	1	1	
1.3　单片机内部结构和工作原理	陈朝大	4	0	
1.4　单片机的 C51 基础知识	陈朝大	2	0	
第 2 部分　单片机实验实训		30	30	60
2.1　基本系统单元制作(亮灯实验)	陈朝大	2	2	
2.2　流水灯	陈朝大	2	2	
2.3　数码管	陈朝大	2	2	
2.4　8×8 点阵	陈朝大	2	2	
2.5　4×4 键盘接口电路	陈朝大	2	2	

续表

章　节	编写人	课时安排		
		理论	实验	合计
2.6　中断(INT0、INT1)	胡　明	2	2	
2.7　定时器/计数器(T0、T1)	胡　明	2	2	
2.8　双机通信(串口)	胡　明	2	2	
2.9　液晶显示器 LCD1602	李德明	2	2	
2.10　液晶显示器 LCD12864	李德明	2	2	
2.11　单片机与 D/A 接口电路	韩　剑	2	2	
2.12　单片机与 A/D 接口电路	韩　剑	2	2	
2.13　单片机与直流电动机	郭军团	2	2	
2.14　单片机与步进电机	郭军团	2	2	
2.15　温度传感器 DS18B20	郭军团	2	2	
第 3 部分　单片机课程设计		0	20	20
3.1　基于单片机的交通灯控制系统	傅婉丽	0	2	
3.2　出租车计费系统的设计与实现	傅婉丽	0	2	
3.3　八路抢答器的设计与实现	李颖琼	0	2	
3.4　基于单片机的语音录放模块	李颖琼	0	2	
3.5　机械臂伺服电机驱动的设计与实现	陈江艳	0	2	
3.6　红外遥控系统的设计与实现	陈江艳	0	2	
3.7　电子密码锁的设计与实现	云彩霞	0	2	
3.8　电子万年历的设计与实现	云彩霞	0	2	
3.9　煤气检漏仪的设计与实现——基于 MQ-7 的一氧化碳检测	苏　明	0	2	
3.10　超声波测距的设计与实现——基于单片机的小车避障系统	苏　明	0	2	
合　计		38	52	90

在此还要衷心感谢杨兰芝老师、周永海老师及梁福弟老师的支持，谢谢！

本书在编写过程中，华中科技大学出版社的相关编辑做了大量的工作，最终促成了本书的出版。在此，对华中科技大学出版社的相关工作人员表示衷心的感谢！

为了方便教学，本书还配有电子课件及仿真程序等教学资源包，任课教师和学生可以登录“我们爱读书”网(www.ibook4us.com)免费注册下载，或者发邮件至 hustpeiit@163.com 免费索取。

尽管编者力图将单片机原理与应用表述得全面而深刻，使之成为单片机技术的特色教材，但由于编者的水平所限，书中难免存在缺点和错误，敬请广大读者和同行批评、指正。编者联系邮箱：gugu0769@126.com。

编　者

2014 年 5 月

目录 CONTENTS

第1部分　单片机常用软件及基本理论

1.1　Keil C51 开发工具的安装与使用

使用汇编语言或C语言编写的单片机程序，需使用编译器将写好的程序编译为机器码，才能在单片机中执行这些程序。Keil μVision 是众多单片机应用开发软件中较受欢迎的软件之一，它支持众多公司生产的不同的 MCS-51 架构的芯片，并且支持 ARM 芯片。它集编辑、编译、仿真等于一体，其界面与常用的微软 VC＋＋的界面相似，操作方便，易学易用，在程序调试、软件仿真方面也有很强大的功能，因此受到了众多开发者的喜爱。

C 语言是一种通用的计算机程序设计语言，它既可以用来编写计算机的系统程序，也可以用来编写一般的应用程序。计算机的系统软件之前主要是用汇编语言编写的，单片机应用系统也是如此。由于汇编语言程序的可读性和可移植性都较差，采用汇编语言编写单片机应用程序不仅周期长，而且调试和排错也比较困难。为了提高编制单片机应用程序的效率，改善程序的可读性和可移植性，采用高级语言无疑是更好的选择。C 语言既具有一般高级语言的特点，又能直接对计算机的硬件进行操作，其表达和运算能力比较强，所以许多以前只能采用汇编语言来解决的问题现在都可以改用C语言来解决。

Keil Software 公司多年来致力于单片机C语言编译器的研发，该公司开发的 Keil C51 是一款专为单片机设计的高效率C语言编译器，符合 ANSI 标准，生成的程序代码运算速度快，所需的存储器空间小，完全可以与汇编语言相媲美。2009 年 2 月，该公司发布了 Keil μVision4，其中引入了灵活的窗口管理系统，开发人员能够使用多台显示器。新的用户界面可以更好地利用屏幕空间和更有效地组织多个窗口，提供一个整洁、高效的环境来开发应用程序。同时，新版本支持更多最新的 ARM 芯片，并且还添加了一些其他新功能。

1.1.1　Keil C51 开发工具的安装

Keil C51 开发工具的安装步骤如下。

(1) 第 1 步　运行安装程序。双击“Keil μVision4 setup”图标，单击“next”按钮，选择一个安装目录再单击“next”按钮，在新界面中单击“Finish”按钮，即可完成安装。

(2) 第 2 步　破解。

① 选择“File”→“License Management”命令，如图 1-1 所示。

② 在如图 1-2 所示的界面中，复制 CID 号，然后打开注册机。将 CID 号粘贴在注册机的“CID”栏中，然后单击“Generate”按钮，产生注册码，再将该注册码复制到图 1-2 所示界面下方的“New License ID Code”栏中，单击“Add LIC”按钮，即可完成注册。

1.1.2　Keil C51 开发工具的使用

采用 Keil C51 开发 8051 单片机的应用程序的一般步骤如下。

(1) 在 μVision4 集成开发环境中创建一个新项目(Project)，并为该项目选定合适的单

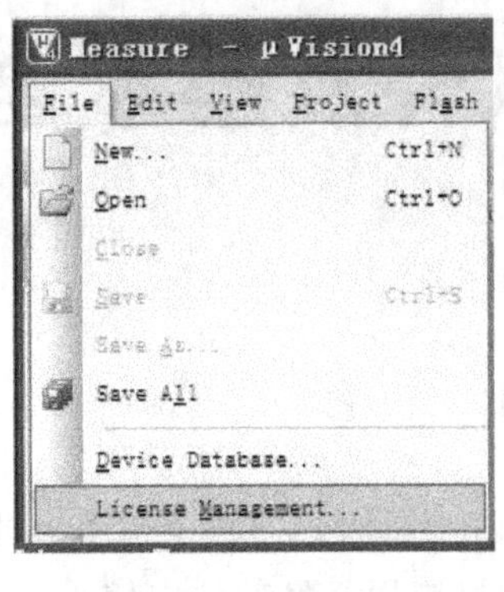

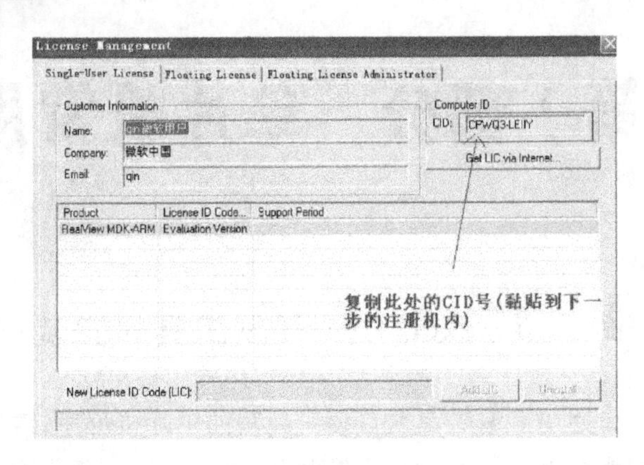

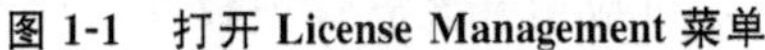
图 1-1　打开 License Management 菜单　　　　图 1-2　复制 CID 号

片机 CPU 器件。

(2) 利用 μVision4 的文件编辑器编写 C 语言(或汇编语言)源程序文件，并将文件添加到项目中去。一个项目可包含多个文件，除源程序文件外还可以有库文件或文本说明文件等。

(3) 通过 μVision4 中的各种选项，配置 Cx51 编译器、Ax51 宏汇编器，BL51/Lx51 连接定位器及 Debug 调试器的功能。

(4) 利用 μVision4 的构造(Build)功能对项目中的源程序文件进行编译链接，生成绝对目标代码和可选的 hex 文件，如果出现编译链接错误，则返回到第(2)步，修改源程序的错误后重新构造整个项目。

(5) 将没有错误的绝对目标代码装入 μVision4 调试器进行仿真调试，调试成功后将 hex 文件写入到单片机应用系统的 EPROM 中。

下面通过一个简单的实例详细说明上述的开发步骤。启动 μVision4 后，选择“Project”→“New μVision Project”命令，弹出如图 1-3 所示的对话框。在弹出的对话框中输入项目文件名“max”，并选择合适的保存路径(应为每个项目新建一个单独的文件夹)，单击“保存”按钮，这样就创建了一个文件名为“max. uv4”的新项目文件。

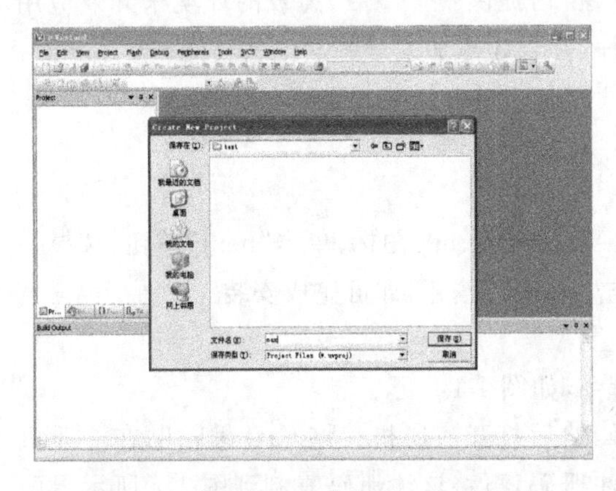

图 1-3　在 μVision4 中创建一个新项目

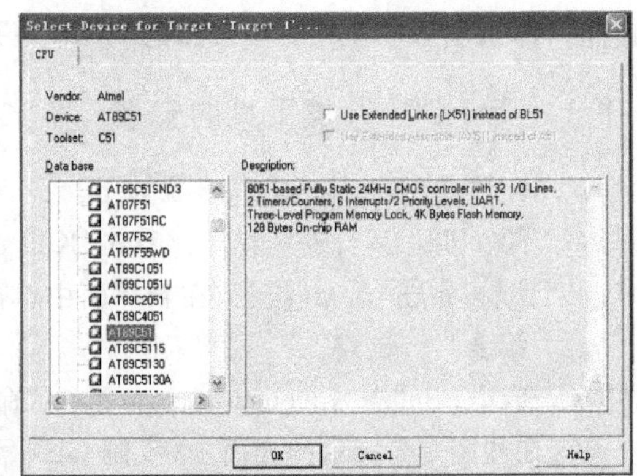

图 1-4　为项目选择 CPU 器件

新建项目保存完毕后，将弹出如图 1-4 所示的器件数据库对话框，用于为新建项目选择一个 CPU 器件(对话框右侧的“Description”栏中对不同公司生产的 51 系列 CPU 器件进行了介绍)。根据实际需要选择合适的 CPU 器件(如 Atmel 公司生产的 AT89C51)，选定后 μVision4 将按所选器件自动设置默认的工具选项，从而简化了项目的配置过程。

创建一个新项目后，项目中会自动包含一个默认的目标(Target 1)和文件组(Source Group 1)。用户可以在项目中添加其他的文件组(Group)及文件组中的源文件，这对于模块化编程特别有用。项目中的目标名、组名及文件名都显示在 μVision4 的"Project"标签页中。接下来就可以给项目添加源程序文件，源程序文件可以调用已有的文件，也可以新建一个程序文件，选择"File"→"New"命令，在弹出的编辑窗口中输入例 1-1 中的 C51 源程序。

【例 1-1】 求两个输入数据中的较大者。

```
#include <stdio.h>                    /*预处理命令*/
#include <reg51.h>
char max(char x, char y)
{                                     /*定义 max 函数,x,y 为形式参数*/
  if(x>y) return (x);                 /*将计算得到的最大值返回到调用处*/
  else return (y);
}                                          /*max 函数结束*/
main()                                     /*主函数*/
{
  char a,b,c;                              /*主函数的内部变量类型说明*/
  SCON=0x52;                               /*8051 单片机串行口初始化*/
  TMOD=0x20;
  TCON=0x59;
  TH1=0x0F3;
  scanf ("%c %c",&a,&b);                   /*输入变量 a 和 b 的值*/
  c=max(a,b);                              /*调用 max 函数*/
  printf(" \n max =% c \n",c);             /* 输出变量 c 的值* /
}                                          /*主程序结束*/
```

程序输入完成后，选择"File"→"Save As..."命令，将其另存为扩展名为".c"的源程序文件，其保存路径一般设置为与项目文件相同。右击"Project"标签页中的"SourceGroup 1"文件组，在弹出的右键快捷菜单中选中"Add Files to Group'Source Group 1'"选项，如图 1-5 所示。然后弹出如图 1-6 所示的添加源文件对话框，在其中选中已保存的源程序文件"max.c"并单击"Add"按钮，将其添加到新建的项目中去。

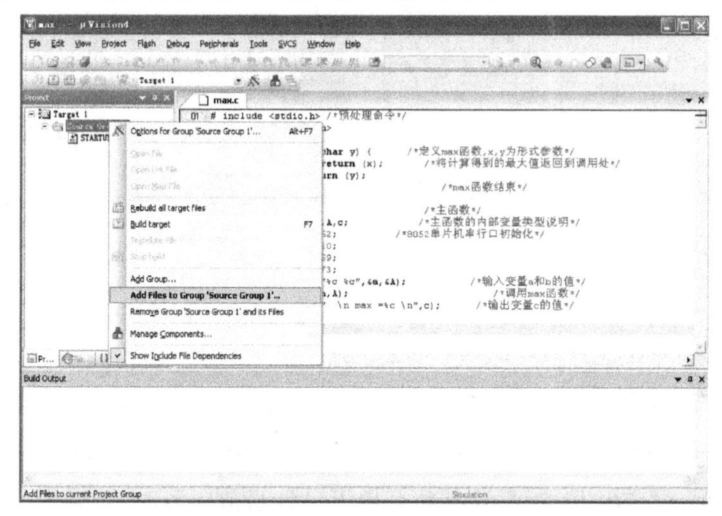

图 1-5 项目窗口的右键菜单

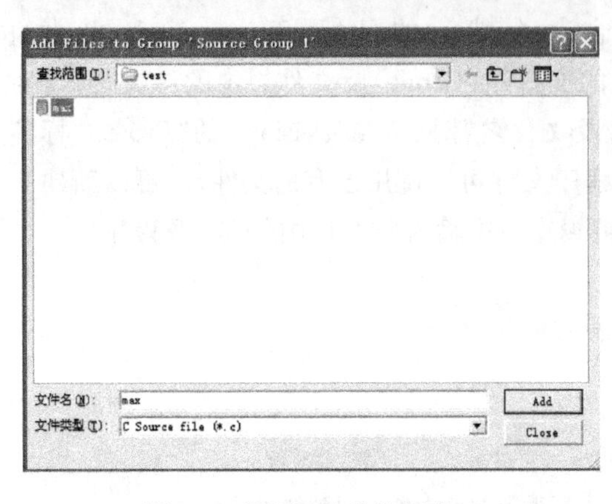

图 1-6　添加源文件选择窗口

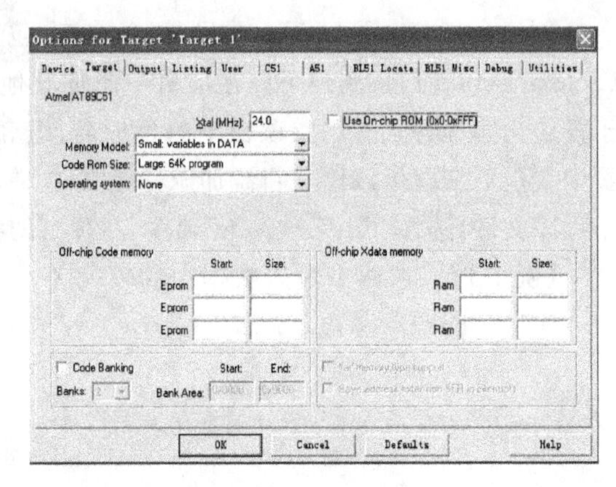

图 1-7　配置目标选项

接下来根据需要来配置 Cx51 编译器、Ax51 宏汇编器、BL51/Lx51 连接定位器及 Debug 调试器的各项功能。选择“Project”→“Options for Target‘Simulator’”命令，弹出如图 1-7 所示的对话框，其中包括“Device”、“Target”、“Output”，“Listing”、“C51”、“A51”、“BL51 Locate”、“BL51 Misc”和“Debug”等多个标签页。标签页中的许多选项可以直接用其默认值，必要时可进行适当调整。图 1-7 所示的为“Target”标签页，该标签页的相关参数的设置为：目标硬件系统的时钟频率“Xtal”为 24.0 MHz，C51 编译器的存储器模式为 Small (C51 程序中局部变量位于片内数据存储器 DATA 空间)，程序存储器空间设置为 Large(使用 64 KB 程序存储器)，不采用实时操作系统，不采用代码分组设计。

图 1-8 所示的为“Output”标签页，该标签页用于设置当前项目在编译链接之后生成的执行代码输出文件，输出文件名默认为与项目文件同名(也可以指定其他文件名)，存放在当前项目文件所在的目录中，也可以单击“Select Folder For Objects...”按钮来指定存放输出文件的目录。选中“Create Executable”复选框，在项目编译链接后，就可以生成执行代码输出文件，选中“Debug Information”复选框，则在输出文件中就包含了进行源程序调试的符号信息，选中“Browse Information”复选框，则在输出文件中就包含了源程序的浏览信息，选中“Create HEX File”复选框，在当前项目编译链接完成之后，就可生成一个用于 EPROM 编程的 HEX 文件。

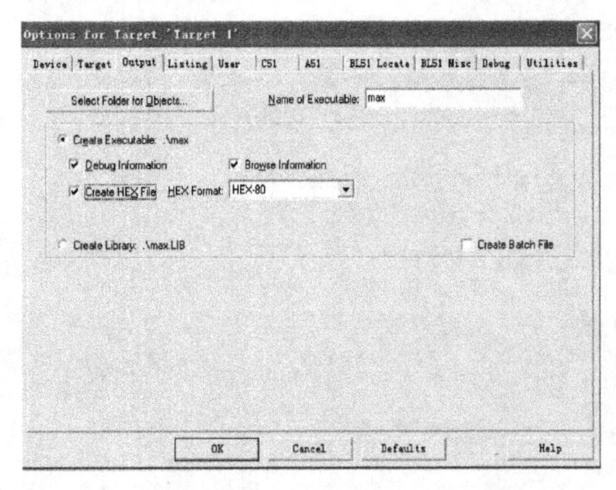

图 1-8　设置执行代码输出文件选项

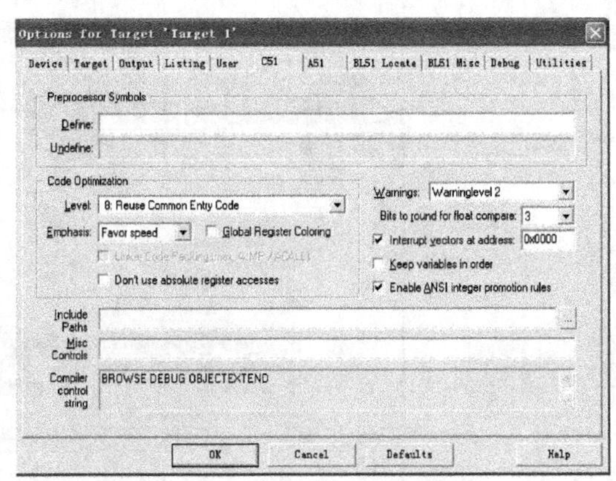

图 1-9　设置 Cx51 编译器命令选项

图 1-9 所示的为“C51”标签页，该标签页用于设置当前项目对 Cx51 编译器的控制命令选项。“Preprocessor Symbols”栏用于定义 Cx51 的预处理符号，定义符号后，一般要在源程

序中增加相应的“ifdef”、“ifndef”、“endif”等预处理器命令。“Code Optimization”栏用于设置 Cx51 编译器的优化级别，需要注意的是，优化级别并非越高越好，而应根据具体要求适当选择。“Warning”下拉菜单用于选择编译时给出警告信息的详细程度，级别越高越详细。“Include Paths”输入框用于指定用户规定的包含文件路径，可以手动输入来指定路径，也可以通过单击输入框右侧的“...”按钮来浏览和选择路径。“Misc Controls”输入框用于增加除了 Cx51 编译器默认选项之外的其他命令选项。所有选定的编译命令选项都会显示在“Compiler control string”栏内。

图 1-10 所示的为“BL51 Locate”标签页，该标签页用于设置当前项目对 BL51 连接定位器的命令选项，选中“Use Memory Layout from Target Dialog”复选框，BL51 链接定位器将按前面“Target”标签页中的设置对执行代码进行存储器地址空间定位，这也是 BL51 的默认选项，不选中该复选框则应在其他栏内填入希望的存储器地址空间范围值。

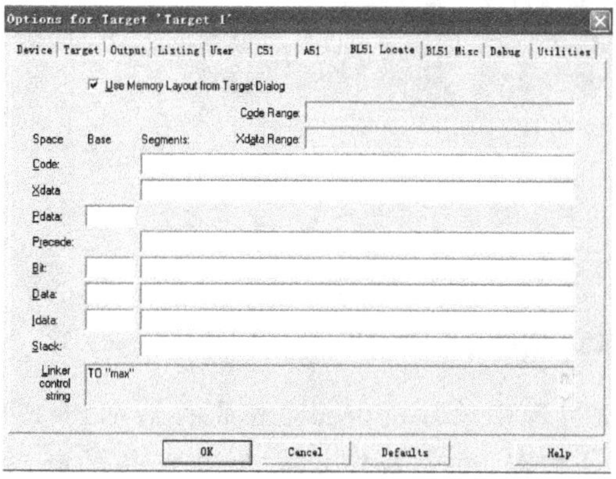

图 1-10　设置 BL51 连接定位命令选项

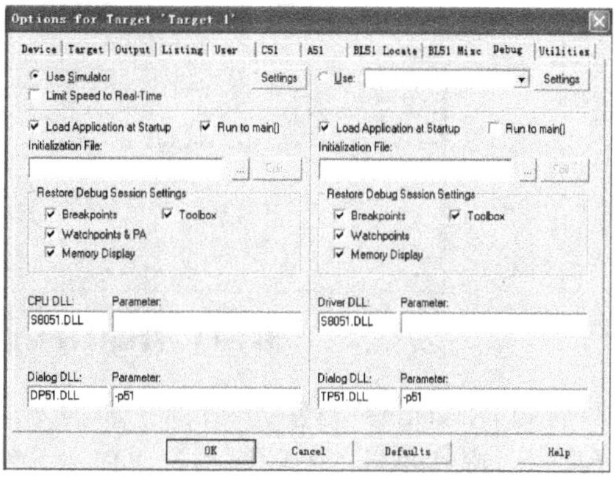

图 1-11　设置 Debug 仿真调试选项

图 1-11 所示的是“Debug”标签页，该标签页用于设置 μVision4 调试器的一些选项，在 μVision4 中可以对经编译器链接所生成的执行代码进行两种仿真调试，即软件模拟仿真调试和目标硬件仿真调试。其中，前者不需要 8051 单片机硬件，仅在微型计算机上就可以完成对 8051 单片机各种片内资源的仿真，仿真结果可以通过 μVision4 的串行窗口、观察窗口、存储器窗口及其他一些窗口直接输出，其优点是不言而喻的，缺点是不能观察到实际硬件的动作。Keil 公司还提供了一种目标监控程序 Monitor51，通过它可以实现 μVision4 与用户目标硬件系统相链接，从而进行目标硬件的在线仿真调试，使用这种方法可以立即观察到目标硬件的实际动作，特别有利于分析和排除各种硬件故障。

在“Options”对话框的所有的标签页中，都有一个“Defaults”按钮，该按钮用于设置各种默认命令选项。初次使用时可以直接采用这些默认值，待熟悉之后再进一步采用其他选项。

完成上述关于编译、链接定位、仿真调试工具配置的基本选项设置之后，就可以对当前的新建项目进行整体创建(Build target)。在“Project”标签页中，右击“max. c”，然后在弹出的右键快捷菜单中选中“Build target”选项，如图 1-12 所示。μVision4 将按“Options for Target”对话框中各种选项设置，自动完成对当前项目中所有源程序模块文件的编译链接，同时 μVision4 的输出窗口中将显示编译链接提示信息，如图 1-13 所示。如果有编译器链接错误，可双击输出窗口中的提示信息，此时光标将自动跳转到编辑窗口中源程序文件发生错误的地方，以便编程人员修改，如果没有编译链接错误，则生成绝对目标代码文件。

编译链接完成后 μVision4 将转入仿真调试状态，在此状态下系统自动从“Project”标

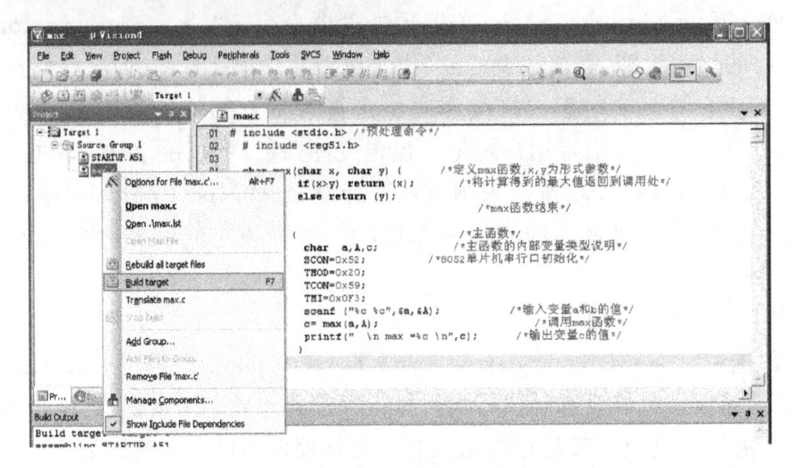

图 1-12　利用右键菜单对当前项目进行编译链接

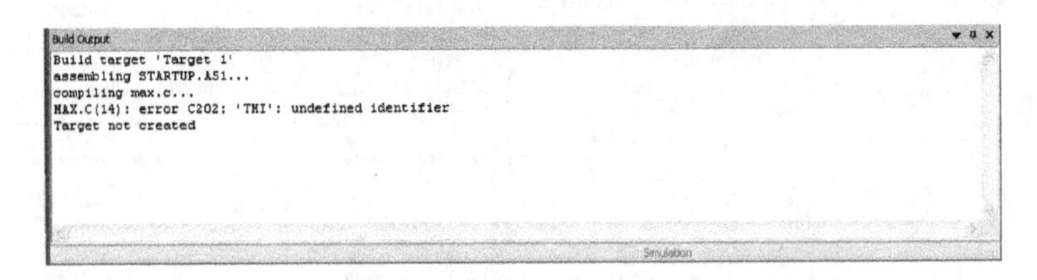

图 1-13　编译链接完成后输出窗口的提示信息

签页转到“Registers”标签页，界面中将显示调试过程中单片机内部工作寄存器 R0～R7、累加器 A、堆栈指针 SP、数据指针 DPTR、程序计数器 PC 及程序状态字 PSW 等的值，如图 1-14 所示。在仿真调试状态下选择“Debug”→“Run”命令，则用户程序开始运行，再选择“View”→“Serial Window ＃1”命令，打开调试状态下 μVision4 的串行窗口 1。用户程序中采用 scanf 函数和 printf 函数所进行的输入和输出操作，都是通过串行窗口 1 实现。在该窗口中键入数字 2 和 9，立即得到输出结果“max＝9”，如图 1-15 所示。

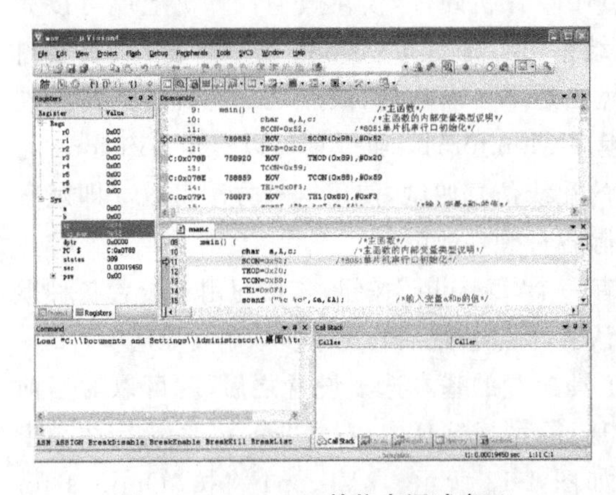

图 1-14　μVision4 的仿真调试窗口

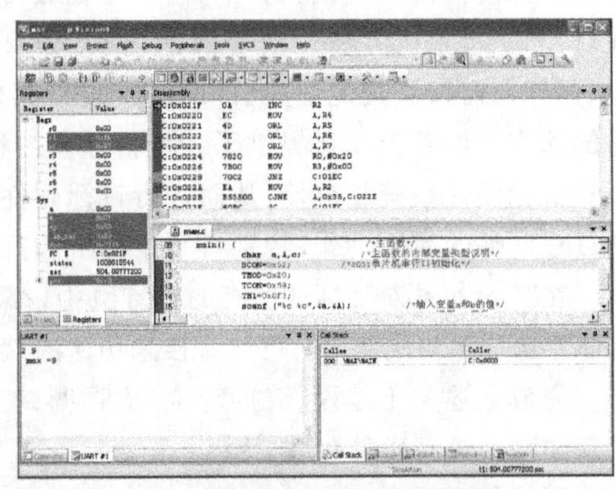

图 1-15　μVision4 调试状态下串行窗口 1 及其数据输入和结果输出

μVision4 调试器的仿真功能十分完善，除了全速运行之外还可以进行单步、设置断点、运行到光标指定位置等多种操作。调试过程中可随时观察局部变量及用户设置的观测点状态、存储器状态、片内集成外部功能状态，通过调用信号函数或用户函数可实现其他多种仿真功能。

1.2 Proteus 仿真软件的安装与使用

Proteus 软件是英国 Lab Center Electronics 公司研发的 EDA 工具软件。它不仅具有其他 EDA 工具软件的仿真功能，还能仿真单片机及外部器件，因而它是目前被广泛使用的仿真单片机及外部器件的工具。Proteus 的功能包括原理图布图、代码调试以及单片机与外部电路的协同仿真，并且还能够一键切换到 PCB 设计，因此 Proteus 真正实现了从概念到产品的完整设计过程。Proteus 是目前世界上唯一将电路仿真软件、PCB 设计软件和虚拟模型仿真软件整合到一起的设计平台，其支持的处理器类型包括 8051 系列、MC68HC11 系列、PIC10/12/16/18/24/30 及 dsPIC33 系列、AVR 系列、ARM 系列、8086 系列和 MSP430 系列等，2010 年又增加了 Cortex 和 DSP 系列处理器，并持续增加其他系列的处理器模型。Proteus 也支持第三方软件编译和调试环境，如 IAR、Keil C51 μVision 和 Matlab 等多种编译器。

1.2.1 Proteus 仿真软件的安装

Proteus 软件的安装步骤如下。

(1) 第 1 步　运行安装程序，按照弹出对话框的提示一步步处理，需注意的是在“Select Features”对话框中应选中“Converter Files”选项，如图 1-16 所示。安装结束后，在弹出的对话框中单击“Finish”按钮即完成安装。

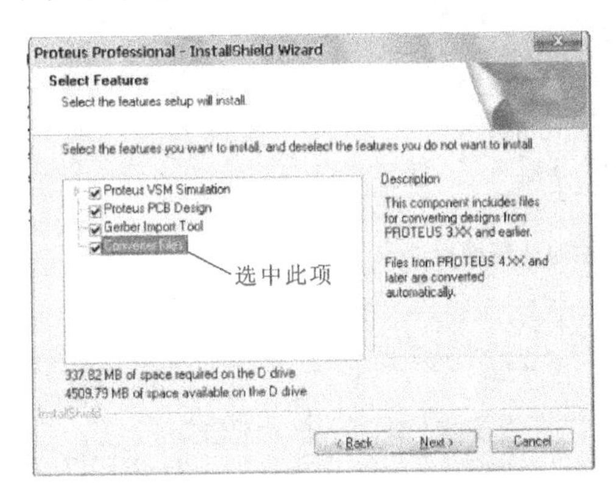

图 1-16　在“Select Features”对话框中选中“Converter Files”选项

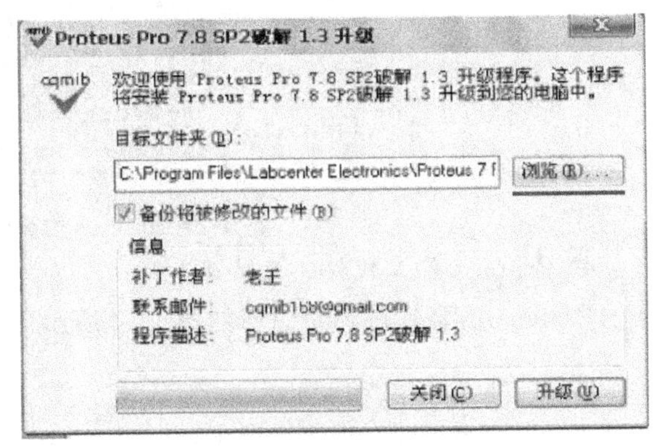

图 1-17　Proteus 升级对话框

(2) 第 2 步　升级　先不运行 Proteus 软件，而直接运行升级程序，如图 1-17 所示。将图1-17 所示对话框中的安装路径改为 Proteus 的安装目录，然后单击“升级”按钮，即可完成破解升级。

1.2.2 Proteus 仿真软件的使用

1. Proteus 仿真软件工作环境简介

1) Proteus 仿真软件的主界面

Proteus 仿真软件的主界面如图 1-18 所示。

2) Proteus 仿真软件的主菜单

proteus 仿真软件的主菜单如图 1-19 所示。

3) Proteus 仿真软件的选择图标

Proteus 仿真软件的选择图标如图 1-20 所示。

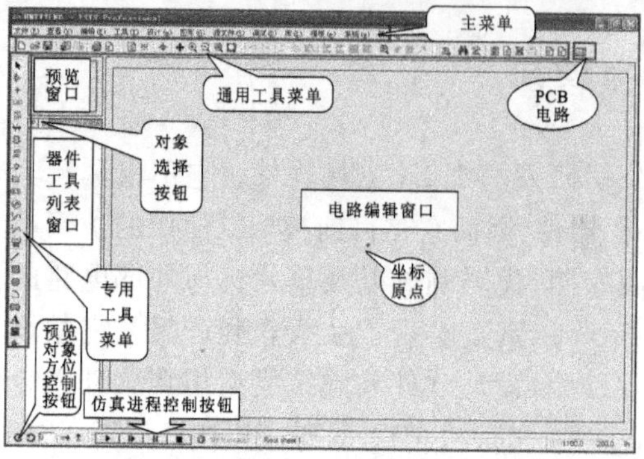

图 1-18 Proteus 仿真软件的主界面

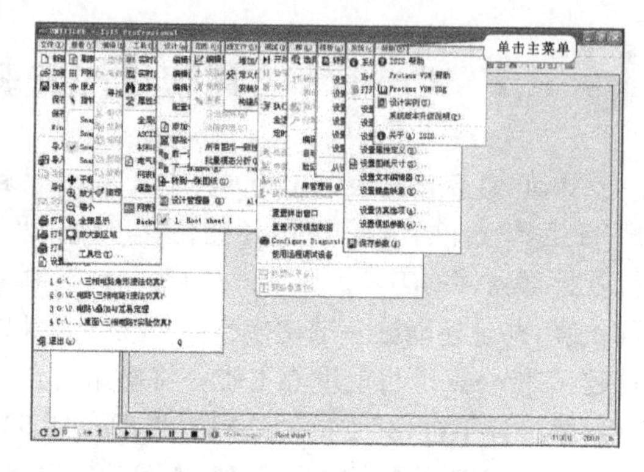

图 1-19 Proteus 仿真软件的主菜单

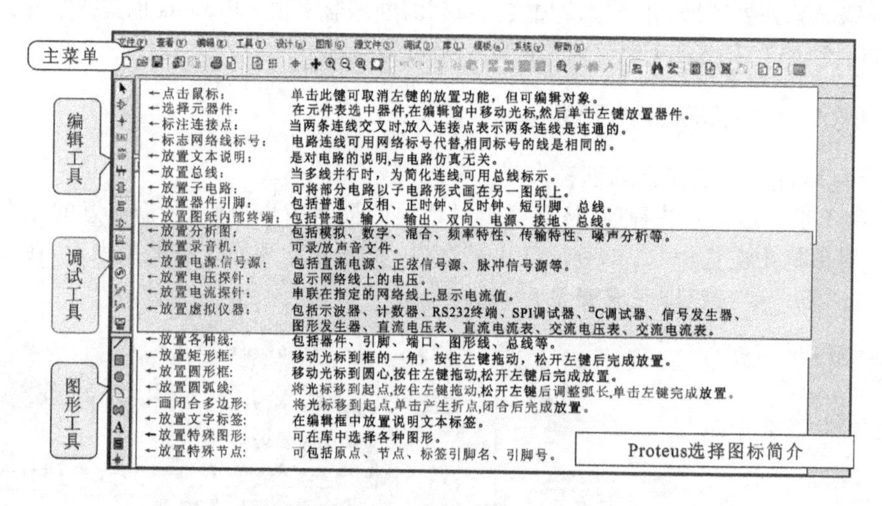

图 1-20 Proteus 仿真软件的选择图标

4) Proteus 仿真软件的元件库

Proteus 仿真软件的元件库如图 1-21 所示。

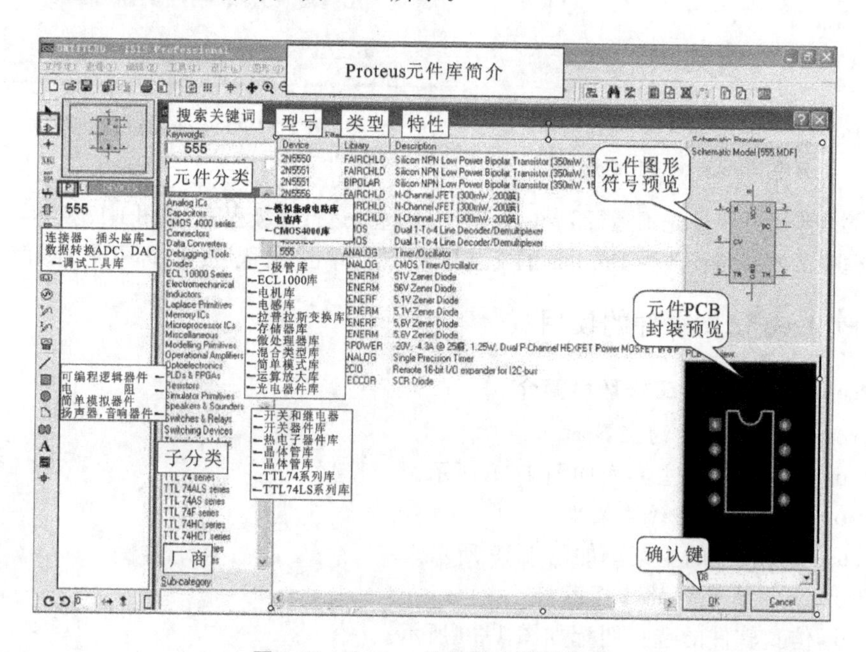

图 1-21 Proteus 仿真软件的元件库

2. Keil C51 与 Proteus 联合仿真调试

下面以一个简单的实例来完整地展示 Keil C51 与 Proteus 相结合的仿真过程。

【例 1-2】 单片机电路设计如图 1-22 所示。该电路的核心是单片机 AT89C51。单片机 P1 口的 8 个引脚接在 LED 显示器的段选码(A、B、C、D、E、F、G、DP)的引脚上，单片机 P2 口的 6 个引脚接在 LED 显示器的位选码(1、2、3、4、5、6)的引脚上。其中，电阻起限流作用，总线使电路图变得简洁。编程实现 LED 显示器的选通并显示字符。

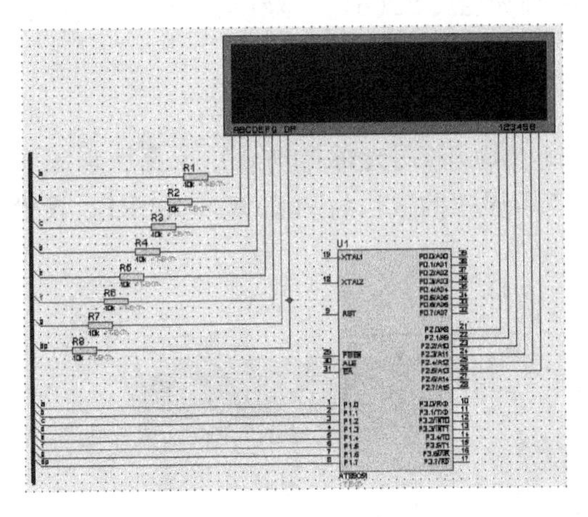

图 1-22 例 1-2 的单片机电路

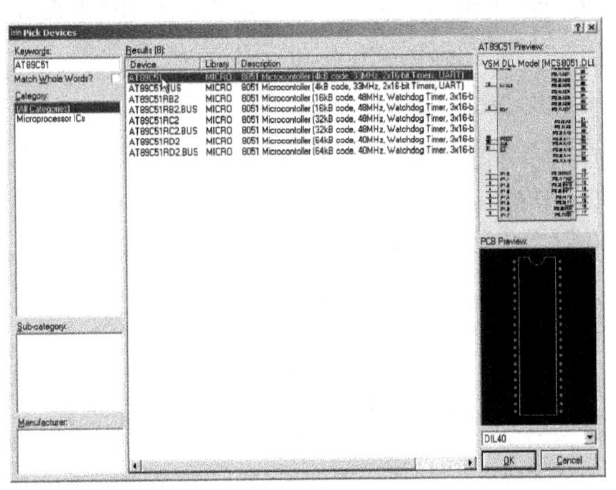

图 1-23 将“AT89C51”添加至对象选择器窗口

1）电路图的绘制

(1) 将所需元器件加入到对象选择器窗口中。

① 单击对象选择器按钮 P ，弹出如图 1-23 所示的“Pick Devices”对话框，在“Keywords”文本框中输入“AT89C51”，然后软件在对象库中进行搜索查找，并将搜索结果显示在“Results”栏中。在“Results”栏中的列表项中，双击“AT89C51”，则可将“AT89C51”添加至对象选择器窗口。

② 在“Keywords”文本框中输入“7SEG”，在“Result”栏中显示的搜索结果中双击“7SEG-MPX6-CA-BLUE”，则可将“7SEG-MPX6-CA-BLUE”(6 位共阳 7 段 LED 显示器)添加至对象选择器窗口，如图 1-24 所示。

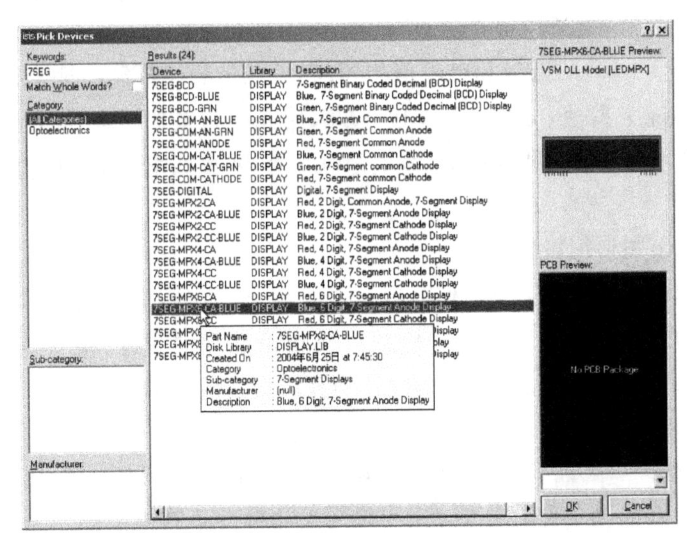

图 1-24 将“7SEG-MPX6-CA-BLUE”添加至对象选择器窗口

③ 在“Keywords”文本框中输入“RES”，选中“Match Whole Words?”复选框。在“Results”栏中将显示与“RES”完全匹配的搜索结果。双击“RES”，即可将“RES”（电阻）添加至对象选择器窗口，如图 1-25 所示。单击“OK”按钮，结束对象选择。

④ 通过以上操作，在对象选择器窗口中，已有了“7SEG-MPX6-CA-BLUE”、“AT89C51”和“RES”三个元器件对象。若单击“AT89C51”，在预览窗口中将显示 AT89C51 的实物图，如图 1-26(a)所示；若单击“RES”或“7SEG-MPX6-CA-BLUE”，在预览窗口中将显示 RES 和 7SEG-MPX6-CA-BLUE 的实物图，分别如图 1-26(b)、(c)所示。此时，绘图工具栏中的元器件按钮处于选中状态。

(2) 放置元器件至图形编辑窗口。

① 在对象选择器窗口中，选中 7SEG-MPX6-CA-BLUE，用光标拖动该对象至图形编辑窗口中相应的位置，然后单击，则完成放置。最后使用同样的方法将 AT89C51 和 RES 放置到图形编辑窗口中，如图 1-27 所示。

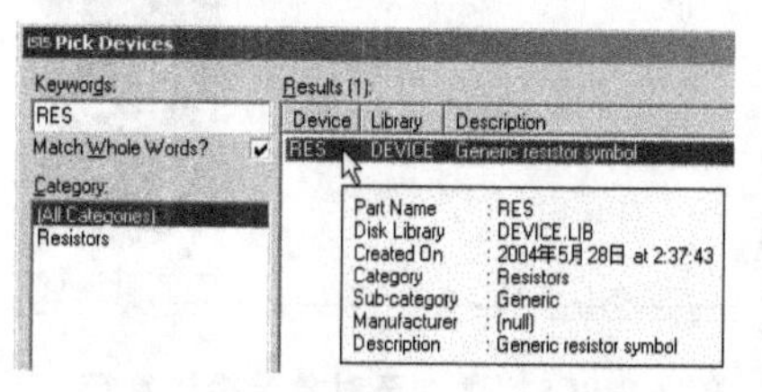

图 1-25 将“RES”添加至对象选择器窗口

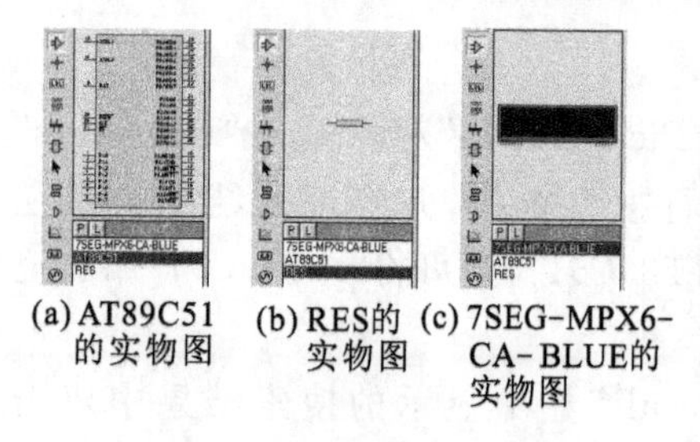

(a) AT89C51 的实物图 (b) RES的实物图 (c) 7SEG-MPX6-CA-BLUE的实物图

图 1-26 3 种元器件的实物图

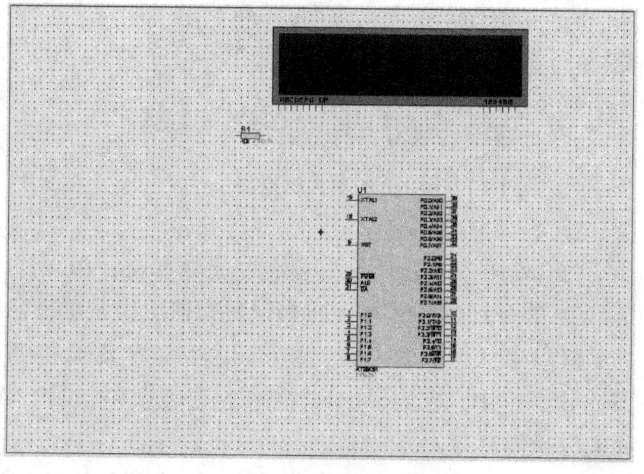

图 1-27 放置元器件至图形编辑窗口

若对象位置需要移动，则右击该对象，此时该对象的颜色变为红色。再按住鼠标左键，拖动该对象至新位置后，松开左键，完成移动操作。

② 由于电阻 R1～R8 的型号和电阻值均相同，因此可利用复制功能来完成电阻的放置。右击 R1，然后在标准工具栏中，单击复制按钮，用光标将复制对象拖动至新位置，单击完成放置。如此重复操作 7 次，最后右击，结束复制。其中，电阻名的标识，软件会自动加以区分，如图 1-28 所示。

(3) 放置总线至图形编辑窗口。

单击绘图工具栏的总线按钮，使之处于选中状态。在图形编辑窗口中，单击，确定总线的起始位置，然后移动光标，图形编辑窗口中出现粉红色细直线，在总线的终止位置再单击，最后右击，结束总线的放置。此时，粉红色细直线变为蓝色的粗直线，如图 1-29 所示。

(4) 元器件之间的连线。

Proteus 具有线路自动路径功能(wire auto router，简称 WAR)。在选中了两个连接点后，WAR 将选择一条合适的路径连线。WAR 可使用标准工具栏中的 WAR 命令按钮来打开或关闭，也可以选择“Tools”→“wire auto router”命令。

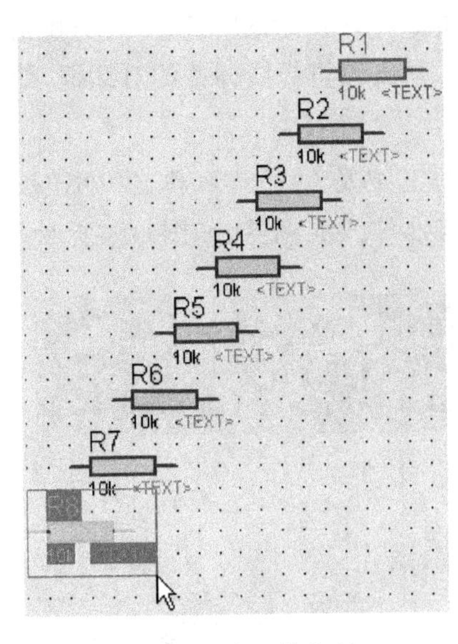

图 1-28　电阻的复制

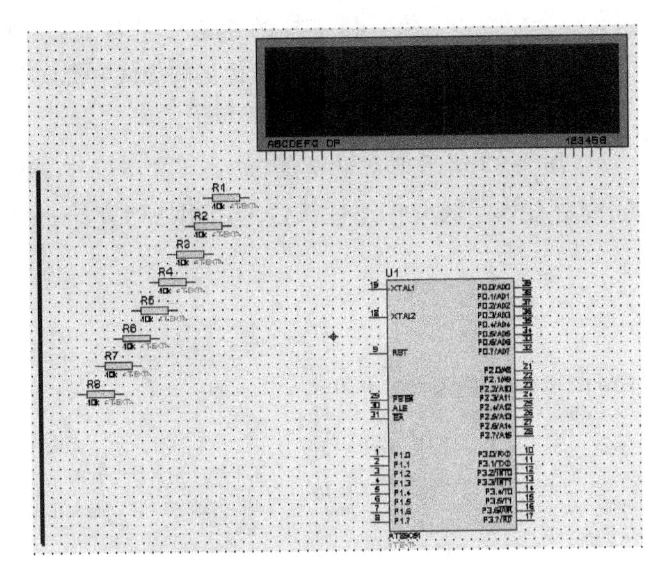

图 1-29　放置总线至图形编辑窗口

下面,简单介绍一下将电阻 R1 的右端连接到 LED 显示器的 A 端的操作。当光标靠近 R1 右端的连接点时,光标上会出现一个"×"号(表明找到了 R1 的连接点),此时单击,移动光标(不用拖动鼠标),将光标靠近 LED 显示器 A 端的连接点,光标上也会出现一个"×"号(表明找到了 LED 显示器的连接点),同时屏幕上出现了粉红色的连接线,此时单击,粉红色的连接线变成了深绿色,同时,线型由直线自动变成了 90°的折线,这是因为选择了线路自动路径功能。

按照上述方法,完成其他连线,如图 1-30 所示。在此过程中的任何时刻,都可以按 ESC 键或右击来放弃画线。

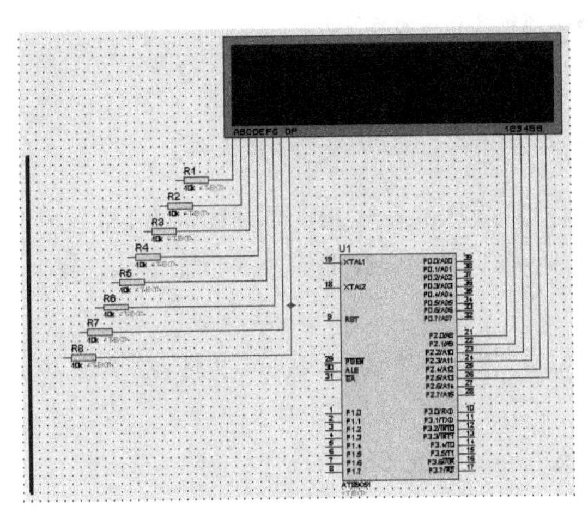

图 1-30　元器件之间的连线

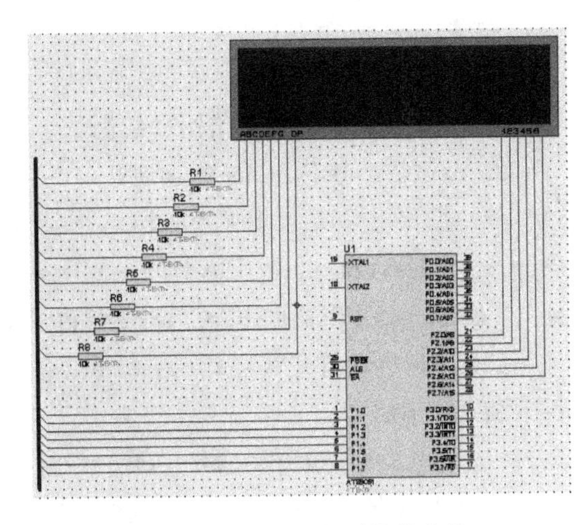

图 1-31　元器件与总线的连线

(5) 元器件与总线的连线。

画总线的时候为了将其与一般的导线相区分,可以采用画一段斜线来表示分支线的方法,如图 1-31 所示。

(6) 给与总线连接的导线加标签。

单击绘图工具栏的导线标签按钮,使之处于选中状态。将光标置于图形编辑窗口中

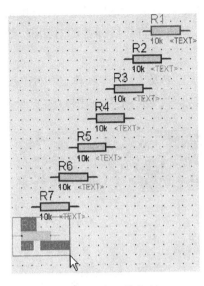

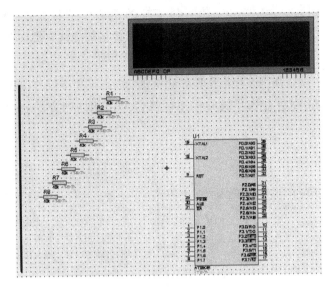

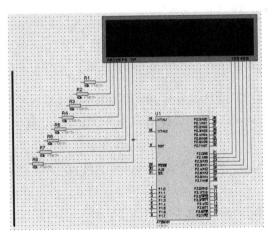

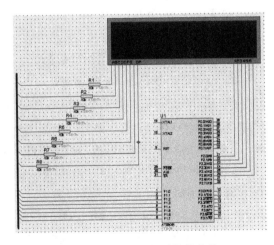

图 1-32　导线选中状态

相应的导线上，光标上会出现如图 1-32 所示的“×”号(表明找到了可以标注的导线)，此时单击，弹出编辑导线标签的对话框，如图 1-33 所示。

在图 1-33 所示的对话框的“string”文本框中，输入标签名称(如“a”)，单击“OK”按钮，完成对该导线的标签标注。采用相同的方法，标注其他导线的标签，如图1-34所示。

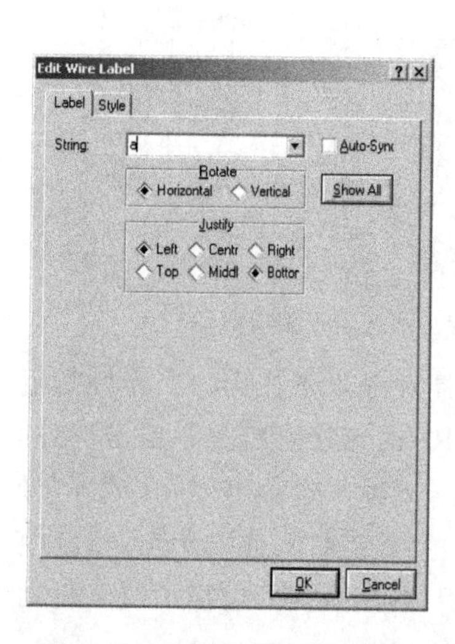

图 1-33　编辑导线标签对话框

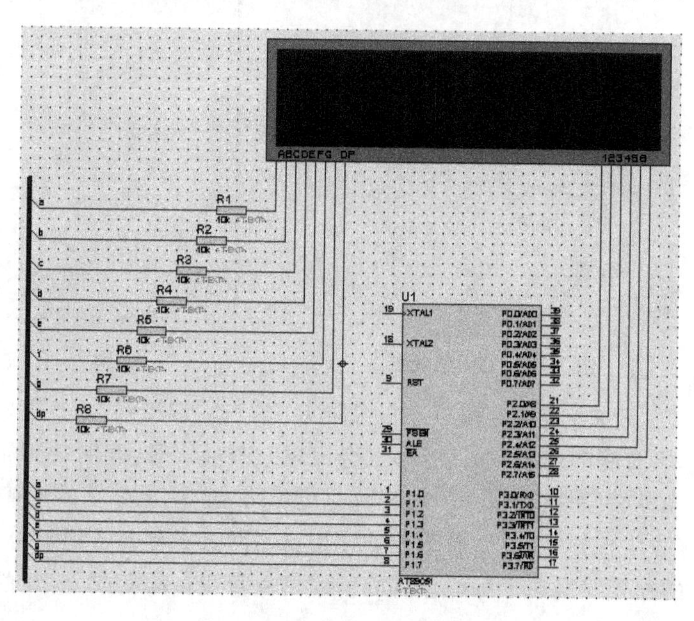

图 1-34　完成导线标签的标注

注意：在标注导线标签的过程中，相互接通的导线必须标注相同的标签名。

至此，便完成了整个电路图的绘制。

2) Keil C51 与 Proteus 链接调试

(1) 若 Keil C51 与 Proteus 均已正确安装在“C:\Program Files”的目录下，将“C:\Program Files\Labcenter Electronics\Proteus 6 Professional\MODELS\VDM51.dll”复制到“C:\Program Files\keilC\C51\BIN”目录中。

(2) 用记事本打开“C:\Program Files\keilC\C51\”目录下的 tools.ini 文件，在[C51]栏目下加入如下语句。

```
TDRV5=BIN\VDM51.DLL   ("Proteus VSM Monitor-51 Driver")
```

其中，“TDRV5”中的数字“5”应根据实际情况取值，不应与原来的重复。

注意：步骤(1)和(2)只需在初次使用时设置。

(3) 进入 Keil μVision4 开发集成环境，创建一个新项目(Project)，为该项目选定合适的单片机 CPU 器件(如 Atmel 公司的 AT89C51)，并为该项目加入 Keil C51 源程序。参考源程序如下。

```
// extmem.c
#define LEDS 6
#include "reg51.h"
//led 灯选通信号
unsigned char code Select[]={0x01,0x02,0x04,0x08,0x10,0x20};
unsigned char code LED_CODES[]=
  { 0xc0,0xF9,0xA4,0xB0,0x99,            //0-4
    0x92,0x82,0xF8,0x80,0x90,            //5-9
    0x88,0x83,0xC6,0xA1,0x86,            //A,b,C,d,E
    0x8E,0xFF,0x0C,0x89,0x7F,0xBF        //F,空格,P,H,.,-   };
void main()
{
  char i=0;
  long int j;
  while(1)
    {
      P2=0;
      P1=LED_CODES[i];
      P2=Select[i];
      for(j=3000;j> 0;j--);//该 LED 模型靠脉冲点亮,第 i 位靠脉冲点亮后,会自动熄灭
                          //修改循环次数,改变点亮下一位之前的延时,可得到不同的显示效果
      i++;
      if(i>5) i=0;
    }
}
```

(4) 选择“Project”→“Options for Target”命令,或者单击工具栏的 option for target 按钮,在弹出的对话框中选择 “Debug”标签页,如图 1-35 所示。在对话框右上方的“use”右侧的下拉列表框中选择“Proteus VSM Monitor-51 Driver”,并且同时选中“Use”复选框。

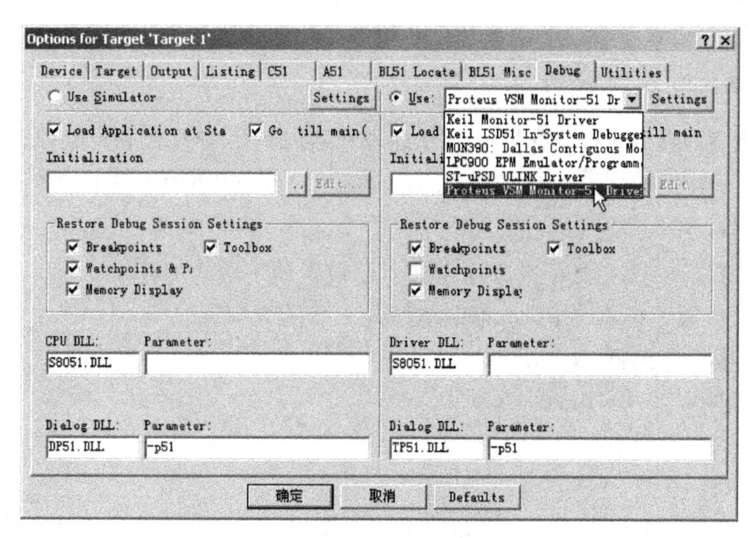

图 1-35 设置 Debug 仿真调试选项

再单击下拉列表框右侧的“Settings”按钮,弹出如图 1-36 所示的对话框,在其中设置通信接口。在“Host”文本框中输入“127.0.0.1”,如果使用的不是同一台微型计算机,则需要在这里

添加另一台微型计算机的 IP 地址(要求另一台微型计算机也安装 Proteus);在“Port”文本框中输入“8000”,如图 1-36 所示。按图 1-36 所示设置完后,单击“OK”按钮即可。最后工程编译进入调试状态并运行。

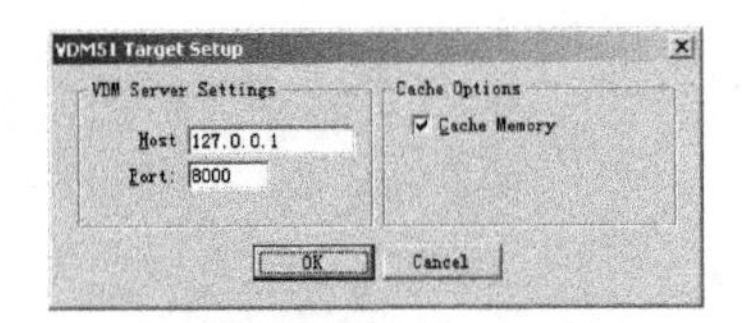

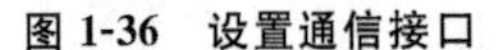

图 1-36　设置通信接口

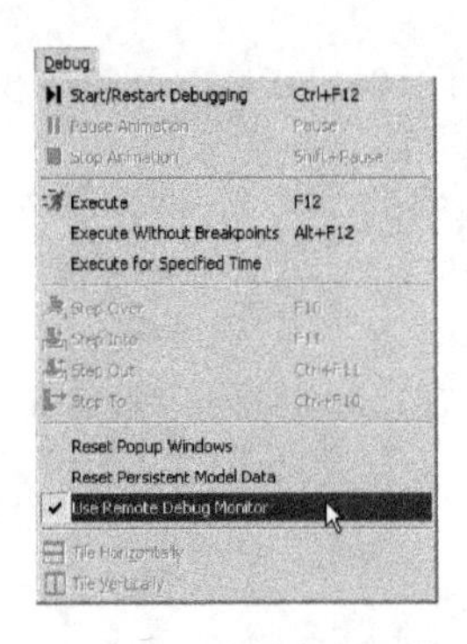

图 1-37　Proteus 的设置

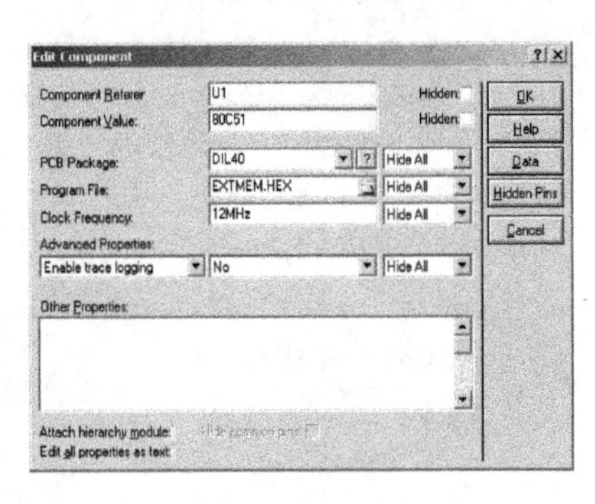

图 1-38　设置元器件的属性

(5) Proteus 的设置。进入 Proteus 的 ISIS 界面,选择“Debug”→“Use Romote Debug Monitor”命令,如图 1-37 所示。此后,便可实现 Keil C51 与 Proteus 的连接调试。

(6) 设置元器件的属性。在图形编辑窗口内,右击单片机,再单击,弹出对象属性编辑页面,如图 1-38 所示。单击“Program File”框右侧的浏览文件按钮,添加可执行程序文件。

(7) Keil C51 与 Proteus 链接仿真调试。单击仿真运行开始按钮,在界面中能清楚地观察到每一个引脚的电平变化,红色代表高电平,蓝色代表低电平。在 LED 显示器上,将循环显示 0、1、2、3、4、5。

1.3　单片机内部结构和工作原理

AT89C51 是一种低电压、高性能的单片机,它带有 4 KB 的可反复擦写的程序存储器(片内 ROM)和 256B 的数据存储器(片内 RAM),能够与 MCS-51 系列的单片机兼容。本节主要介绍单片机硬件方面的知识。

1.3.1　内部结构和引脚说明

单片机是微型计算机的一个重要分支,从原理和结构上看,单片机和微型计算机之间没有很大的差别,但单片机内部集成了很多功能电路。AT89C51 单片机的结构框图如图 1-39 所示。

1. 内部结构

由图 1-39 可知,89C51 单片机芯片内部主要包括如下功能部件。

(1) 一个 8 位微处理器(CPU),频率范围为 1.2～12 MHz。

(2) 256 B 数据存储器(RAM)。

(3) 4 KB 程序存储器(Flash ROM)。

(4) 1 个片内振荡器和时钟产生电路(石英晶体与微调电容需外接,最高允许振荡频率为 12 MHz)。

(5) 4 个 8 位并行 I/O 接口,包括 P0～P3 共 32 位 I/O 接口,每个接口均可输入和输出。

(6) 2 个 16 位定时器/计数器。

(7) 5 个中断源的中断控制系统,包括 2 个外部中断,2 个定时器/计数器中断,1 个串行口中断。

(8) 1 个全双工的串行 I/O 接口。

(9) 64 KB 扩展总线控制电路，包括 64 KB 外部数据存储器和 64 KB 外部程序存储器。

2. 单片机引脚

AT89C51 芯片是标准的 40 引脚双列直插式(DIP 封装)集成电路芯片，其引脚排列如图 1-40 所示。各引脚的功能如下。

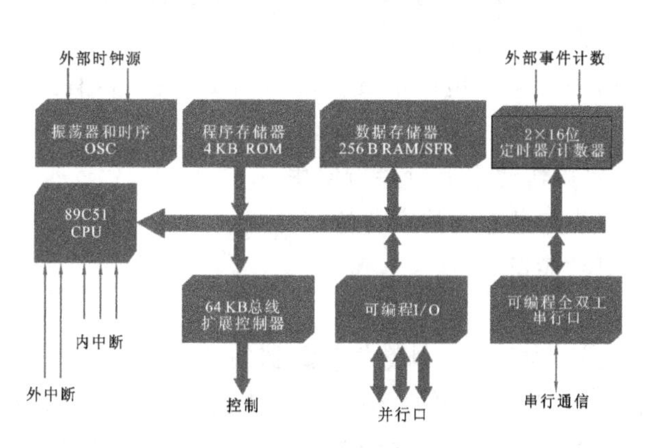

图 1-39　AT89C51 单片机的结构框图

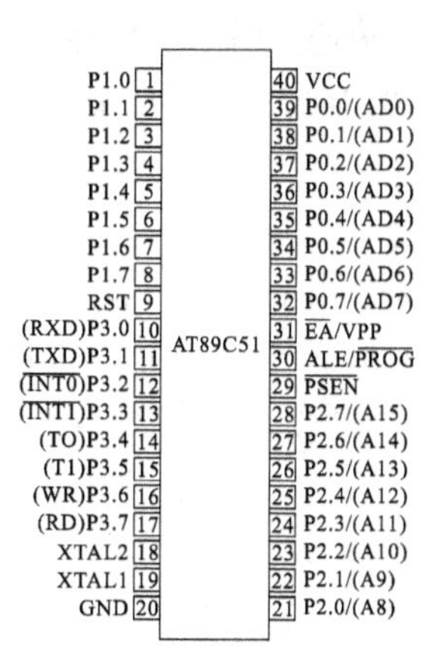

图 1-40　AT89C51 引脚图

(1) 电源引脚(GND，VCC)。

① GND(引脚 20)：电源地电平。

② VCC(引脚 40)：+5V 电源端。

(2) 时钟电路引脚(XTAL1，XTAL2)。

① XTAL1(引脚 19)：石英晶体振荡器反向放大器输入端。当外接石英晶体振荡器时，此引脚接石英晶体振荡器和微调电容的一端；当采用外部时钟时，此引脚作为驱动端，接外部时钟。

② XTAL2(引脚 18)：石英晶体振荡器反向放大器输出端。当外接石英晶体振荡器时，此引脚接石英晶体振荡器和微调电容的一端；当采用外部时钟时，此引脚悬空。

(3) 控制信号引脚(RST，ALE/$\overline{\text{PROG}}$、$\overline{\text{PSEN}}$和$\overline{\text{EA}}$/VPP)。

① RST(9 脚)：复位信号，高电平有效。

② ALE /$\overline{\text{PROG}}$(引脚 30)：地址锁存允许/编程脉冲输入端。

- ALE：当访问外部程序存储器时，ALE 的输出用于锁存地址的低 8 位，即将 P0 口数据和地址分开。即使不访问外部内存，ALE 端仍以振荡频率的 1/6 的频率周期性地输出正脉冲信号，这可作为输出脉冲或定时信号。ALE 端的负载能力为 8 个 LS 型 TTL 输入。
- $\overline{\text{PROG}}$：对片内闪速存储器(Flash ROM)编程，进行写入时的编程脉冲输入端。

③ $\overline{\text{PSEN}}$(引脚 29)：外部程序存储器(外部 ROM)“读”信号。当访问外部程序存储器时，此引脚定时输出负脉冲作为读片外程序内存的选通信号，通常接可擦除可编程存储器(EPROM)的$\overline{\text{OE}}$端。

④ $\overline{\text{EA}}$/VPP(引脚 31)：片内程序存储器和外程序存储器选择/编程电源输入端。

- EA=1，CPU 访问片内程序存储器，并执行其指令。当 PC>0FFFH(4 KB)时，则自动转向片外程序存储器。
- EA=0，不论片内是否有内存，只执行片外程序存储器的指令。
- VPP：在对 AT89C51 的片内闪速存储器进行编程时，用于施加(12～21 V)高压的输入端。

(4) I/O 引脚(P0～P3)。

① P0(P0.0～P0.7,引脚 39～32):P0 口是漏极开路的 8 位准双向 I/O 接口,有如下两种功能。

- 通用 I/O 接口:无片外内存时,P0 口可作通用 I/O 接口使用。
- 地址/数据接口:在访问外部内存时,可作为地址总线的低 8 位和数据总线。

② P1(P1.0～P1.7,引脚 1～8):仅用作 I/O 接口。

③ P2(P2.0～P2.7,引脚 21～28):带内部上拉电阻的 8 位准双向 I/O 接口,有如下两种功能。

- 通用 I/O 接口:无片外内存时,P2 口可作通用 I/O 接口使用。
- 地址接口:在访问外部内存时,可作为地址总线的高 8 位。

④ P3(P3.0～P3.7,引脚 21～28):双功能口。

- 第一功能:用于通用 I/O 接口。
- 第二功能:用于外中断、定时/计数器、串行口、片外数据存储器的选通。

由于工艺及标准化等原因,芯片引脚的数目是有限的,但单片机为实现其功能所需要的信号数目却远远超过此数,因此,必须赋予某些引脚第二功能来解决实际需求与引脚数量有限的矛盾。下面简单介绍一下 P3.0～P3.7 引脚的第二功能。

- P3.0:RXD(串行口输入)。
- P3.1:TXD(串行口输出)。
- P3.2:$\overline{\text{INT0}}$(外部中断 0 输入)。
- P3.3:$\overline{\text{INT1}}$(外部中断 1 输入)。
- P3.4:T0(定时/计数器 0 的计数脉冲输入)。
- P3.5:T1(定时/计数器 1 的计数脉冲输入)。
- P3.6:$\overline{\text{WR}}$(片外数据存储器写信号)。
- P3.7:$\overline{\text{RD}}$(片外数据存储器读信号)。

1.3.2 存储空间配置和功能

AT89C51 单片机的内存包括两类,即程序存储器和数据存储器。AT89C51 单片机内存结构采用哈佛结构,即将程序存储器和数据存储器分开,它们有各自独立的存储空间、寻址机构和寻址方式。其典型结构如图 1-41 所示。

程序存储器用来存放用户程序和常用的表格、常数,采用只读存储器(ROM)作为程序存储器。数据存储器用来存放程序运行中的数据、中间计算结果等,采用随机存储器(RAM)作为数据储存器。从物理位置上来看,单片机有 4 个储存器空间,即片内程序存储器、片内数据储存器、片外程序存储器和片外数据储存器。从用户使用的角度即逻辑上看,单片机有 3 个储存器地址空间:片内统一编址的 64 KB 程序存储器地址空间;256 B 的内部数据储存器地址空间;64 KB 的外部数据储存器地址空间,如图 1-42 所示。

AT89C51 程序存储器分为片内程序存储器和片外程序存储器等两种。片内有 4 KB 的闪速程序存储器(Flash ROM),其地址范围为 0000H～0FFFH。当片内程序存储器不够使用时,可以扩展片外程序存储器,因为程序计数器 PC 和程序地址指针 DPTR 都是 16 位的,故片外程序存储器扩展的最大空间是 64 KB,地址范围为 0000H～FFFFH。

单片机的程序存储器中有两个具有特殊功能的区域：一个区域是0000H～0002H，单片机复位后，程序计数器(PC)中的初始值为0000H，也就是说，程序从0000H单元开始执行；另一个区域是0003H～002AH，这40个单元平均分成5个组，每组8个存储单元，每组的首单元地址作为相应的中断服务程序的入口地址，如图1-42所示。

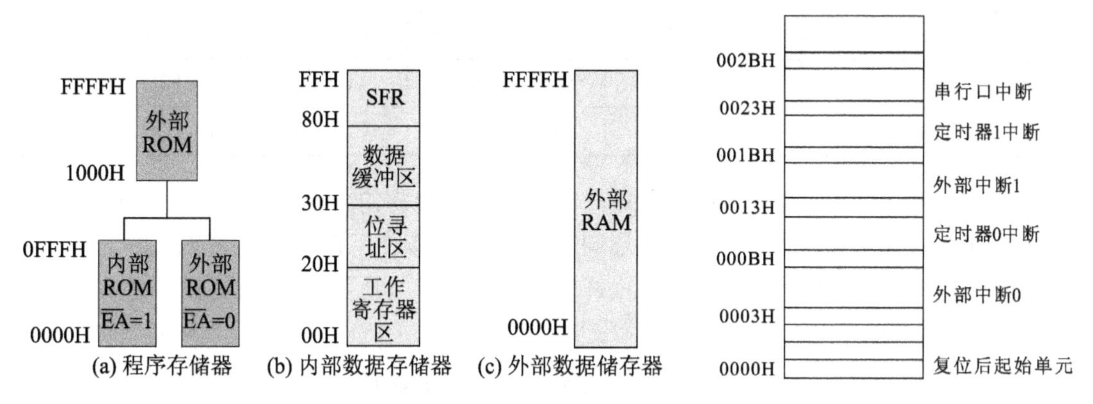

图1-41 AT89C51内存结构图

图1-42 ROM中几个特殊单元

单片机中的CPU响应中断后，会自动跳转到各中断地址区的首地址去执行中断服务程序。在中断地址区中理应存放中断服务程序，但通常情况下，8个存储单元(即8 B)一般难以存储一个完整的中断服务程序，因此在中断地址区中一般只存放一条无条件跳转指令，以便中断响应后，通过执行无条件跳转指令，跳转到中断服务程序的实际存放区域。

由于程序存储器中存在上述两个具有特殊功能的区域，故用户程序不可能从0000H单元开始连续存放。一般用户程序是从002BH单元之后开始存放的，并且从0000H单元开始存放一条无条件转移指令，将其转移到用户程序所在存储区域的第一个单元的地址(首地址)，开始执行程序。

AT89C51数据存储器也分为片内数据存储器和片外数据存储器等两种。片内数据存储器容量有256 B，其地址范围为00H～FFH。其按功能又可分为两部分：低128字节(地址范围为00H～7FH)为一般数据存储器区，高128 B(地址范围为80H～FFH)为特殊功能寄存器(SFR)区，两部分的位置空间是连续的，如图1-43(a)所示。片外数据存储器可扩展64 KB存储空间，地址范围为0000H～FFFFH，但二者的地址空间是分开的且各自独立的。

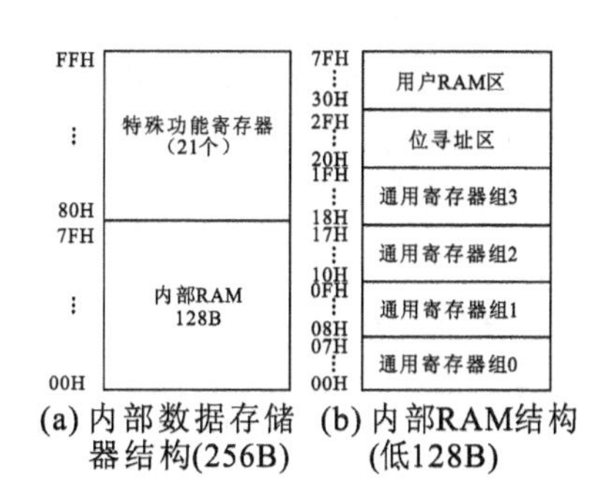

图1-43 AT89C51内部数据存储器示意图

1. 片内一般数据存储器区(低128 B)

片内数据存储器的低128 B又可按其用途划分为通用寄存器区、位寻址区和用户数据存储器区，如图1-43(b)所示。下面分别对这几个区域进行介绍。

1) 通用寄存器区

00H～1FH这32个存储单元为通用寄存器区，分为4个通用寄存器组，每组有8个单元，其地址按由小到大的顺序分别用代号R0～R7表示，如表1-1所示。

表 1-1　通用寄存器的名称与单元地址对应表

寄存器组＼寄存器符号	R0	R1	R2	R3	R4	R5	R6	R7
组 0	00H	01H	02H	03H	04H	05H	06H	07H
组 1	08H	09H	0AH	0BH	0CH	0DH	0EH	0FH
组 2	10H	11H	12H	13H	14H	15H	16H	17H
组 3	18H	19H	1AH	1BH	1CH	1DH	1EH	1FH

从表 1-1 可以看出，每个通用寄存器组都包含相同的通用寄存器 R0～R7，它们只是地址不同，所以这 4 个通用寄存器组是不能同时使用的，可以使用程序状态字寄存器(PSW)中的 RS1 和 RS0 位来选择当前使用的通用寄存器组，如表 1-2 所示。单片机在初始状态下时，当前使用的通用寄存器组为通用寄存器组 0。

表 1-2　RS1、RS0 与通用寄存器组的对应关系

RS1	RS0	通用寄存器组	地址范围
0	0	组 0	00H～07H
0	1	组 1	08H～0FH
1	0	组 2	10H～17H
1	1	组 3	18H～1FH

RS1 和 RS0 是由软件设置的，被选中的通用寄存器组即为当前寄存器组，此时其他寄存器组只能作为数据存储器使用，而不能作为通用寄存器使用。

2) 位寻址区

20H～2FH 这 16 个存储单元为位寻址区。位寻址区的地址位于工作寄存器区之后，它具有双重寻址功能，既可以按位寻址操作，也可以像普通数据存储器单元那样按字节寻址操作。位寻址区大小为 128 B，其地址范围为 00H～7FH，如表 1-3 所示。

表 1-3　位寻址区对应表

单元地址	位地址							
	D7	D6	D5	D4	D3	D2	D1	D0
2FH	7FH	7EH	7DH	7CH	7BH	7AH	79H	78H
2EH	77H	76H	75H	74H	73H	72H	71H	70H
2DH	6FH	6EH	6DH	6CH	6BH	6AH	69H	68H
2CH	67H	66H	65H	64H	63H	62H	61H	60H
2BH	5FH	5EH	5DH	5CH	5BH	5AH	59H	58H
2AH	57H	56H	55H	54H	53H	52H	51H	50H
29H	4FH	4EH	4DH	4CH	4BH	4AH	49H	48H
28H	47H	46H	45H	44H	43H	42H	41H	40H
27H	3FH	3EH	3DH	3CH	3BH	3AH	39H	38H

续表

单元地址	位地址							
	D7	D6	D5	D4	D3	D2	D1	D0
26H	37H	36H	35H	34H	33H	32H	31H	30H
25H	2FH	2EH	2DH	2CH	2BH	2AH	29H	28H
24H	27H	26H	25H	24H	23H	22H	21H	20H
23H	1FH	1EH	1DH	1CH	1BH	1AH	19H	18H
22H	17H	16H	15H	14H	13H	12H	11H	10H
21H	0FH	0EH	0DH	0CH	0BH	0AH	09H	08H
20H	07H	06H	05H	04H	03H	02H	01H	00H

3）用户数据存储器区

30H～7FH 这 80 个存储单元为用户数据存储器区，用于存放用户数据。这个区域的使用，没有任何的规定和限制，堆栈一般设置在此区域。

堆栈是用户数据存储器区中的特殊区域，用于暂时存放诸如子程序端口地址、中断端口地址及其他需要保护的数据。堆栈指针 SP 指向 60H，堆栈深度为 32B；堆栈指针 SP 指向 50H，堆栈深度为 48B。

2. 专用寄存器区(高 128B)

AT89C51 片内数据存储器的 80H～FFH 区间，集合了一些特殊用途的寄存器，一般称为特殊功能寄存器(SFR)。AT89C51 单片机共有 21 个 SFR，它们离散地分布在 80H～FFH 地址范围内。字节地址能被 8 整除的(即十六进制的地址码尾数为 0 或 8 的)存储单元是具有位地址的寄存器。在 SFR 地址空间中，有效的位地址共有 83 个，如表 1-4 所示。

表 1-4 SFR 地址表

寄存器符号	位地址/位定义								字节地址
	D7	D6	D5	D4	D3	D2	D1	D0	
B	F7H	F6H	F5H	F4H	F3H	F2H	F1H	F0H	F0H
ACC	E7H	E6H	E5H	E4H	E3H	E2H	E1H	E0H	E0H
PSW	D7H	D6H	D5H	D4H	D3H	D2H	D1H	D0H	D0H
	CY	AC	F1	RS1	RS0	OV	F0	P	
IP	BFH	BEH	BDH	BCH	BBH	BAH	B9H	B8H	B8H
	/	/	/	PS	PT1	PX1	PT0	PX0	
P3	B7H	B6H	B5H	B4H	B3H	B2H	B1H	B0H	B0H
	P3.7	P3.6	P3.5	P3.4	P3.3	P3.2	P3.1	P3.0	
IE	AFH	AEH	ADH	ACH	ABH	AAH	A9H	A8H	A8H
	EA	/	/	ES	ET1	EX1	ET0	EX0	

续表

寄存器符号	位地址/位定义								字节地址
	D7	D6	D5	D4	D3	D2	D1	D0	
P2	A7H	A6H	A5H	A4H	A3H	A2H	A1H	A0H	A0H
	P2.7	P2.6	P2.5	P2.4	P2.3	P2.2	P2.1	P2.0	
SBUF									(99H)
SCON	9FH	9EH	9DH	9CH	9BH	9AH	99H	98H	98H
	SM0	SM1	SM2	REN	TB8	RB8	TI	RI	
P1	97H	96H	95H	94H	93H	92H	91H	90H	90H
	P1.7	P1.6	P1.5	P1.4	P1.3	P1.2	P1.1	P1.0	
TH1									(8DH)
TH0									(8CH)
TL1									(8BH)
TL0									(8AH)
TMOD	GATE	$C/\overline{T}$	M1	M0	GATE	$C/\overline{T}$	M1	M0	(89H)
TCON	8FH	8EH	8DH	8CH	8BH	8AH	89H	88H	88H
	TF1	TR1	TF0	TR0	IE1	IT1	IE0	IT0	
PCON	SMOD	/	/	/	GF1	GF0	PD	IDL	(87H)
DPH									(83H)
DPL									(82H)
SP									(81H)
P0	87H	86H	85H	84H	83H	82H	81H	80H	80H
	P0.7	P0.6	P0.5	P0.4	P0.3	P0.2	P0.1	P0.0	

SFR中的每一位的定义和作用与单片机的各部件直接相关。这里先简单进行介绍，其详细使用方法在后续的相应章节中再进行说明。

1）程序计数器

程序计数器(program counter，PC)：地址指针 PC 是一个 16 位的计数器，其内容为将要执行的指令地址，寻址范围为 64 KB。PC 有自动加 1 的功能，从而可实现程序的顺序执行。PC 没有地址，是不可寻址的，因此用户无法对它进行读/写。但是可以通过转移、调用、返回等指令改变其内容，从而实现程序的转移。

注意：PC 不是特殊功能寄存器。

2）运算相关的寄存器

与运算相关的寄存器有 3 个，分别是 ACC、B、PSW。

(1) 累加器 ACC：为 8 位寄存器。它是单片机中最繁忙的寄存器，用于向 ALU 提供操作数，许多运算的结果也存放在累加器中。

(2) 寄存器 B:为 8 位寄存器。它主要用于乘除法运算,也可以作为数据存储器的一个单元使用。

(3) 程序状态字寄存器 PSW:为 8 位寄存器。其各位的含义如下。

① CY:进位、借位标志位。当有进位、借位时,CY=1,否则 CY=0。

② AC:辅助进位、借位标志位(高半字节与低半字节间的进位或借位)。

③ F1、F0:用户标志位,由用户自己定义。

④ RS1、RS0:当前工作寄存器组选择位。

⑤ OV:溢出标志位,当有溢出时,OV=1,否则 OV=0。

⑥ P:奇偶标志位,存放于 ACC 中的运算结果有奇数个 1 时,P=1,否则 P=0。

3) 指针类寄存器

指针类寄存器有 2 个,分别是 SP、DPTR。

(1) 堆栈指针 SP:为 8 位寄存器,它总是指向栈顶。AT89C51 单片机的堆栈常设置在数据存储器的 30H～7FH 地址范围中。堆栈操作遵循"先进后出"的原则:进行入栈操作时,先将 SP 加 1,再将数据压入 SP 指向的地址单元;进行出栈操作时,先将 SP 指向地址单元中的数据弹出,然后再将 SP 减 1,这时 SP 指向的单元是新的栈顶。由此可见,AT89C51 单片机的堆栈区是向地址增大的方向生成的。

(2) 数据指针 DPTR:为 16 位寄存器,用来存放 16 位的地址。它由两个 8 位的寄存器 DPH 和 DPL 组成。通过 DPTR 使用间接寻址或变址寻址的方式可对片外 64 KB 范围的数据存储器或程序存储器中的数据进行读或写操作。

4) 与接口相关的寄存器

与接口相关的寄存器有 7 个,分别为 P0、P1、P2、P3、SBUF、SCON、PCON。

(1) 并行 I/O 接口 P0、P1、P2、P3:均为 8 位寄存器。通过对这 4 个寄存器的读/写,可以实现数据从相应接口的输入/输出。

(2) 串行接口数据缓冲器 SBUF。

(3) 串行接口控制寄存器 SCON。

(4) 串行通信波特率倍增寄存器 PCON(其中一些位还与电源控制相关,所以又称为电源控制寄存器)。

5) 中断相关寄存器

与中断相关的寄存器有 2 个,分别为 IE、IP。

(1) IE 为中断允许控制寄存器。

(2) IP 为中断优先级控制寄存器。

6) 定时器/计数相关寄存器

与定时器/计数器相关的寄存器有 6 个,分别为 TH0、TL0、TH1、TL1、TMOD、TCON。

(1) 定时器/计数器 T0 由两个 8 位计数初值寄存器 TH0、TL0 组成,它们可以构成 16 位的计数器。其中 TH0 存放高 8 位,TL0 存放低 8 位。

(2) 定时器/计数器 T1 由两个 8 位计数初值寄存器 TH1、TL1 组成,它们可以构成 16 位的计数器。其中 TH1 存放高 8 位,TL1 存放低 8 位。

(3) TMOD 为定时器/计数器的工作方式寄存器。

(4) TCON 为定时器/计数器的控制寄存器。

1.3.3 时钟电路与时序

单片机的工作过程为:取一条指令、译码、进行微操作,再取一条指令、译码、进行微操作，这样一步一步地由微操作来按顺序依次完成相应指令规定的功能。时钟电路用于产生单片机工作时所必需的控制信号。AT89C51单片机的内部电路正是在时钟信号的控制下，严格按时序执行指令进行工作的。时钟电路用于产生供单片机各部分同步工作的时钟信号，而时序则是指微操作的时间次序。

单片机的时钟信号用来提供单片机内部各种操作的时间基准，时钟电路则用来产生单片机工作所需要的时钟信号。

常用的时钟电路有两种方式：内部时钟方式和外部时钟方式。

1. 内部时钟方式

单片机内有一个用于构成振荡器的高增益反相放大器，反相放大器的输入端为芯片引脚XTAL1，输出端为引脚XTAL2，如图1-44(a)所示。

2. 外部时钟方式

外部时钟方式是把已有的时钟信号引入到单片机内的，如图1-44(b)所示。

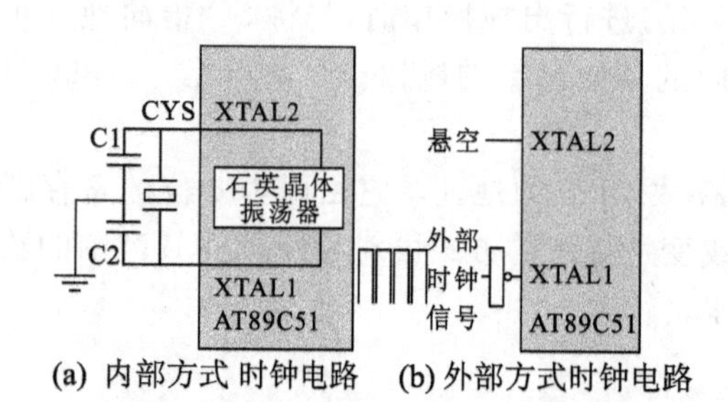

图1-44　AT89C51单片机时钟电路

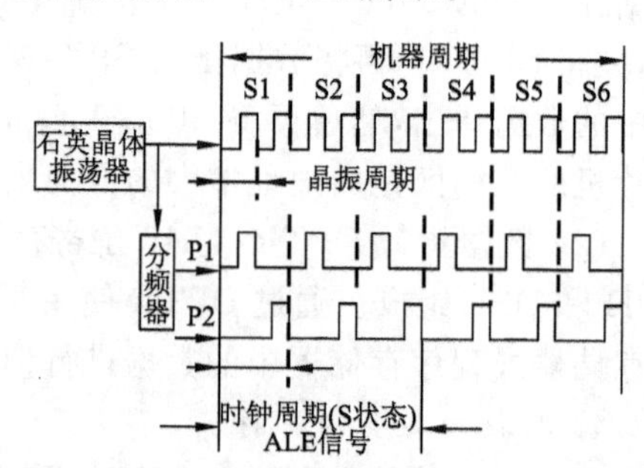

图1-45　单片机内部时间单位示意图

3. CPU时序

单片机的时序就是CPU在执行指令过程中，由CPU控制器发出的一系列控制信号的时间顺序。CPU实质上就是一个复杂的时序电路，单片机执行指令就是在时序电路的控制下一步一步进行的。CPU的时序图如图1-45所示。

在执行指令时，CPU首先从程序存储器取出指令码，然后对指令码进行译码，并由时序电路产生一系列的控制信号去完成指令的执行。

时序是由定时单位来描述的。常用的时序定时单位有时钟周期、状态周期、机器周期和指令周期等。

1）时钟周期

时钟周期就是振荡周期，是单片机内振荡电路OSC产生一个振荡脉冲信号所用的时间。时钟周期定义为时钟脉冲频率的倒数，是时序中最基本、最小的时间单位。时钟周期也称为节拍，用P表示。

时钟脉冲是单片机的基本工作脉冲，控制着单片机的工作节奏，使单片机的每一步都统一到它的步调上来。

2）状态周期

两个振荡周期为一个状态周期，由振荡脉冲二分频后得到，用S表示。两个振荡周期作为两个节拍分别称为节拍P1和节拍P2。在状态周期的前半周期P1有效时，通常完成算数及逻辑操作；在后半周期P2有效时，一般进行内部寄存器之间的数据传输。

3）机器周期

机器周期是指CPU完成一个规定操作所用的时间。对于51系列单片机来说，1个机器周期=12个时钟周期。规定一个机器周期的宽度为6个状态周期,并依次表示为S1～S6,每个状态又分为P1和P2两拍。所以,一个机器周期共有12个振荡脉冲周期,可以表示为S1P1,S1P2,S2P1,S2P2,……,S6P2。当振荡脉冲频率为12 MHz时,一个机器周期为1 μs;当振荡脉冲频率为6 MHz时,一个机器周期为2 μs。

4) 指令周期

指令周期是时序中最大的时间单位,定义为CPU执行一条指令所用的时间。不同的指令所包含的机器周期不相同,51系列单片机的指令周期根据指令的不同可以包含1～4个机器周期。包含一个机器周期的指令称为单周期指令,包含两个机器周期的指令称为双周期指令,依此类推。

51系列单片机通常分为单周期指令、双周期指令和四周期指令等三种。只有乘法指令和除法指令为四周期指令,其余均为单周期指令或双周期指令。

1.3.4 复位电路

复位是指将单片机系统设置成特定初始状态的操作。一般在出现下述三种情况时要进行复位操作。

(1) 刚通电时——进入初始状态。

(2) 重新启动时——回到初始状态。

(3) 程序故障时——回到初始状态。

单片机复位后,内部各专用寄存器的状态如表1-5所示。

表1-5 内部各专用寄存器复位状态

寄存器	复位状态	寄存器	复位状态
PC	0000H	TMOD	00H
ACC	00H	TCON	00H
B	00H	TH0	00H
PSW	00H	TL0	00H
SP	07H	TH1	00H
DPTR	0000H	TL1	00H
P0～P3	11111111B	SCON	00H
IP	XXX00000B	PCON	0XX00000B
IE	0XX00000B	SBUF	不定

说明:X表示无关位。

(1) 复位后PC值为0000H,表明复位后程序从0000H开始执行。

(2) 复位后A值为00H,表明累加器被清零。

(3) 复位后PSW值为00H,表明当前工作寄存器为第0组工作寄存器。

(4) 复位后SP值为07H,表明堆栈底部在07H。复位后一般需要重新设置SP值。

(5) 复位后P0～P3口值为11111111B。P0～P3口用作输入口时,必须先写入“1”。单片机在复位后,已使P0～P3口每一端线为“1”,为这些端线用作输入口做好准备。

(6) 复位后IP值为XXX00000B,表明各个中断源均处于低优先级。

(7) 复位后 IE 值为 0XX00000B,表明各个中断源均处于关断状态。

复位通常采用上电自动复位和按钮复位两种方式。单片机复位是使 CPU 和系统中的其他功能部件恢复为初始状态,并从这个状态开始工作的操作。要实现复位操作,应使 RST 引脚至少保持两个机器周期的高电平。

CPU 在第二个机器周期内执行内部复位操作,以后每一个机器周期重复一次,直至 RST 端电平变为低电平。复位期间不产生 ALE 及 $\overline{PSEN}$ 信号,即 ALE=1 和 $\overline{PSEN}$=1,这表明单片机复位期间不会有任何取址操作。当 RST 引脚返回低电平以后,CPU 从 0000H 地址开始执行程序。

1.4 单片机的 C51 基础知识

本小节以 51 系列单片机为背景,结合标准 C 的相关知识,介绍了 51 系列单片机的 C 语言——C51 的特点、C51 程序的结构特点、C51 的标识符和关键字及数据类型、数据的存储类型和存储模式、指针与函数的定义与使用,并简单介绍了 C 语言与汇编语言的混合编程方法。本小节应重点掌握 C51 数据的存储类型和存储模式,C51 对 SFR、可寻址位、存储器和 I/O 口的定义和访问。学习完本小节之后,读者应对程序设计及 C 语言有一个初步的完整的印象。

1.4.1 C51 概述

单片机应用系统是由硬件和软件组成的。其中,汇编语言是能够利用单片机所有特性直接控制硬件的唯一语言,对于一些需要直接控制硬件的场合,汇编语言是必不可少的。但汇编语言不是一种结构化的程序设计语言,对于较复杂的单片机应用系统,它的编写效率很低。

为了提高软件的开发效率,许多软件公司致力于单片机高级语言的开发研究,并且许多型号单片机的内部程序存储器容量已经达到 64 KB 甚至更大,而且具备在线编程(in system programmable,ISP)功能,这进一步推动了高级语言在单片机应用系统开发中的应用。

51 系列单片机支持三种高级语言:PL/M、Basic 和 C。

PL/M 是一种结构化的编程语言,与 Pascal 类似,PL/M 编译器与汇编语言的编译器一样可以产生紧凑的机器代码,可以说是高级汇编语言。但它不支持复杂的算术运算,无丰富的库函数支持。

Basic 语言适用于简单编程而对编程效率、运行速度要求不高的场合,单片机内固化有 Basic 语言解释器。

C 语言是美国国家标准协会(ANSI)制定的编程语言标准,1987 年 ANSI 公布 87 ANSI C,即标准 C 语言。C 语言作为一种非常方便的编程语言而得到了广泛的支持,很多硬件开发(如各种单片机、DSP、ARM 等)都用 C 语言编程。C 语言程序本身不依赖于机器硬件系统,基本上不作修改或仅进行简单修改就可将程序从不同的单片机中移植过来直接使用。C 语言提供了很多数学函数并支持浮点运算,开发效率高,可缩短开发时间,并增加了程序的可读性和可维护性。

单片机的 C 语言编程称为 C51 编程。C51 语言是在 ANSI C 的基础上针对 51 系列单片机的硬件特点进行扩展的,再向 51 系列单片机上移植,经过多年的努力,C51 语言已经成为公认的高效、简洁而又贴近 51 系列单片机硬件的实用高级编程语言。

用 C 语言编写的应用程序必须经专门的 C 语言编译器编译生成可以在单片机上运行的

可执行文件。支持51系列单片机的C语言编译器有很多种，如Tasking CrossView51、Keil C51、IAR EW8051等。其中最为常见的单片机编译器为Keil C51。

Keil C51是Keil Software公司开发的用于51系列单片机的C51语言开发软件。Keil C51在兼容ANSI C的基础上，又增加了很多与51系列单片机硬件相关的编译特性，使得开发51系列单片机程序更为方便和快捷，其程序代码运行速度快，所需存储器空间小，完全可以和汇编语言相媲美。它支持众多的MCS-51架构的芯片，同时集编辑、编译、仿真等功能于一体，具有强大的软件调试功能，是众多的单片机应用开发软件中最受欢迎的软件之一。

Keil公司已推出了V7.0以上版本的C51编译器，并将其完全集成到功能强大的集成开发环境(IDE)　μVision4中，该环境下集成了文件编辑处理、编译链接、项目(Project)管理、窗口、工具引用和仿真软件模拟器及Monitor51硬件目标调试器等多种功能。Keil μVision4内部集成了源程序编辑器，并允许用户在编辑源文件时就可设置程序调试断点，便于在程序调试过程中快速检查和修改程序。此外，Keil μVision4还支持软件模拟仿真(Simulator)和用户目标板调试(Monitor51)两种工作方式。在软件模拟仿真方式下无须任何51系列单片机及其外部硬件即可完成用户程序的仿真调试。

与汇编语言编程相比，应用C51编程具有以下优点。

(1) C51编译器管理内部寄存器和存储器的分配，编程时，无须考虑不同存储器的寻址和数据类型等细节问题。

(2) 程序有规范的结构，可分成不同的函数，这种方式具有良好的模块化结构，使已编好程序容易移植。

(3) 有丰富的子程序库可直接调用，具有较强的数据处理能力，从而大大减少用户编程的工作量。

(4) ANSI C语言和汇编语言可以交叉使用。汇编语言程序代码短、运行速度快，但复杂运算编程耗时。可采取用汇编语言编写与硬件有关的部分程序，用ANSI C语言编写与硬件无关的运算部分程序的方法，充分发挥两种语言的长处，提高开发效率。

C51的基本语法与ANSI C的相同，但对ANSI C进行了扩展。单片机C编译器之所以与ANSI C有所不同，主要是由于它们所针对的硬件系统有其各自不同的特点。C51的特点和功能主要是由51系列单片机自身特点引起的。

C51与ANSI C的主要区别如下。

(1) 头文件　51系列单片机有不同的厂家和系列，不同单片机的主要区别在于其内部资源的不同。为了实现内部资源功能，只需将相应的功能寄存器的头文件加载在程序中，就可以实现指定的功能。因此，C51系列头文件集中体现了各系列芯片的不同功能。

(2) 数据类型　由于51系列单片机包含了位操作空间和丰富的位操作指令，因此C51在ANSI C的基础上扩展了4种数据类型，以便能够灵活地进行操作。

(3) 数据存储类型　通用计算机采用的是程序存储器和数据存储器统一寻址的冯·诺依曼结构，而51系列单片机采用的是哈佛结构，将程序存储器与数据存储器分开，数据存储器又分片内数据存储器和片外数据存储器，片内数据存储器还分直接寻址区和间接寻址区，因此C51专门定义了与以上存储器相对应的数据存储类型，包括code、data、idata、xdata等类型，以及根据C51系列特点而设定的pdata类型。

(4) 中断处理　ANSI C语言没有处理中断的定义，而C51为了处理单片机的中断，专门定义了interrupt关键字。

(5) 数据运算操作和程序控制　从数据运算操作、程序控制语句及函数的使用上来看，

C51与ANSI C几乎没有什么明显的差别。只是由于单片机系统的资源有限,它的编译系统不允许太多的程序嵌套。同时由于51系列单片机是8位机,所以C51不支持扩展16位字符。同时C51也不支持ANSI C所具备的递归特性,所以在C51中如果要使用递归特性,必须用reentrant关键字声明。

(6) 库函数　由于ANSI C部分库函数不适合单片机,因此被排除在外,如字符屏幕库函数和图形函数库函数。也有一些库函数在C51中继续使用,但这些库函数是针对51系列单片机的硬件特点相应开发的,与ANSI C的构成和用法有很大的区别。例如,printf函数和scanf函数,在ANSI C中,这两个函数通常用于屏幕打印和接收字符上;而在C51中,这两个函数主要用于串口数据的发送和接收。

与ANSI C一样,C51的程序是由函数组成。C51的函数以"{"开始,以"}"结束。其中必须有一个主函数main(),程序的执行从主函数main()开始,调用其他函数后返回主函数main(),最后在主函数中结束整个程序,而不管函数的排列顺序如何。

C51程序的组成结构示意如下。

```
全局变量说明              /*可被各函数引用*/
main( )                   /*主函数*/
{
   局部变量说明           /*只在本函数引用*/
   执行语句(包括函数调用语句);
}
fun1(形式参数表)          /*函数1*/
形式参数说明
{
   局部变量说明
   执行语句(包括调用其他函数语句)
}
  …
funn(形式参数表)          /*函数n*/
形式参数说明
{
   局部变量说明
   执行语句
}
```

1.4.2 C51的关键字与数据类型

标识符用来标识源程序中某个对象的名字,这些对象可以是语句、数据类型、函数、变量、数组等。标识符区分大小写,第一个字符必须是字母或下划线。

C51中有些库函数的标识符是以下划线开头的,所以一般不要以下划线开头命名标识符。C51编译器规定标识符最长可达255个字符,但只有前面32个字符在编译时有效,因此在编写源程序时标识符的长度不要超过32个字符,这对于一般应用程序来说已经足够了。

关键字是编程语言保留的特殊标识符,有时又称为保留字,它们具有固定名称和含义,在C语言的程序编写中不允许标识符与关键字相同。与其他计算机语言相比,C语言的关键字较少,ANSI C标准一共规定了32个关键字,如表1-6所示。

表 1-6　ANSI C 的关键字

关　键　字	用　　途	说　　明
auto	存储种类说明	用以说明局部变量,默认值为此
break	程序语句	退出最内层循环体
case	程序语句	switch 语句中的选择项
char	数据类型说明	单字节整型数或字符型数据
const	存储类型说明	在程序执行过程中不可更改的常量值
continue	程序语句	转向下一次循环
default	程序语句	switch 语句中的失败选择项
do	程序语句	构成 do…while 循环结构
double	数据类型说明	双精度浮点数
else	程序语句	构成 if…else 选择结构
enum	数据类型说明	枚举
extern	存储种类说明	在其他程序模块中说明了的全局变量
float	数据类型说明	单精度浮点数
for	程序语句	构成 for 循环结构
goto	程序语句	构成 goto 转移结构
if	程序语句	构成 if…else 选择结构
int	数据类型说明	基本整型数
long	数据类型说明	长整型数
register	存储种类说明	使用 CPU 内部寄存的变量
return	程序语句	函数返回
short	数据类型说明	短整型数
signed	数据类型说明	有符号数,二进制数据的最高位为符号位
sizeof	运算符	计算表达式或数据类型的字节数
static	存储种类说明	静态变量
struct	数据类型说明	结构类型数据
switch	程序语句	构成 switch 选择结构
typedef	数据类型说明	重新进行数据类型定义
union	数据类型说明	联合类型数据
unsigned	数据类型说明	无符号数据
void	数据类型说明	无类型数据
volatile	数据类型说明	该变量在程序执行中可被隐含地改变
while	程序语句	构成 while 和 do…while 循环结构

Keil C51 编译器除了支持 ANSI C 标准的 32 个关键字外,还根据 51 系列单片机的特点扩展了相关的关键字,如表 1-7 所示。在 Keil C51 开发环境的文本编辑器中编写 C 程序,系

统可以把保留字以不同颜色显示，默认颜色为蓝色。

表 1-7　C51 的扩展关键字

关键字	用途	说明
_at_	地址定位	为变量定义存储空间绝对地址
alien	函数特性说明	声明与 PL/M51 兼容的函数
bdata	存储器类型说明	可位寻址的内部数据存储器
bit	位标量声明	声明一个位标量或位类型的函数
code	存储器类型说明	程序存储器空间
compact	存储器模式	使用外部数据存储器的存储模式
data	存储器类型说明	直接寻址的 8051 内部数据存储器
idata	存储器类型说明	间接寻址的 8051 内部数据存储器
interrupt	中断函数声明	定义一个中断函数
large	存储器模式	使用外部数据存储器的存储模式
pdata	存储器类型说明	“分页”寻址的 8051 外部数据存储器
priority	多任务优先声明	RTX51 的任务优先级
reentrant	再入函数声明	定义一个再入函数
sbit	位变量声明	声明一个可位寻址变量
sfr	特殊功能寄存器声明	声明一个特殊功能寄存器(8 位)
sfr16	特殊功能寄存器声明	声明一个 16 位的特殊功能寄存器
small	存储器模式	内部数据存储器的存储模式
task	任务声明	定义实时多任务函数
using	寄存器组定义	定义 8051 的工作寄存器组
xdata	存储器类型说明	8051 外部数据存储器

C51 支持的基本数据类型如表 1-8 所示。

表 1-8　C51 编译器支持的基本数据类型

	数据类型	长度	取值范围
位型	bit	1bit	0 或 1
字符型	signed char	1Byte	－128～＋127
	unsigned char	1Byte	0～255
整形	signed int	2Byte	－32768～＋32767
	unsigned int	2Byte	0～65535
	signed long	4Byte	－2147483648～＋2147483647
	unsigned long	4Byte	0～4294967295

续表

	数据类型	长　度	取值范围
实型	Float	4Byte	$1.176\times10^{-38}\sim3.40\times10^{38}$
指针型	data/idata/ pdata	1Byte	1字节地址
	code/xdata	2Byte	2字节地址
	通用指针	3Byte	其中,1字节为储存器类型编码,2、3字节为地址偏移量
访问SFR的数据类型	sbit	1 bit	0或1
	sfr	1Byte	0～255
	sfr16	2Byte	0～65535

C51编译器支持ANSI C所有的基本数据类型。并且C51编译器除了能支持ANSI C的基本数据类型外,还能支持ANSI C的组合型数据类型,如数组类型、指针类型、结构类型、联合类型等数据类型。

根据51系列单片机的存储空间结构,C51在ANSI C的基础上,扩展了4种数据类型:bit、sfr、sfr16和sbit。

1) 位变量bit

用bit可以定义位变量,但不能定义位指针和位数组。用bit定义的位变量的值可以是1(true),也可以是0(false)。位变量必须定位在单片机片内数据存储器的位寻址空间中。

Borland C和Visual C/C++中也有位(变量)数据类型(Boolean型)。但是,在x86结构的系统中没有专用的位变量存储区域,位变量只是存放在一个字节的存储单元中。而51系列单片机的CPU内部支持128位的可位寻址存储区间(地址范围为20H～2FH),当程序设计者在程序中使用了位变量,并且使用的位变量个数小于128个时,C51编译器会自动将这些变量存放在51单片机的可位寻址存储区间,每个位变量占用1位存储空间,一个字节可以存放8个位变量。

(1) 位变量的一般语法格式如下。

bit　位变量名;

例如:

```
bit  direction_bit;    /*把direction_bit定义为位变量*/
bit  look_pointer;     /*把look_pointer定义为位变量*/
```

(2) 函数可包含类型为"bit"的参数,也可以将其作为返回值。

例如:

```
bit  func(bit b0, bit b1)     /*变量b0,b1作为函数的参数*/
{
  return (b1);          /*变量b1作为函数的返回值*/
}
```

2) 特殊功能寄存器sfr

这种数据类型在C51编译器中等同于unsigned char数据类型,占用一个内存单元,用于定义和访问51系列单片机的特殊功能寄存器(特殊功能寄存器定义在片内数据存储器区的高128字节中)。

使用sfr定义特殊功能寄存器的格式如下。

sfr　寄存器名＝寄存器地址；

其中，寄存器地址必须大写。

例如：

```
sfr SCON=0x98;     /*串行通信控制寄存器地址 98H*/
sfr TMOD=0x89;     /*定时器模式控制寄存器地址 89H*/
sfr ACC=0xe0;      /*A 累加器地址 E0H*/
sfr P1=0x90;       /*P1 端口地址 90H*/
```

定义了这些寄存器以后，程序就可以直接引用寄存器，并对其进行相关的操作。

3）特殊功能寄存器 sfr16

sfr16 数据类型占用两个内存单元。sfr16 和 sfr 一样用于操作特殊功能寄存器，所不同的是它定义的是 16 位的特殊功能寄存器(如定时计数器 T0、T1，数据指针寄存器 DPTR 等)。

例如：

```
sfr16  DPTR=0x82;     /*定义数据指针寄存器 DPTR,其低 8 位字节地址为 82H*/
```

4）可寻址位 sbit

sbit 可以访问芯片内部数据存储器中的可寻址位和特殊功能寄存器中的可寻址位。用 sbit 定义特殊功能寄存器的可寻址位有如下三种方法。

(1) **sbit 位变量名＝位地址。**

将位的绝对地址赋给位变量，位地址必须位于 0x80H－0xFFH 之间(高 128B)。

例如：

```
sbit  CY=0xD7;
```

(2) **sbit 位变量名＝特殊功能寄存器名^位位置。**

当可寻址位位于特殊功能寄存器时，可采用这种方法(高 128B)。

例如：

```
sfr   PSW=0xd0;          /*定义 PSW 寄存器地址为 0xd0H*/
sbit  PSW ^2 =0xd2;      /*定义 OV 位为 PSW.2*/
```

这里位运算符"^"相当于汇编中的"·"，其后的数值的最大取值依赖于该位所在的变量的类型，如定义为 char 的变量的最大值只能为 7。

(3) **sbit 位变量名＝字节地址^位位置。**

这种情况下，字节地址必须在 0x80H～0xFFH 之间(高 128B)。

例如：

```
sbit  CY=0XD0^7;
```

sbit 也可以访问 51 系列单片机内可位寻址区间(bdata 存储器类型，字节地址范围为 20H～2FH)范围的可寻址位。

例如：

```
int   bdata bi_var1;                 /*在位寻址区定义了一个整型变量*/
sbit  bi_var1_bit0=bi_var1^0;        /*位变量 bi_var1_bit0 访问 bi_var1 第 0 位*/
```

注意：不要把 bit 与 sbit 混淆。bit 用来定义普通的位变量，值只能是二进制的 0 或 1。而 sbit 定义的是特殊功能寄存器的可寻址位，其值是可进行位寻址的特殊功能寄存器的位绝对地址。

还要给大家提到的是，C51 编译器建有头文件 reg51. h、reg52. h 等，这些头文件对 51 或 52 系列单片机所有的特殊功能寄存器的进行了 sfr 定义，对特殊功能寄存器的有位名称的可寻址位进行了 sbit 定义。因此，在编写程序时，只要使用如下语句时就可以直接引用特殊功能寄存器名，或直接引用位变量。

```
#include <reg51.h>
```

或

```
#include <reg52.h>
```

注意：定义变量类型应考虑如下问题：

程序运行时该变量可能的取值范围，是否有负值，绝对值有多大，以及相应需要的存储空间大小。在够用的情况下，尽量选择 1 个字节的 char 型，特别是 unsiged char。对于 51 系列单片机这样的定点机而言，浮点类型变量将明显增加运算时间和程序长度，如果可以的话，尽量使用灵活巧妙的算法来避免浮点变量的引入。

在实际编程过程中，为了方便，常使用简化形式来定义数据类型。其方法是在源程序开头使用＃define 语句自定义简化的类型标识符。例如：

```
#define uchar unsigned char
#define uint unsigned int
```

这样，在编程中，就可以用 uchar 代替 unsigned char，用 uint 代替 unsigned int 来定义变量。

1.4.3 C51 的存储种类和存储模式

C51 编译器通过将变量、常量定义成不同存储类型的方法将它们定义在单片机的不同存储区中。与 ANSI C 相同，C51 规定变量必须先定义后使用。C51 对变量的进行定义的格式如下。

[存储种类] 数据类型 [存储器类型] 变量名表;

其中，存储种类和存储类型是可选项。

按变量的有效作用范围可以将其划分为局部变量和全局变量等两种，还可以按变量的存储方式为其划分存储种类。

1. C 语言中存储种类

在 C 语言中变量有四种存储种类，即自动(auto)、静态(static)、寄存器(register)和外部(extern)。

这四种存储种类与全局变量和局部变量之间的关系如图 1-46 所示。

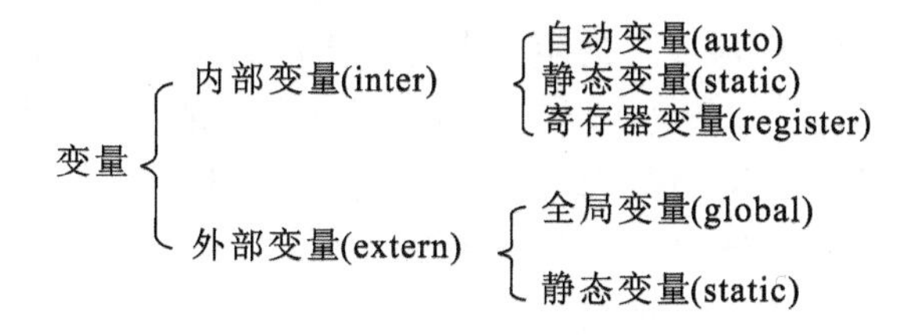

图 1-46 存储种类与变量间的关系

1) 自动变量(auto)

定义一个变量时，在变量名前面加上存储种类说明符“auto”，即将该变量定义为自动变量，自动变量是 C 语言中使用最为广泛的一类变量。在定义变量时，如果省略存储种类，则该变量默认为自动变量。

自动变量的作用范围在定义它的函数体或复合语句内部，只有在定义它的函数内被调用，或者是定义它的复合语句被执行时，编译器才为其分配内存空间，开始其生存期。当函数调用结束返回，或者复合语句执行结束时，自动变量所占用的内存空间就被释放，变量的值当然也就不复存在，其生存期结束。自动变量始终是相对于函数或复合语句的局部变量。

2）静态变量(static)

使用存储种类说明符“static”定义的变量称为静态变量。静态变量分为局部静态变量和全局静态变量等两类。

局部静态变量不像自动变量那样只有当函数调用它时才存在，局部静态变量始终都是存在的，但只能在定义它的函数内部进行访问，退出函数之后，变量的值仍然保持，但不能进行访问。局部静态变量是一种在两次函数调用之间仍能保持其值的局部变量。有些程序需要在多次调用之间仍然保持变量的值，使用自动变量无法实现这一点，使用全局变量有时又会带来意外的副作用，这时就可采用局部静态变量。

全局静态变量，它是在函数外部被定义的，作用范围从它的定义点开始，一直到程序结束。当一个C语言程序由若干个模块文件所组成时，全局静态变量始终存在，但它只能在被定义的模块文件中访问，其数据值可为该文件内的所有函数共享，退出该文件后，虽然变量的值仍然保持着，但不能被其他模块文件访问。

3）寄存器变量(register)

为了提高程序的执行效率，C语言允许将一些使用频率最高的变量，定义为能够直接使用硬件寄存器的所谓寄存器变量。

定义一个变量时，在变量名前加上定义存储种类的符号“register”，即将该变量定义成为了寄存器变量。

寄存器变量可以认为是自动变量的一种，它的有效作用范围也与自动变量相同。

C51编译器能够识别程序中使用频率最高的变量，在可能的情况下，即使程序中并未将该变量定义为寄存器变量，编译器也会自动将其作为寄存器变量处理。因此，用户无须专门声明寄存器变量。

4）外部变量(extern)

使用存储种类说明符“extern”定义的变量称为外部变量。

按照默认规则，凡是在所有函数之前，或者在函数外部定义的变量都是外部变量，定义时可以不写extern说明符。但是，在一个函数体内说明一个已在该函数体外或别的程序模块文件中定义过的外部变量时，则必须使用extern关键字。一个外部变量被定义之后，它就被分配了固定的内存空间。外部变量的生存期为程序的整个执行时间，即在程序的执行期间外部变量可被随意使用，当一条复合语句执行完毕或是从某一个函数返回时，外部变量的存储空间并不被释放，其值也仍然保留。因此，外部变量属于全局变量。

C语言允许将大型程序分解为若干个独立的程序模块文件，各个模块可分别进行编译，然后再将它们连接在一起。在这种情况下，如果某个变量需要在所有程序模块文件中使用，则只要在一个程序模块的文件中将该变量定义成全局变量，而在其他程序模块文件中用extern说明该变量是已被定义过的外部变量就可以了。

另外，由于函数是可以相互调用的，因此函数都具有外部存储种类的属性。定义函数时如果冠以关键字extern则将其明确定义为一个外部函数。例如：

```
extern int func (char a,b)
```

如果在定义函数时省略关键字extern，则隐含为外部函数。如果要调用一个在本程序模块文件以外的其他模块文件所定义的函数，则必须用关键字 extern 说明被调用函数是一个外部函数。对于具有外部函数相互调用的多模块程序，可用 C51 编译器分别对各个模块文件进行编译，最后由 Keil μVision4 的 Lx51 链接定位器将它们链接成为一个完整的程序。

2. C51 中的存储种类

C51 是面向 51 系列单片机及硬件控制系统的开发语言，它定义的任何变量必须以一定的存储类型的方式定位在 51 系列单片机的某一存储区中，否则便没有意义。因此在定义变量类型时，还必须定义它的存储器类型，C51 的变量的几种存储类型，如表 1-9 所示。

表 1-9　C51 编译器支持的数据存储器类型

存储器类型	描　　述
data	直接寻址的片内数据存储区，位于片内数据存储器的低 128 字节
bdata	片内数据存储器可位寻址区间(地址范围为 20H～2FH)
idata	间接寻址内部数据存储区，包括全部内部地址空间(256 字节)
pdata	外部数据存储区的分页寻址区，每页为 256 字节
xdata	外部数据存储区(64 KB)
code	程序存储区(64 KB)

1) 片内数据存储器

片内数据存储器可分为如下 3 个区域。

(1) data：片内直接寻址区，位于片内数据存储器的低 128 字节。对 data 区的寻址是最快的，所以应该把使用频率高的变量放在 data 区，data 区除了包含变量外，还包含了堆栈和寄存器组区间。

(2) bdata：片内位寻址区，位于片内数据存储器位寻址区 20H～2FH。当在 data 区的可位寻址区定义了变量，这个变量就可进行位寻址。这对状态寄存器来说十分有用，因为它可以单独使用变量的每一位，而不一定要用位变量名来引用位变量。

C51 编译器不允许在 bdata 区中定义 float 和 double 类型的变量，如果想对浮点数的每一位寻址，可通过包含 float 和 long 的联合定义实现。例如：

```
typedef union{ unsigned long lvalue; float fvalue;}bit_float;
bit_float bdata myfloat;
sbit float_ld=myfloat.lvalue^31;
```

(3) idata：片内间接寻址区，片内数据存储器所有地址单元(地址范围为 00H～FFH)。idata 区也可以存放使用比较频繁的变量，使用寄存器作为指针进行寻址。在寄存器中设置 8 位地址进行间接寻址，与外部存储器寻址比较，它的指令执行周期和代码长度都比较短。

2) 片外数据存储器

片外数据存储器包括如下 2 个区域。

(1) pdata：片外数据存储器分页寻址区，一页为 256 B。

(2) xdata：片外数据存储器的 64 KB 空间。

3) 程序存储器

code 区即程序代码区，空间大小为 64 KB。代码区的数据是不可改变的，代码区不可重写。一般代码区中可存放数据表、跳转向量和状态表。例如：

```
unsigned int code unit_id[2]={0x1234,0x89ab};
unsigned char code uchar_data[16]={0x00,0x01,
0x02, 0x03, 0x04, 0x05, 0x06, 0x07,0x08, 0x09, 0x10,
0x11, 0x12, 0x13, 0x14, 0x15};
```

定义数据的存储器类型通常遵循如下原则。

(1) 只要条件满足,尽量选择内部直接寻址的存储类型 data,然后选择 idata 即内部间接寻址。

(2) 对于那些经常使用的变量要使用内部寻址方式。

(3) 在内部数据存储器数量有限或不能满足要求的情况下才使用外部数据存储器。

(4) 选择外部数据存储器可先选择 pdata 类型,最后选用 xdata 类型。

第 2 部分　单片机实验实训

2.1　基本系统单元制作(亮灯实验)

一、目的要求

本实验实训主要介绍单片机基本系统单元的制作,包括 ISP 编程模式和 USB 编程模式。在实际工作中,工程师们习惯于将对单片机等器件的编程称为“烧写”,因而 USB 编程模式和 ISP 编程模式又分别称为 USB 烧写模式和 ISP 烧写模式。要求学生自己制作出单片机的基本系统单元,并且能够直接在线编写程序。本实验完成后能够点亮一个 LED 灯。

二、基本知识

1. 单片机基本单元制作——ISP 编程模式

单片机基本单元制作——ISP 编程模式电路图,如图 2-1 所示。其接口电路分别介绍如下。

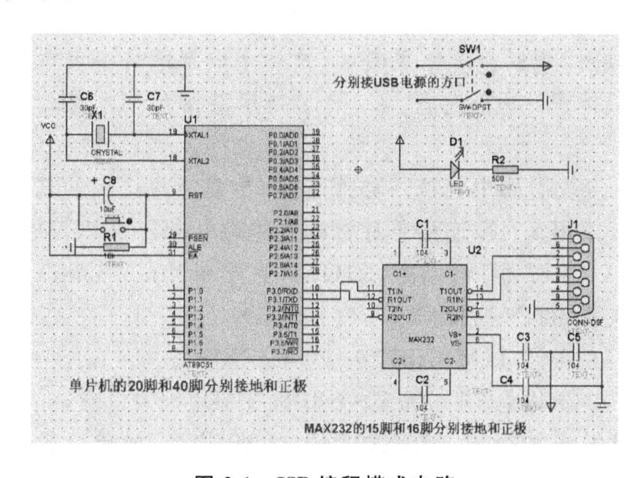

图 2-1　ISP 编程模式电路

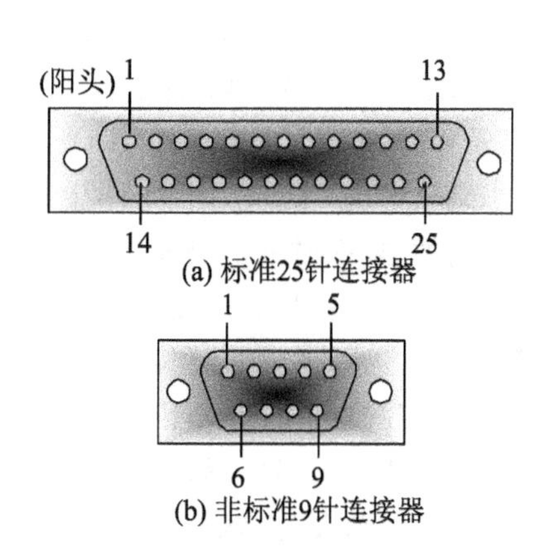

图 2-2　RS-232C 接口的外形

1) RS-232C 接口

RS-232C 接口是 EIA(美国电子工业协会)1969 年修订 RS-232C 标准规定的计算机输出接口。RS-232C 定义了数据终端设备(DTE)与数据通信设备(DCE)之间的物理接口标准。其主要特性如下。

(1) 机械特性。RS-232C 接口规定使用 25 针连接器(见图 2-2),实际应用中还会使用到非标准的 9 针连接器,连接器的尺寸及每个插针的排列位置都有明确的定义。

(2) 功能特性。RS-232C 标准接口主要引脚的定义见表 2-1。

表 2-1 RS-232C 标准接口主要引脚定义

插针序号	信号名称	功能	信号方向
1	PGND	保护接地	—
2(3)	TXD	发送数据(串行输出)	DTE→DCE
3(2)	RXD	接收数据(串行输入)	DTE←DCE
4(7)	RTS	请求发送	DTE→DCE
5(8)	CTS	允许发送	DTE←DCE
6(6)	DSR	DCE 就绪(数据建立就绪)	DTE←DCE
7(5)	SGND	信号接地	—
8(1)	DCD	载波检测	DTE←DCE
20(4)	DTR	DTE 就绪(数据终端准备就绪)	DTE→DCE
22(9)	RI	振铃指示	DTE←DCE

注:插针序号()内为 9 针非标准连接器的引脚号

2) MAX232 芯片

MAX232 芯片是 MAXIM 公司专为 RS-232C 标准接口设计的单电源电平转换芯片。在图 2-1 所示的电路中,MAX232 芯片用于完成计算机与单片机之间数据传输时的电平转换。

在实际应用中,MAX232 对电源噪声很敏感,因此,MAX232 的供电电源 V_{CC} 必须要加去耦电容 C_5,其值为 0.1 μF。按 MAX232 芯片手册的介绍,电容 C_1、C_2、C_3、C_4 应选择 1.0 μF、16 V 的电解电容,不过经大量的实验应用的经验结果表明,这 4 个电解电容都可选用 0.1 μF 的非极性瓷片电容来代替。在具体设计电路时,这 4 个电容要尽量靠近 MAX232 芯片,从而提高抗干扰能力。

现从 MAX232 芯片中的两路发送、接收引脚中任选一路作为接口,要注意选用的其中一路的发送、接收的引脚要对应。例如,使用 T1IN 连接单片机的发送端 TXD,则 PC 机的 RS-232 接收端 RXD 一定要对应连接 T1OUT 引脚;同时,R1OUT 连接单片机的 RXD 引脚,PC 机的 RS-232 发送端 TXD 对应连接 R1IN 引脚,即:

- 单片机 TXD↔T1IN (MAX-232),T1OUT(MAX232)↔PC 机 RXD。
- 单片机 RXD↔R1OUT(MAX-232),R1IN (MAX232)↔PC 机 TXD。

MAX232 数据传输过程为:单片机发送数据时,MAX232 的 11 脚 T1IN 接单片机的 P3.1/TXD 引脚,TTL 电平从单片机的 TXD 端发出,经过 MAX232 转换为 RS-232 电平后从 MAX232 的 14 脚 T1OUT 发出,再连接到串口座的第 2 脚,再经过交叉串口线后,连接至 PC 机的串口座的第 3 脚 RXD 端,至此计算机接收到数据;PC 机发送数据时,从 PC 机串口座的第 2 脚 TXD 端发出数据,再逆向流向单片机的 RXD 端 P3.0 接收数据。

2. 单片机基本单元制作 USB 编程模式

单片机基本单元制作 USB 编程模式电路图,如图 2-3 所示。

PL2303 是 Prolific 公司生产的一种高度集成的 RS-232/USB 接口转换器,可提供一个 RS-232 全双工异步串行通信装置与 USB 功能接口之间便利连接的解决方案,其接口电路如图 2-4 所示。该器件内置 USB 功能控制器、USB 收发器、振荡器和带有全部调制解调器控制信号的通用异步收发传输器(UART),它只需外接几只电容就可实现 USB 信号与 RS-232信号的转换,能够方便地嵌入到手持设备中。该器件作为 USB/RS-232 双向转换器,一方面从主机接收 USB 数据并将其转换为 RS-232 信息流格式发送给外部设备;另一方面从 RS-232 外部设备接收数据转换为 USB 数据格式传送回主机。

PL2303 的高兼容驱动可在大多操作系统上模拟成传统 COM 端口,并允许基于 COM 端口的应用可以方便地转换成 USB 接口应用,通信波特率高达 6 Mb/s。在工作模式和休眠模式时都具有功耗低的特点,是嵌入式系统手持设备的理想选择。

PL2303 具有以下特征。

(1) 完全兼容 USB1.1 协议。

(2) 可调节的 3～5 V 输出电压,满足 3 V、3.3 V 和 5 V不同应用需求。

(3) 支持完整的 RS-232 接口,可编程设置的波特率:75～60 000b/s,并为外部串行接口提供电源。

(4) 512 B 可调的双向数据缓存。

(5) 支持默认的程序存储器和外部电可擦除可编程存储器(EEPROM)存储设备配置信息,具有 I^2C 总线接口,支持从外部 MODEM 信号远程唤醒。

将 PL2303 的 TXD(引脚)和 RXD(引脚)分别与单片机上的串口(TXD 和 RXD)连接,DM(引脚 16)、DP(引脚 15)与计算机的 USB 接口连接,再加上其他外部元件,就可实现单片机与计算机之间的通信。PL2303 支持默认程序存储器和外部电可擦除可编程存储器 2 种不同的存储方法,可存储包括 PID(Pinduct ID)、VID(Vendor ID)和器件收发器控制和状态等信息,如果不希望采用默认的设置,则需在外部扩展一片电可擦除可编程存储器(如 ST 公司的 M24C02)。

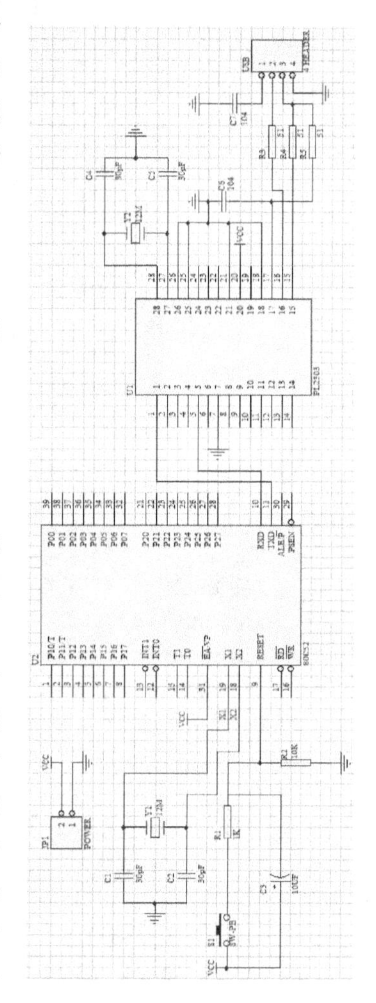

图 2-3 USB 编程模式电路

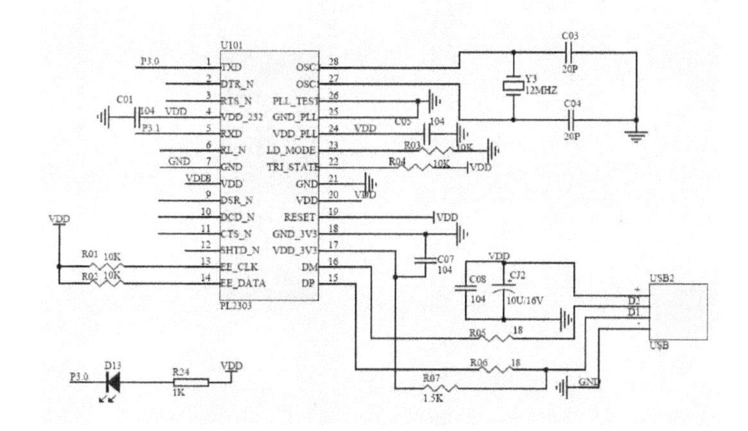

图 2-4 PL2302 的接口电路

三、电路原理(电路图、仿真图、实物图)

如图 2-5 所示,制作单片机最小系统,利用 P0.0 控制一个 LED 灯闪烁。

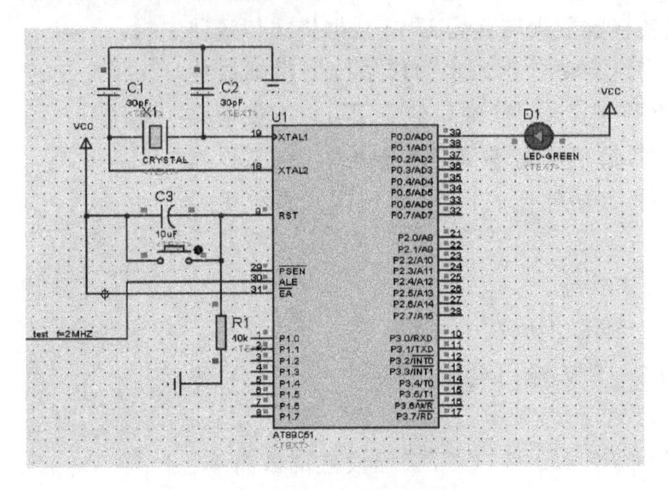

图 2-5　基本系统单元

四、程序代码

```
/*基本系统--LED 发光二极管*/
#include<reg51.h>
#include<intrins.h>
void delay(unsigned char tmp);//延时子函数
void main(void)                //入口函数
{
    while(1)                   //无限循环
    {
        P0=0xfe;               //P0=11111110B,亮
        delay(50);             //调用延时子函数,改变参数大小,调整变化速度
        P0=0xff;               //P0=11111111B,灭
        delay(50);
    }
}
void delay(unsigned char tmp) //延时子函数
{
    unsigned char i,j;
    i=tmp;
    while(i)
    {
        i--;
        j=255;
        while(j)
        {
            j--;
        }
    }
}
```

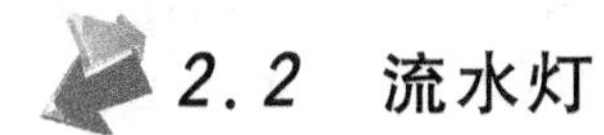

2.2 流水灯

一、目的要求

本实验实训要求利用单片机控制8个LED发光二极管做出花样流水灯的效果。

二、基本知识

发光二极管是半导体二极管的一种，可以把电能转化成光能，常简写为LED。发光二极管与普通二极管一样是由一个PN结组成的，也具有单向导电性。在给发光二极管加上正向电压后，从P区注入N区的空穴和由N区注入P区的电子，在PN结附近数微米的范围内分别与N区的电子和P区的空穴复合，产生自发辐射的荧光不同的半导体材料中电子和空穴所处的能量状态不同。电子和空穴复合时会释放出能量，释放出来的能量越多，则发出的光的波长越短。常用的是发红光、绿光或黄光的二极管，发光二极管的外形如图2-6所示。

发光二极管的反向击穿电压约5伏。它的正向伏安特性曲线很陡，使用时必须串联限流电阻以控制通过二极管的电流。限流电阻R为：

$$R=(E-U_F)/I_F$$

式中：E为电源电压；U_F为LED的正向压降；I_F为LED的一般工作电流。

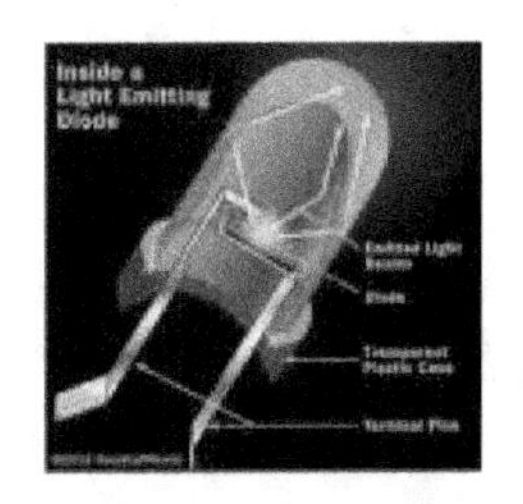

图2-6　发光二极管外形

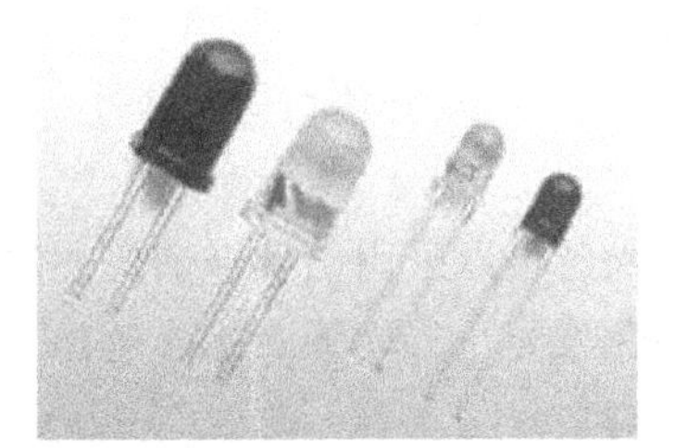

图2-7　多种颜色的发光二极管

1. 物理特性

发光二极管的两根引线中较长的一根为正极，应接电源正极。有的发光二极管的两根引线一样长，但管壳上有一个凸起的小舌，靠近小舌的引线是正极。

发光二极管与小白炽灯泡和氖灯相比，其特点是：工作电压很低（有的仅为一点几伏）；工作电流很小（有的仅零点几毫安即可发光）；抗冲击和抗震性能好，可靠性高，寿命长；通过调制流过发光二极管的电流强弱可以方便地调制发光的强弱。由于有这些特点，发光二极管在一些光电控制设备中用做光源，在许多电子设备中用做信号显示器。把它的管心做成条状，用7条条状的发光管组成7段式半导体数码管，每个数码管可显示0～9十个数字。多种颜色的发光二极管如图2-7所示。

2. 发光原理

LED是英文light emitting diode（发光二极管）的缩写，它的基本结构是将一块电致发光的半导体材料，置于一个有引线的架子上，然后四周用环氧树脂密封，起到保护内部芯线的作用，所以LED的抗震性能比较好。

发光二极管的核心部分是由P型半导体和N型半导体组成的晶片，在P型半导体和N

型半导体之间有一个过渡层，称为 PN 结。在某些半导体材料的 PN 结中，注入的少数载流子与多数载流子复合就会把多余的能量以光的形式释放出来，从而把电能直接转换为光能。PN 结加反向电压时，少数载流子难以注入，故不发光。当它处于正向工作状态(即两端加上正向电压)时，电流从 LED 阳极流向阴极时，根据晶体材料的不同半导体晶体就发出从紫外到红外不同颜色的光线，发光的强弱与流过晶体的电流的大小有关。

3. LED 光源特点

1) 电压

LED 使用低压电源，其供电电压在 6～24 V 之间，根据其产品的不同而异，所以它是一个比使用高压电源更安全的电源，特别适用于公共场所。

2) 效能

消耗能量较同光效的白炽灯减少 80％。

3) 适用性

体积很小，每个单元 LED 是一个 3～5 mm 的正方形小片，所以可以制备成各种形状的器件，并且适合用于易变环境中。

4) 稳定性

LED 光源的寿命可达 10 万小时，光衰为初始的 50％。

5) 响应时间

白炽灯的响应时间为毫秒数量级，LED 灯的响应时间为纳秒数量级。

6) 对环境污染

无有害金属汞，对环境污染比较小。

7) 颜色

发光二极管可以采用化学修饰的方法，通过调整材料的能带结构和禁带宽度，实现红黄绿蓝橙等多色发光。红光管的工作电压较小，发光二极管的工作电压按红、橙、黄、绿、蓝的顺序依次升高。

8) 价格

LED 的价格现在越来越平民化，因为 LED 具有省电的特性，也许不久的将来，人们都会把白炽灯换成 LED 灯。现在，我国部分城市公路、学校、厂区等场所已换装 LED 路灯、节能灯等。

4. LED 光学参数介绍

LED 几个重要的光学参数为：光通量、发光效率、发光强度、光强分布和波长等。

(1) 发光效率和光通量。发光效率为光通量与电功率之比。发光效率用于描述光源的节能特性，它是衡量现代光源性能的一个重要指标。

(2) 发光强度和光强分布。LED 发光强度用于表征 LED 在某个方向上的发光强弱，而由于 LED 在不同的空间角度光强相差很多，故研究 LED 的光强分布特性有其实际意义。光强分布这个参数直接影响 LED 显示装置的最小观察角度。例如，体育场馆使用的 LED 大型彩色显示屏，如果选用的 LED 光强分布范围很窄，那么面对显示屏视线与显示屏平面呈较大角度的观众将看到失真的图像。另外，交通标志灯也要求有较大的光强分布范围，这样人才能容易识别。

(3) 波长。对于 LED 的光谱特性主要关注其单色性是否优良，而且要注意到红、黄、蓝、绿、白色等 LED 的主要的颜色是否纯正。因为在许多场合下，对 LED 的颜色要求比较严格，如交通信号灯等。

5. 发光二极管的检测

发光二极管的检测有如下几种方法。

(1) 肉眼观察法。发光二极管是一个有正、负极的器件，使用前应先分清其正、负极。通常发光二极管的引脚中，较长的引脚为正极，较短的引脚为负极。

(2) 万用表检测法。通断挡是大部分万用表都具备的一种测量模式，用来测量线路的导通与否。一般会配有蜂鸣器和 LED 灯，若蜂鸣器发出响声或 LED 灯亮，表示线路是导通的。

三、电路原理(电路图、仿真图、实物图)

如图 2-8 所示，单片机的 P0 口经 74LS373 锁存器和发光二极管 D1～D8 连接，D1～D8 的正极经过 R1～R8 限流电阻接＋5 V 电压，P0 口因为没有上拉电阻，所以要外加 RP1 排阻。编程实现 LED 发光二极管流水灯闪烁效果。

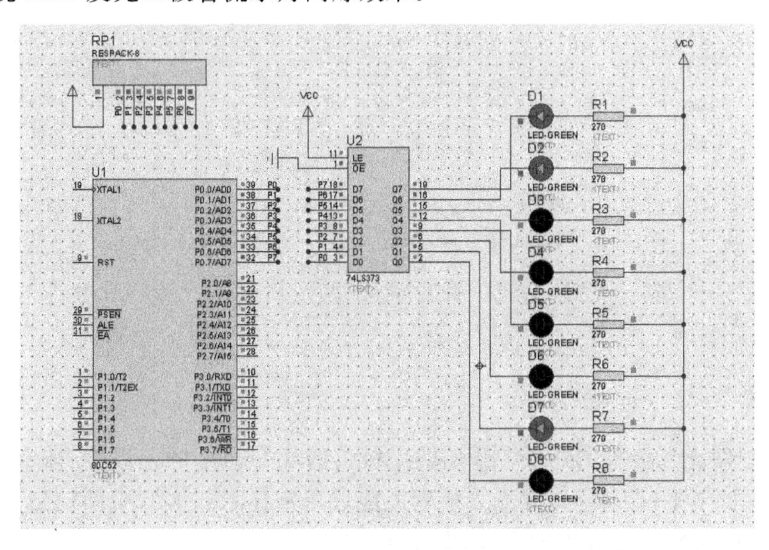

图 2-8 发光二极管 LED(流水灯)

四、程序代码

```
#include <reg51.h>
#include<intrins.h>
void delay(unsigned char tmp);//延时子函数
code unsigned char tmpled[50]={0X01,0X02,0X04,0X08,0X10,0X20,0X40,0X80,0X81,0X82,
                               0X84,0X88,0X90,0XA0,0XC0,0XC1,0XC2,0XC4,0XC8,0XD0,
                               0XE0,0XE1,0XE2,0XE4,0XE8,0XF0,0XF1,0XF2,0XF4,0XF8,
                               0XF9,0XFA,0XFC,0XFD,0XFE,0XFF,0XFF,0X00,0XFF,0X00};
                               //定义数组常量，前面加"code"表示常量在程序代码中存放，
                               //不占用 RAM，该数组为发光二极管的输出数据
void main(void)                          //入口函数
{
    unsigned char i;                     //定义变量
    while(1)                             //无限循环
    {
        for(i=0;i<50;i++)
```

```
            {//连续输出 50 个数据
                P0=~tmpled[i];//"~"这个符号是取反,因发光二极管采用共阳极,所以将数
                                      据取反再输出
                delay(50);//调用延时子函数,改变参数大小,调整变化速度
            }
        }
    }
    void delay(unsigned char tmp)//延时子函数
    {
        unsigned char i,j;
        i=tmp;
        while(i)
        {
            i--;
            j=255;
            while(j)
            {
                j--;
            }
        }
    }
```

五、制作体会

(1) 本例中发光二极管 D1～D8 采用共阳极结构,D1～D8 的正极接+5 V 电压,只要单片机 P0 口提供低电平(逻辑 0),发光二极管就能够正常显示。本例中即使把 74LS373 锁存器去掉,也不会影响发光二极管的亮度,即不会变暗。

(2) 如果本例中发光二极管 D1～D8 采用共阴极结构,则要驱动 D1～D8 发光就需要靠单片机 P0 口提供高电平(逻辑 1),此时若把 74LS373 锁存器去掉,则会严重影响发光二极管的亮度,变得很暗甚至不亮,即 74LS373 锁存器不能去掉。

(3) 本例中的 RP1 排阻也是不能去掉的,因为 P0 口没有上拉电阻。

2.3 数码管

一、目的要求

(1) 使用数字万用表判断数码管是共阴极还是共阳极,能够判断字形口和字位口。

(2) 要求利用单片机控制 8 位一体的数码管(即两个 4 位一体数码管)。

二、基本知识

数码管按段数可分为七段数码管和八段数码管等两类,八段数码管比七段数码管多一个发光二极管单元(多一个小数点显示);按能显示的位数(即能显示多少个“8”)可分为 1 位、2 位和 4 位等数码管。常用的 LED 显示器有 LED 状态显示器(俗称发光二极管)、LED 七段显示器(俗称数码管)和 LED 十六段显示器。发光二极管可显示两种状态,用于显示系

统状态;数码管用于显示数字;LED 十六段显示器用于显示字符。

1. 数码管结构及分类

数码管结构如图 2-9 所示。

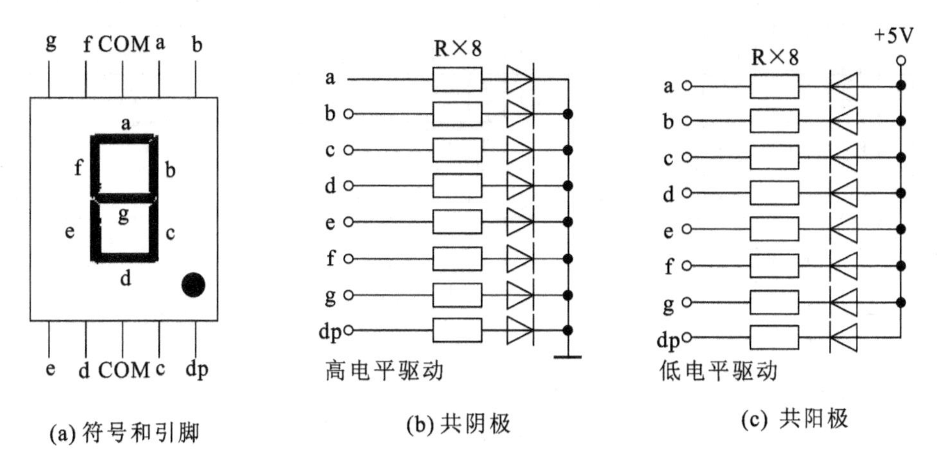

(a) 符号和引脚　(b) 共阴极　(c) 共阳极

图 2-9　数码管结构图

数码管由 8 个发光二极管(以下简称字段)构成,通过不同的组合可用来显示数字 0～9,字符 a、b、c、d、E、F、H、L、P、R、U,以及符号"－"和小数点"."。数码管又分为共阴极和共阳极两种结构。

数码管的分类为:按其内部结构,可分为共阴极型和共阳极型;按其外形尺寸的不同有多种形式,使用较多的是 0.5″和 0.8″;按其显示颜色的不同也有多种形式,常用的为红色和绿色;按其亮度的强弱可分为超亮、高亮和普亮。

LED 数码管的正向压降一般为 1.5～2 V,额定电流为 10 mA,最大电流为 40 mA。

2. 数码管工作原理及字形编码

共阳极数码管的 8 个发光二极管的阳极(二极管正端)连接在一起。通常,公共阳极接高电平(一般接电源),其他管脚接段驱动电路输出端。当某段驱动电路的输出端为低电平时,该端所连接的字段导通并点亮。通过发光字段的不同组合,可显示出各种数字或字符。此时,要求段驱动电路能吸收额定的段导通电流,还需根据外接电源及额定段导通电流来确定相应的限流电阻。

共阴极数码管的 8 个发光二极管的阴极(二极管负端)连接在一起。通常,公共阴极接低电平(一般接地),其他管脚接段驱动电路输出端。当某段驱动电路的输出端为高电平时,该端所连接的字段导通并点亮,通过发光字段的不同组合可显示出各种数字或字符。此时,要求段驱动电路能提供额定的段导通电流,并且还需要根据外接电源及额定段导通电流来确定相应的限流电阻。

要使数码管显示出相应的数字或字符,必须使段数据口输出相应的字形编码。字形码各位的定义为:数据线 D0 与 a 字段对应,数据线 D1 与 b 字段对应,依此类推。如果使用共阳极数码管,数据为 0 时表示对应的字段亮,数据为 1 时表示对应的字段暗;如果使用共阴极数码管,数据为 0 时表示对应的字段暗,数据为 1 时表示对应的字段亮。如果要显示"0",共阳极数码管的字形编码应为 11000000B(即 C0H),而共阴极数码管的字形编码应为 00111111B(即 3FH),依此类推。数码管字形编码如表 2-2 所示。

表 2-2 数码管字形编码表

显示数字	共阴顺序小数点暗									共阴逆序小数点暗									共阳顺序小数点亮	共阳顺序小数点暗
	Dp	g	f	e	d	c	b	a	16 进制	a	b	c	d	e	f	g	Dp	16 进制		
0	0	0	1	1	1	1	1	1	3FH	1	1	1	1	1	1	0	0	FCH	40H	C0H
1	0	0	0	0	0	1	1	0	06H	0	1	1	0	0	0	0	0	60H	79H	F9H
2	0	1	0	1	1	0	1	1	5BH	1	1	0	1	1	0	1	0	DAH	24H	A4H
3	0	1	0	0	1	1	1	1	4FH	1	1	1	1	0	0	1	0	F2H	30H	B0H
4	0	1	1	0	0	1	1	0	66H	0	1	1	0	0	1	1	0	66H	19H	99H
5	0	1	1	0	1	1	0	1	6DH	1	0	1	1	0	1	1	0	B6H	12H	92H
6	0	1	1	1	1	1	0	1	7DH	1	0	1	1	1	1	1	0	BEH	02H	82H
7	0	0	0	0	0	1	1	1	07H	1	1	1	0	0	0	0	0	E0H	78H	F8H
8	0	1	1	1	1	1	1	1	7FH	1	1	1	1	1	1	1	0	FEH	00H	80H
9	0	1	1	0	1	1	1	1	6FH	1	1	1	1	0	1	1	0	F6H	10H	90H

3. 驱动方式

数码管若要正常显示，则应使用驱动电路来驱动数码管的各个段码，从而显示出想要的数字。根据数码管的驱动方式，可以将其分为静态显示和动态显示两类。

静态显示方式是指数码管显示某一字符时，相应的发光二极管恒定导通或恒定截止。这种显示方式的各位数码管相互独立，公共端恒定接地(共阴极)或接正电源(共阳极)。每个数码管的 8 个字段分别与一个 8 位 I/O 口地址相连，I/O 口只要有段码输出，数码管上即可显示出相应的字符，并保持不变，直到 I/O 口输出新的段码为止。

采用静态显示方式，流过较小的电流即可获得较高的亮度，并且占用 CPU 的时间短，编程简单，其显示便于监测和控制，但其占用的口线较多，硬件电路复杂，成本高，只适合于显示位数较少的场合。

动态显示方式是采取一位一位地轮流点亮各位数码管的方式，这种逐位点亮显示器的方式称为位扫描。通常，各位数码管的段选线应并联在一起，由一个 8 位的 I/O 口控制，各位的位选线(公共阴极或阳极)由另外的 I/O 口控制。采用动态方式显示时，各数码管分时轮流选通，要使其稳定显示，则必须采用扫描的方式，即在某一时刻只选通一位数码管，并输入相应的段码，在另一时刻选通另一位数码管，并输入相应的段码。依此规律循环，即可使各位数码管显示出要显示的字符。虽然这些字符是在不同的时刻分别显示的，但由于人眼存在视觉暂留效应，所以只要每位显示的时间间隔足够短，就可以给人以同时显示的感觉。

采用动态显示方式比较节省 I/O 口，硬件电路也较静态显示方式的简单，但其亮度不如静态显示方式的，而且在显示的位数较多时，CPU 要依次扫描，故占用 CPU 较多的时间。

三、电路原理(电路图、仿真图、实物图)

如图 2-10 所示，单片机的 P2 口接数码管的字形口，P1.0～P1.2 口接译码器 74LS138 的 A～C 口实现片选 Y0～Y7；E1、E2、E3 为使能端，令 E2＝E3＝0(即 4 脚、5 脚接低电平)，E1＝1(即 6 脚接高电平)，74LS138 被选通工作。数码管的字位口接 74LS128 的 Y0～Y7，因为 Y0～Y7 是低电平(即 0)表示选中,所以此时数码管应该采用共阴极管。要求编写程序,在数码管上动态显示 24C02。

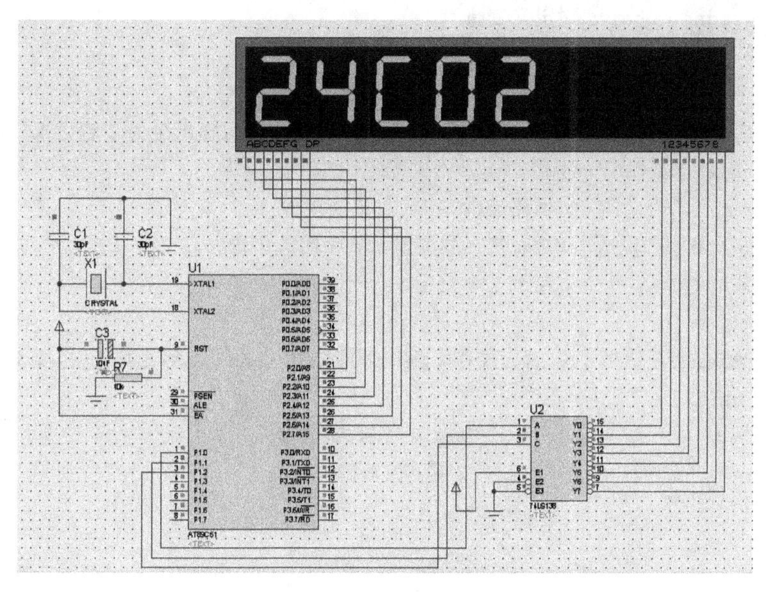

图 2-10　单片机与数码管的连接

四、程序代码

```
#include < reg51.h>
#include<intrins.h>
void display(unsigned char * lp,unsigned char lc);
//数字的显示函数;lp 为指向数组的地址,lc 为显示的个数
void displaystr(unsigned char * lp,unsigned char lc); //字符的显示函数,同上
void delay(); //延时子函数,5 个空指令
code unsigned char table[]={0x3f,0x06,0x5b,0x4f,0x66,0x6d,0x7d,0x07,0x7f,
                                   0x6f,0x40,0x00};
                        //共阴顺序小数点暗(0-9),一,全灭
unsigned char l_tmpdate[8]={0,1,2,3,4,5,6,7};
             //定义数组变量,并赋值 0、1、2、3、4、5、6、7,就是本程序要显示的 8 个数字
code unsigned char l_24C02[5]={0x5b,0x66,0x39,0x3f,0x5b};
                        //定义数组常量,前面加"code"表示常量在程序代码中存放,ROM
                        //不占用 RAM,在数码管上显示 24C02
void main(void)
{
    unsigned char i=0;
    while(1)
    {
        display(l_tmpdate,8);           //用数字显示函数显示 8 个数字
        //displaystr(l_24C02,5);        //或者用这个函数显示 5 个字符
    }
}
```

```
void display(unsigned char * lp,unsigned char lc)  //显示
{
    unsigned char i;//定义变量
    P2=0;               //P2 为输出
    P1=P1&0xF8;
    //将 P1 口的前 3 位输出 0,对应 74LS138 译门输入脚,输出全为 0 时为第一位数码管
    for(i=0;i<lc;i++)
    {                   //循环显示
    P2=table[lp[i]];//查表法得到要显示数字的数码段
    delay();            //延时 5 个空指令
    if(i==7)
    //检测是否显示完 8 位,若完成直接退出,不能使 P1 口再加 1,否则其进位会影响到第四位数据
      break;
    P2=0;                           //清 0P2 口,准备显示下位
    P1++;                           //下一位数码管
    }
}

void displaystr(unsigned char * lp,unsigned char lc)//显示
{
    unsigned char i;
    P2=0;
    P1=P1&0xF8;
    for(i=0;i<lc;i++)
    {
      P2=lp[i];                     //本函数与上面的函数相同,不同的是它不用查表,
                                    //直接输出显示已设定好的数值到数码段
      delay();
      if(i==7)
      break;
      P2=0;
      P1++;
    }
}

void delay(void)                    //空 5 个指令
{
  _nop_();_nop_();_nop_();_nop_();_nop_();
}
```

五、制作体会

(1) 采用 74LS138 译码器作为中间器件,可以减少 P 端口的使用,只用了 P1.0～P1.2 脚即可实现 8 个数码管字位的控制。

(2) 在实际硬件的制作过程中,由于采用了共阴极管,靠 P2 口提供的电流令数码管发

光，会存在电流拉动不够，管发光不够亮的问题。解决该问题有如下两种方法：①可以在74LS138后再加74LS240芯片，再把共阴极管改为共阳极管（记得程序代码也要进行相应的调整），市面上现在也很少能买到8位一体数码管，可以用2个4位一体管代替；②在P2口和数码管之间增加74LS373锁存器（或74HC573锁存器）。

（3）八反相缓冲器/线驱动器74LS240，它的一片芯片上有8路（个）反相缓冲器/线驱动器。反相的意思是，当输入是高电平时，输出就是低电平；当输入是低电平时，输出就是高电平。缓冲器的作用是先将数据暂时存储，待到要使用时再进行传输，因为芯片有三态门，可在数据使用时打开三态门，其驱动能力强，可用于在总线上驱动。

（4）4位一体数码管共有12个引脚，有4个公共端，8个字形端。数字万用表选×10 Ω电阻挡位，红笔为“正极”，黑笔为“负极”。

（5）数码管LED显示使用三极管的注意事项如下：①使用三极管的目的是放大电流；②三极管三个引脚的顺序为e、b、c（为三极管平的一面面向使用者时的顺序）；③NPN三极管的表示符号中的箭头指向；④引脚e接数码管的公共脚，引脚c接+5 V电源，引脚b接P1.7脚；⑤数码管的引脚a、b、c、d、e、f、g、h并不是按一定的顺序排列的，需要使用万用表进行测量确定；⑥PNP三极管的表示符号中的箭头指向流入三极管的方向；⑦电解电容的长脚为正极，短脚为负极。

（6）通过测量数码管引脚来确定LED是共阴极还是共阳极的方法为：把数字万用表选到通断挡（二极管挡或蜂鸣挡），若红笔不动，黑笔扫管，有管亮则为共阳极管；若黑笔不动，红笔扫管，有管亮，则为共阴极管。

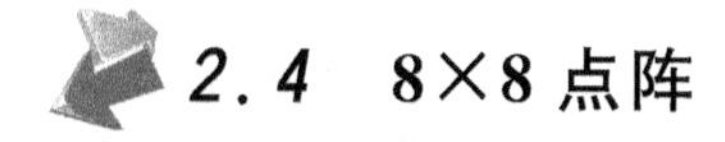

2.4 8×8点阵

一、目的要求

（1）要求使用数字万用表测量点阵，判断行和列，并且进行记录。

（2）要求利用单片机控制一个8×8点阵。

二、基本知识

点阵是为了集中反映晶体结构的周期性而引入的一个概念。首先考虑一张二维周期性结构的图像，可在图中任选一点O作为原点。在图中就可以找到一系列与O点环境完全相同的点，这一组无限多的点就构成了点阵。将图像从原点O移至点阵的任意位置，图像仍然保持不变，这种不变性说明点阵可以反映原结构的平移对称性。上述的考虑显然可以推广到具有三维周期性结构的无限大晶体。需要注意的是，虽然原点位置可以任意选择，但得到的点阵却是相同的。点阵平移矢量$\boldsymbol{L}$总可以选用三个非共面的基矢$\boldsymbol{A}_1$、$\boldsymbol{A}_2$及$\boldsymbol{A}_3$的组合来表示，即$\boldsymbol{L}=m\boldsymbol{A}_1+n\boldsymbol{A}_2+p\boldsymbol{A}_3$，这里的$m$、$n$、$p$为三个整数。由$\boldsymbol{A}_1$、$\boldsymbol{A}_2$与$\boldsymbol{A}_3$所构成的平行六面体，称为晶胞或初基晶胞，它包含了晶体结构的基本重复单元。不过基矢与晶胞的选择都不是唯一的，而是存在无限多种选择方案。一个初基晶胞是晶体结构的最小单元，但是有时为了能更充分地反映出点阵的对称性，也可选用稍大一些的非初基晶胞。

一个点阵可以还原为一系列平行的阵点行列（简称阵列），或者一系列的平行的阵点平面（简称阵面）。可用由一组基矢所确定的坐标系来描述某一组特定的阵列或阵面族的取向。选取通过原点的阵列上任意阵点的三个坐标分量，约化为互质的整数 u、v、w 作为阵列方向的指标，可用符号[uvw]来表示。为了标志某一特定阵面族的方向，可选择最靠近(但不通过)原点的阵面，读取它在三个坐标轴上截距的倒数，将这三个倒数约化为互质的数 h、k、l 就可得该阵面族的方向指标，可用符号(hkl)来表示，这就是阵面族的密勒指数。

点阵外形图如图 2-11 所示，点阵电路结构图如图 2-12 所示。

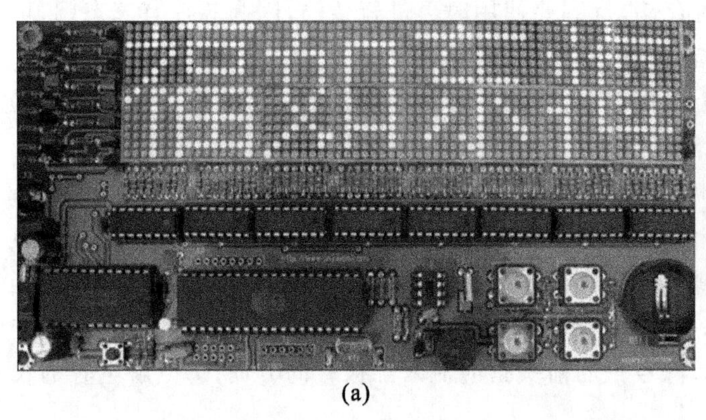

(a)

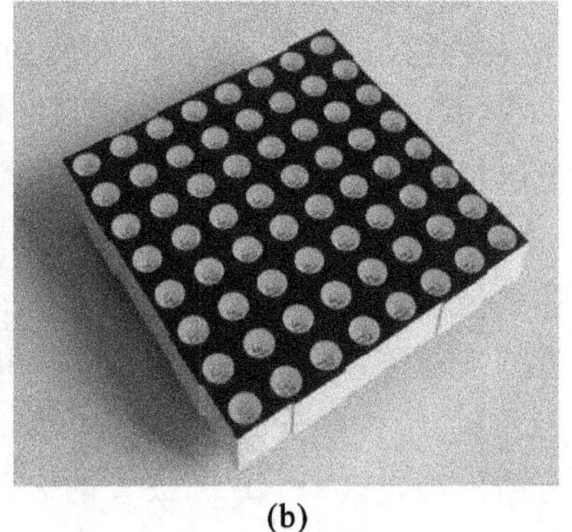

(b)

图 2-11　点阵外形图

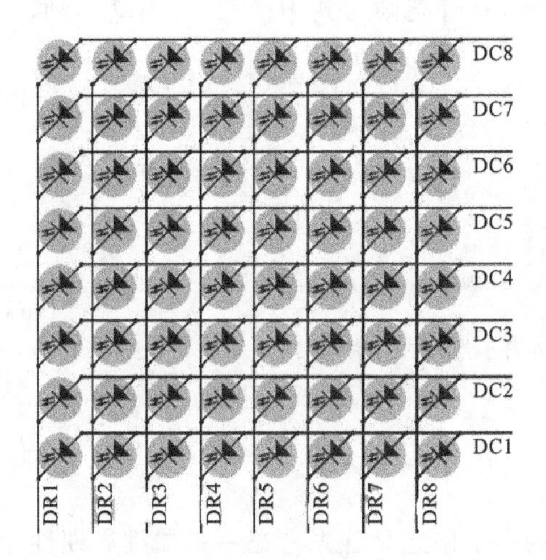

图 2-12　点阵结构图

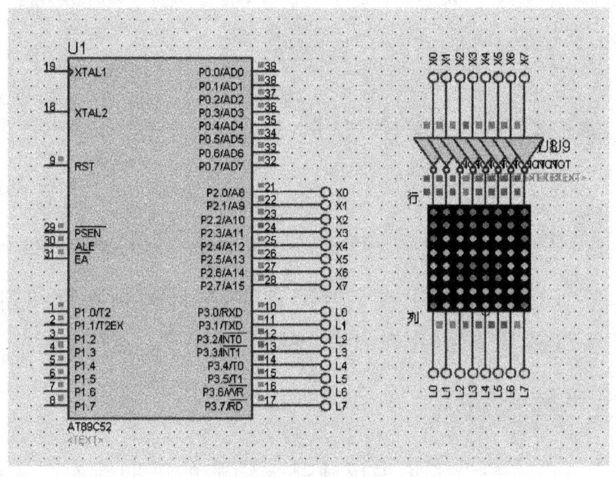

图 2-13　例 2-1 中单片机和点阵的连接

三、电路原理(电路图、仿真图、实物图)

【例 2-1】 如图 2-13 所示，8×8 点阵的行 X0～X7 接单片机 P2.0～P2.7 脚，8×8 点阵的列 L0～L7 接 P3.0～P3.7 脚，实现行列扫描。初始状态点阵显示数码为“0”，即实现 0～9 循环显示。

【例 2-2】 如图 2-14 所示，8×8 点阵的行 X0～X7 接单片机 P2.0～P2.7 脚，8×8 点阵的列 L0～L7 接 P3.0～P3.7 脚，实现行列扫描。单片机的 P1.0 脚接按键，初始状态点阵显示数码为“0”，每按一下按键，数码管则加 1 显示，到数码“9”后再按则变回“0”，即实现 0～9 循环。

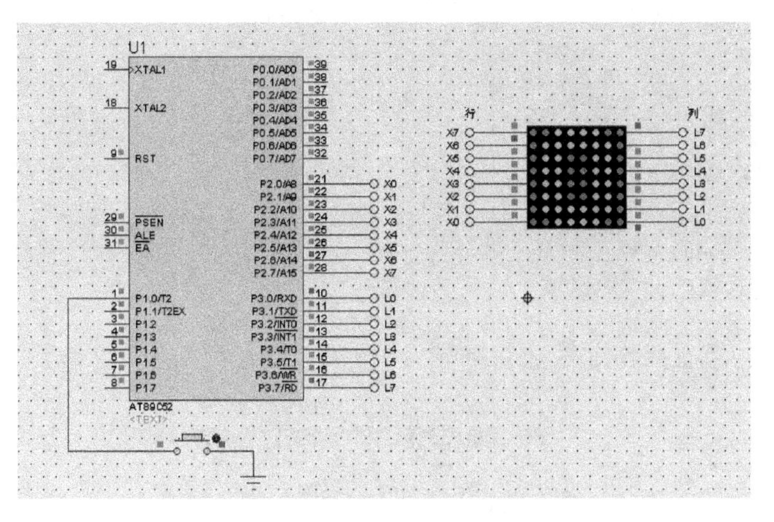

图 2-14　例 2-2 中单片机和点阵的连接

四、程序代码

例 2-1 的程序代码如下。

```
#include<AT89X52.H>
unsigned int timecount;
unsigned char cnta;
unsigned char cntb;
unsigned char code tab[]={0xfe,0xfd,0xfb,0xf7,0xef,0xdf,0xbf,0x7f};
unsigned char code digittab[10][8]={
{0x00,0x7E,0xFF,0xC3,0xC3,0xFF,0x7E,0x00}, //0
{0x00,0x00,0x43,0xFF,0xFF,0x03,0x00,0x00}, //1
{0x00,0x63,0xC7,0xCF,0xDB,0xF3,0x63,0x00}, //2
{0x00,0x42,0xDB,0xDB,0xDB,0xFF,0x66,0x00}, //3
{0x00,0x3E,0x46,0xFF,0xFF,0x06,0x06,0x00}, //4
{0x00,0xF6,0xF7,0xD3,0xD3,0xDF,0xDE,0x00}, //5
{0x00,0x7E,0xFF,0xDB,0xDB,0xDF,0x4E,0x00}, //6
{0x00,0xC0,0xC0,0xC7,0xFF,0xF8,0xC0,0x00}, //7
{0x00,0xFF,0xFF,0xDB,0xDB,0xFF,0xFF,0x00}, //8
{0x00,0x72,0xFB,0xDB,0xDB,0xFF,0x7E,0x00}, //9
};

void main(void)
{
TMOD=0x01;                          //设置计数器工作方式
TH0=(65536-3000)/256;               //计数器高 8 位 TH0 赋初值
TL0=(65536-3000)%256;               //计数器低 8 位 TL0 赋初值
TR0=1;                              //启动定时器
ET0=1;                              //允许定时器
EA=1;                               //允许总控制器
while(1)
```

```
{
}
}

void t0(void) interrupt 1 using 0
{
TH0=(65536-3000)/256;
TL0=(65536-3000)%256;
P2=tab[cnta];                              //分别进行赋值
P3=digittab[cntb][cnta];
cnta++;
if(cnta==8)            //是否检测到第8个,若是则从0继续,否则不运行if之后的语句

{
cnta=0;
}
timecount++;
if(timecount==333)
{
timecount=0;
cntb++;
if(cntb==10)           //是否检测到第10个,若是则从0继续,否则不运行if之后的语句
{
cntb=0;
}
}
}
```

例 2-2 的程序代码如下。

```
#include <reg52.h>
#define hang P2        /*定义行的I/O口*/
#define lie  P3        /*定义列的I/O口*/
sbit an = P1^0;        //定义按键
char shu=0;            //定义一个变量记下当前的数字

unsigned char code tab[]={
                    0x00,0x7E,0xFF,0xC3,0xC3,0xFF,0x7E,0x00, //字符0
                    0x00,0x00,0x43,0xFF,0xFF,0x03,0x00,0x00, //字符1
                    0x00,0x63,0xC7,0xCF,0xDB,0xF3,0x63,0x00, //字符2
                    0x00,0x42,0xDB,0xDB,0xDB,0xFF,0x66,0x00, //字符3
                    0x00,0x3E,0x46,0xFF,0xFF,0x06,0x06,0x00, //字符4
                    0x00,0xF6,0xF7,0xD3,0xD3,0xDF,0xDE,0x00, //字符5
                    0x00,0x7E,0xFF,0xDB,0xDB,0xDF,0x4E,0x00, //字符6
                    0x00,0xC0,0xC0,0xC7,0xFF,0xF8,0xC0,0x00, //字符7
                    0x00,0xFF,0xFF,0xDB,0xDB,0xFF,0xFF,0x00, //字符8
                    0x00,0x72,0xFB,0xDB,0xDB,0xFF,0x7E,0x00, //字符9
```

```
};
void delay(unsigned int a)//延时子函数
{
  while(a--);
}

/*8×8 点阵子函数,显示数字子函数*/
void draw_8x8(char tu[])                    //定义一个名为 tu 的数组,形参用数组
{
  char n;                                   //变量标记扫描的次数
  for(n=0;n<8;n++)
  {
    hang=~(1<<n);                           //选行
     //hang=1=00000001B<<0,向左边移动 0 位,就是说首次不用移动
     //P2.0=1 时有效,选中首行,即第 0 行
    lie=tu[n];                              //送出 8 个列的状态,即显示 tu[0]
    delay(50);
    hang=0xff;lie=0;                        //硬件软件都行
     //hang=0; lie=0;消影可使用此语句,但只是硬件上能消,仿真则不行
     // lie=0;其实硬件用列清零就可以做到消影的效果了
  }
}

void qudoudong()                            //按键去抖动子函数
{
    char a=10;
    while(a--)
    draw_8x8(&tab[shu* 8]);                 //去抖动时显示当前数字
}

void main()                          //主函数
{
   unsigned int n=0;                 //按键超时变量
   while(1)
   {
     draw_8x8(&tab[shu* 8]);         //显示数字
    //实参用指针变量,&tab[shu* 8]是变量 tab[shu* 8]的地址,& 是取地址运算符
    //设 shu=1,则 darw_8x8(&tab[1* 8])=darw_8x8(&tab[8]),意思是指向 tab[8]
    //即从第 9 个内容开始抽数,一次抽 8 个,这样送 lie 才会显示 1
   an=1;                             //设置按键输出为 1,按键没有按下则为 1
   if(an==0)                         //有按下
   {
     qudoudong();                    //去抖动
     if(an==0)                       //真的按下了键(再进行判断)
     {
```

```
        while(an==0)                //等按键松开,按键松开后则不能进入这个循环体,因
                                    //为此时 an=1
        {
          draw_8x8(&tab[shu* 8]);   //显示数字
          n++;
          if(n==100)                //n起到判断作用,其作用是若按键按的时间长了,就
                                    //中断循环,跳到去执行显示程序
          break;                    //如果按键超时则退出
        }
      n=0;                          //按键超时,变量则恢复为0
      shu++;
      if(shu==10)                   //如果数字超过了9,则变量 shu 恢复为0
      shu=0;
      an=1;
    }
  }
  }
}
```

五、制作体会

(1) 使用万用表测量时,行用红笔,列用黑笔。

(2) 使用万用表测量时,黑笔不动,红笔扫行,然后记下行号。

(3) 使用万用表测量时,红笔不动,黑笔扫列,然后记下列号。

2.5 4×4 键盘接口电路

一、目的要求

(1) 详细介绍行列 4×4 键盘的具体制作,以及如何进行行列扫描。

(2) 将按键结果直接反映在数码管上。

二、基本知识

1. 按键分类与输入原理

按键按照其结构原理的不同可分为两类:一类是触点式开关按键,如机械式开关、导电橡胶式开关等;另一类是无触点式开关按键,如电气式按键,磁感应按键等。触点式开关按键的优点是造价较低,非触点式开关按键的优点是寿命较长。目前,单片机系统中最常见的是触点式开关按键。

在单片机应用系统中,除了复位按键有专门的复位电路及专一的复位功能外,其他按键都是以开关状态来设置控制功能或输入数据的。当所设置的功能键或数字键按下时,单片机应用系统应完成该按键所设定的功能,同时键信息输入是与软件结构密切相关的过程。

对于一组按键或一个键盘,总有一个接口电路与 CPU 相连接。CPU 可以采用查询或中断方式来检测有无按键输入,并检查是哪一个键按下,然后将该键号送入累加器,再通过

跳转指令转入执行该键的功能程序，执行完后再返回主程序。

2. 按键结构与特点

微机键盘通常使用机械触点式按键开关，其主要功能是把机械上的通断转换成为电气上的逻辑关系。也就是说，它能提供标准的TTL逻辑电平，以便与通用数字系统的逻辑电平相容。机械式按键在按下或释放时，由于机械弹性作用的影响，通常会伴随有一定时间的触点机械抖动，然后其触点才稳定下来，其抖动过程如图2-15所示。抖动时间的长短与开关的机械特性有关，一般为5～10 ms。如果在触点抖动期间检测按键的通断状态，则可能导致判断出错，即按键的一次按下或释放操作被错误地认为是多次操作，这种情况是不允许出现的。为了克服按键触点机械抖动所导致的检测误判，则必须采取去抖动措施。去抖动措施可以从硬件、软件两方面来实现。当键数较少时，可采用硬件去抖；而当键数较多时，则采用软件去抖。

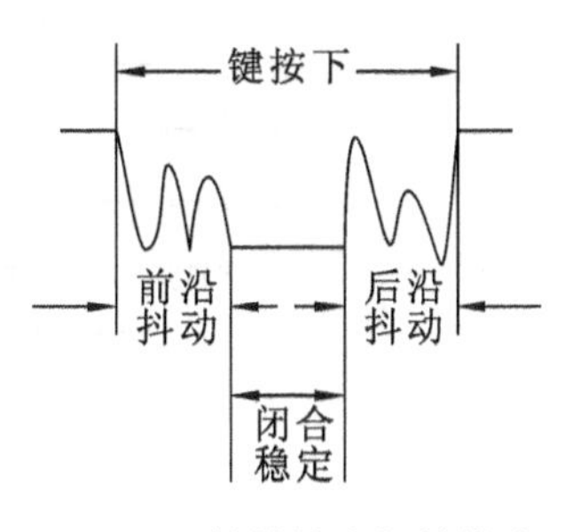

图2-15　按键触点机械抖动

1）按键编码

一组按键或键盘都要通过I/O口来查询按键的开关状态。根据键盘结构的不同，应采用不同的编码。无论有无编码，以及采用什么编码，最后都要转换成为与累加器中数值相对应的键值，以实现按键功能程序的跳转。

2）键盘程序

一个完善的键盘控制程序应具备以下功能。

（1）检测有无按键按下，并采取硬件或软件措施来消除键盘按键机械触点抖动的影响。

（2）有可靠的逻辑处理办法。每次只处理一个按键，期间任何其他按键的操作对系统不产生影响，并且无论一次按键的时间有多长，系统仅执行一次按键功能程序。

（3）准确输出按键值（或键号），以满足跳转指令的要求。

3. 独立式按键与行列式按键

1）独立式按键

单片机控制系统中，如果只需要几个功能键，则可采用独立式按键结构。

独立式按键电路是直接用I/O口构成的单个按键电路，其特点是，每个按键单独占用一个I/O口，每个按键的工作不会影响其他I/O口的状态。独立式按键的典型应用如图2-16所示。独立式按键电路配置灵活，软件结构简单，但每个按键必须占用一个I/O口，因此在按键较多时，I/O口浪费较大，故不宜采用。

独立式按键的软件编程常采用查询结构。其算法为：先逐位查询每个I/O口的输入状态，如果某一I/O口的输入为低电平，则可确认该I/O口所对应的按键已按下，然后再转向该键的功能处理程序。

2）矩阵式按键（行列键盘）

在单片机系统中，若使用的按键较多，则通常采用矩阵式（也称行列式）键盘。

矩阵式键盘由行线和列线组成，按键位于行、列线的交叉点上，其结构如图2-17所示。由图2-17可知，一个4×4的行、列结构可以构成一个含有16个按键的键盘。显然，在按键数量较多时，矩阵式键盘与独立式按键键盘相比可节省很多I/O口。

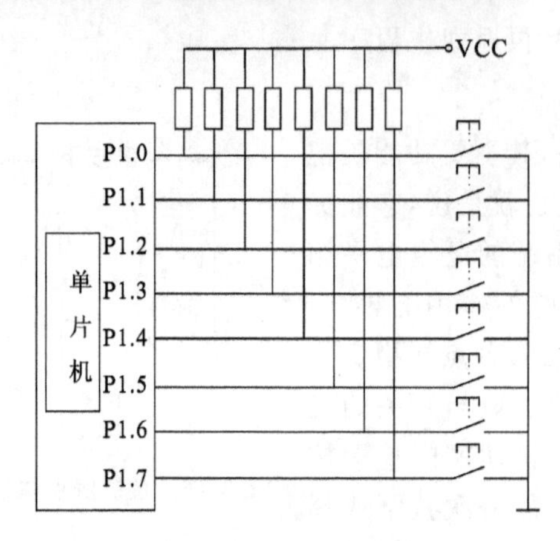

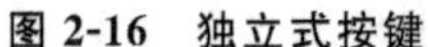
图 2-16　独立式按键

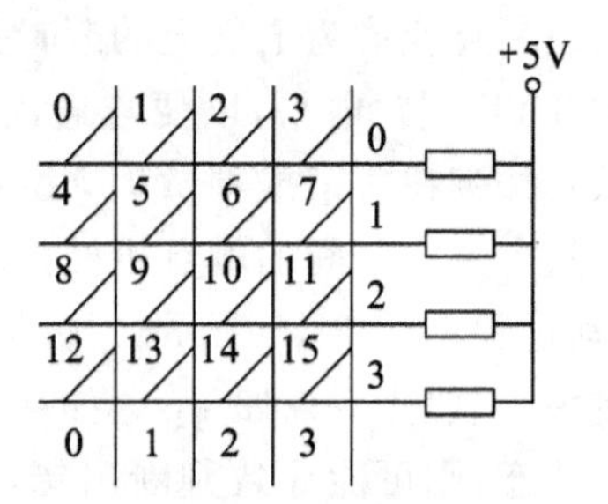

图 2-17　矩阵式按键

矩阵式键盘中，行线与列线分别连接按键开关的两端，行线通过上拉电阻接到＋5 V 电源上。当无按键按下时，行线处于高电平状态；当有按键按下时，行线与列线将导通，此时行线电平将由与此行线相连的列线电平决定，这是识别按键是否按下的关键。然而，矩阵键盘中的行线、列线和多个键相连，各按键按下与否均影响该键所在行线和列线的电平，各按键间将相互影响，因此必须将行线、列线信号配合起来作适当处理，才能确定闭合键的位置。

识别按键的方法有很多，其中最常见的方法是扫描法，其原理如下。

当按键按下时，与此键相连的行线与列线导通，行线在无键按下时处于高电平。显然，如果让所有的列线也处于高电平，那么按键的按下与否不会引起行线电平的变化，因此必须使所有列线处于低电平。只有这样，当有键按下时，该键所在的行电平才会由高电平变为低电平。单片机 CPU 根据行电平的变化，便能判定相应的行有键按下。

对于独立式按键键盘，因为按键数量少，可以根据实际需要灵活编码。对于矩阵式键盘，按键的位置由行号和列号唯一确定，因此可分别对行号和列号进行二进制编码，然后将两个值合并为一个字节。其中，高 4 位是行号，低 4 位是列号。

4. 键盘的工作方式

对键盘的响应取决于键盘的工作方式，键盘的工作方式应根据实际应用系统中 CPU 的工作状况来确定，其选取的原则是既要保证 CPU 能及时响应按键操作，又不要过多占用 CPU 的工作时间。通常，键盘的工作方式有三种，即编程扫描、定时扫描和中断扫描。

1）编程扫描方式

编程扫描方式利用 CPU 完成其他工作的空余时间，调用键盘扫描子程序来响应键盘输入的要求。在执行键功能程序时，CPU 不再响应键输入要求，直到 CPU 重新扫描键盘为止。

2）定时扫描方式

定时扫描方式就是每隔一段时间对键盘扫描一次的方式，它利用单片机内部的定时器产生一定时间（如 10 ms）的定时，在定时时间到了之后，就产生定时器溢出中断。CPU 响应中断后对键盘进行扫描，并在有键按下时识别出该键，再执行该键的功能程序。

3）中断扫描方式

采用上述两种键盘扫描方式时，无论是否按键，CPU 都要定时扫描键盘。而单片机应用系统工作时，并非经常需要键盘输入，因此，CPU 经常处于空扫描状态。

为了提高 CPU 的工作效率，可采用中断扫描工作方式。其工作过程为，当无键按下时，

CPU 处理自己的工作；当有键按下时，则产生中断请求，CPU 跳转执行键盘扫描子程序，并识别键号。

三、电路原理(电路图、仿真图、实物图)

【例 2-3】 如图 2-18 所示，编程实现 4×4 键盘，按“0”号键在数码管显示“0”，按“1”号键在数码管显示“1”……按“F”号键在数码管显示“F”。

【分析】 在单片机应用系统中，键盘是人机对话中不可缺少的组件之一。在按键比较少时，可以使用一个单片机 I/O 口接一个按键，但当需要很多按键且 I/O 资源又比较紧张时，使用矩阵式键盘无疑是最好的选择。

4×4 矩阵键盘是使用得较多的键盘形式，也是单片机入门者必须掌握的一种键盘识别技术，下面就以实例来说明一下 4×4 矩阵键盘的识别方法。如图 2-18 所示，将按键接成矩阵的形式，这样使用 8 个 I/O 口就可以对 16 个按键进行识别，从而节省了 I/O 口资源。

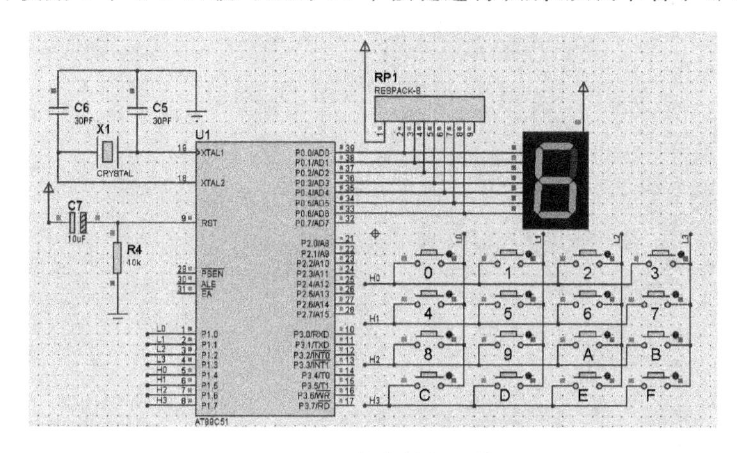

图 2-18　4×4 键盘的数码管显示

【例 2-4】 如图 2-19 所示，编程实现 4×4 键盘，按“0”号键在数码管显示“0”，按“1”号键在数码管显示“1”……按“F”号键在数码管显示“F”。

【分析】 该键盘程序涉及到外中断及定时器中断，比较复杂，故需认真学习。

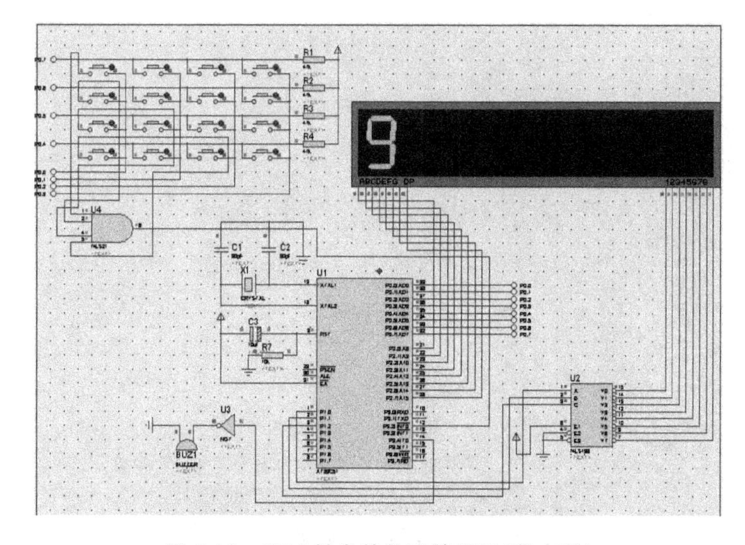

图 2-19　4×4 键盘的数码管显示(带中断)

四、程序代码

例 2-3 的程序代码如下。

```
#include<reg51.h>
#include<absacc.h>
#include<intrins.h>
#define uchar unsigned char
#define uint unsigned int
uchar code Tab[16]=
{
        0xC0,        /*0*/
        0xF9,        /*1*/
        0xA4,        /*2*/
        0xB0,        /*3*/
        0x99,        /*4*/
        0x92,        /*5*/
        0x82,        /*6*/
        0xF8,        /*7*/
        0x80,        /*8*/
        0x90,        /*9*/
        0x88,        /*A*/
        0x83,        /*b*/
        0xC6,        /*C*/
        0xA1,        /*d*/
        0x86,        /*E*/
        0x8E,        /*F*/
};
uchar idata com1,com2;
void delay10ms()
{
  uchar i,j,k;
  for(i=5;i>0;i--)
  for(j=4;j>0;j--)
  for(k=248;k>0;k--);
}
uchar key_scan()
{
  uchar temp;
  uchar com;
  delay10ms();              //键盘抖动
  P1=0xf0;                  //为再读 P1 口做准备
  if(P1! =0xf0)             //再判断 P1 口,若为真则表示有键按下
    {
      com1=P1&0xf0;             //高 4 位保留,提取行信息,低 4 位屏蔽
      P1=0x0f; //即让 P1 口的低 4 位输出高电平,高 4 位输出低电平,然后读 P1 口的低 4 位
```

```
        com2=P1&0x0f;//低 4 位保留,提取列信息,高 4 位屏蔽
      }
      P1=0xf0;//重新把 P1 口设置为初始化状态,才可以再判键盘是否放开
      while(P1! =0xf0); //若有键按下,P1!=0xf0 成立,则 while(1),在此等待
                        //若无键按下,P1! =0xf0 不成立,则 while(0),顺序执行下面的操作
      temp=com1|com2;//行列合并,即为键值
      if(temp==0xee)com=0;
      if(temp==0xed)com=1;
      if(temp==0xeb)com=2;
      if(temp==0xe7)com=3;
      if(temp==0xde)com=4;
      if(temp==0xdd)com=5;
      if(temp==0xdb)com=6;
      if(temp==0xd7)com=7;
      if(temp==0xbe)com=8;
      if(temp==0xbd)com=9;
      if(temp==0xbb)com=10;
      if(temp==0xb7)com=11;
      if(temp==0x7e)com=12;
      if(temp==0x7d)com=13;
      if(temp==0x7b)com=14;
      if(temp==0x77)com=15;
      return(com);
}
void main()
{
   uchar dat;
   while(1)
    {
      P1=0xf0;                  //初始化;先让 P1 口的低 4 位输出低电平,高 4 位输出高电平
      while(P1! =0xf0)          //若 P1 不等于 0xf0,则表示有键按下
        {
      dat=key_scan();           //调用键值识别子函数,并把键值返回给 dat
      P0=Tab[dat];              //查 Tab[]数组,把字形输入 P0 口进行显示
        }
    }
}
```

例 2-4 的程序代码如下。

```
#include<reg51.h>
#include<intrins.h>
sbit SPK=P3^4;          //将变量 SPK 定义为 P3 口的第 4 位,即驱动蜂鸣器的 P3.4 脚
code unsigned char table[]=
            {0x3f,0x06,0x5b,0x4f,0x66,0x6d,0x7d,0x07,0x7f,0x6f,
            0x77,0x7c,0x39,0x5e,0x79,0x71};
            //共阴数码管 0~9、a~f 表
```

```
code unsigned char key_tab[17]={0xed,0x7e,0x7d,0x7b,
            0xbe,0xbd,0xbb,0xde,
            0xdd,0xdb,0x77,0xb7,
            0xee,0xd7,0xeb,0xe7,0XFF};//键盘编码
            //采用类似电话按键的编码方式,容易扩展
            //1  2  3  a                    0x01  0x02  0x03  0x0a
            //4  5  6  b   对应的十六进制码为: 0x04  0x05  0x06  0x0b
            //7  8  9  e                    0x07  0x08  0x09  0x0e
            //*  0  #  f                    0x0c  0x00  0x0e  0x0f
            //若按下 0 键,则 P0 口读到数据为 0xed
            //若按下 2 键,则 P0 口读到数据为 0x7d,按下 9 键为 0xdb
            //将读到的 P0 口数据通过查表法就能得到相应的十六进制码
    //键盘的读取采用中断法,电路使用一个 4 与门(如 74HC21 芯片)接入
    //中断口(INT0),利用中断来扫描键盘矩阵,读取数据
unsigned char l_tmpdate[8]= {0,0,0,0,0,0,0,0}; //定义数组变量
unsigned char l_key=0x00;                      //定义一个变量来存放键值
unsigned char l_keyold=0xff;                   //定义变量作为按键是否松开的凭证
void ReadKey(void);                            //扫描键盘 获取键值
void delay();                                  //延时子函数,延时时间为 5 个空指令
void display(unsigned char *lp,unsigned char lc);//数字的显示函数;其中 lp 为指
向数组的地址,lc 为显示的个数
void main(void)          //入口函数
{
    EA=1;                //首先开启总中断
    EX0=1;               //开启外部中断 0
    IT0=1;               //设置成下降沿触发方式
    P0=0xf0;             //P0 口高位输入高电平,通过 74HC21 的四输入与门连接外中
                         断 0,有键按下时调用中断函数
    while(1)
    {
        display(&l_key,1);//输出获取的键值码
    }
}
void key_scan()   interrupt 0    //外部中断 0,其优先级最高
{
    EX0=0;//在读键盘期间,关闭中断,防止干扰带来的多次中断
    //为了消除抖动带来的干扰,在按下键后延时十几毫秒再读取键值
    //如果采用循环语句来延时(如 for,while 循环),会使 CPU 处理循环而占用系统资源,所
    以这里采用定时器中断法,让定时器等待十几毫秒再触发定时器中断,这里用到定时器 0
    TMOD=0x01;                //设置定时器 0 为模式 1 方式
    TH0=0xD1;                 //设置初值,为 12ms
    TL0=0x20;
    ET0=1;                    //开启定时器中断 0
    TR0=1;                    //启动定时器计数
}
```

```
void timer0_isr(void) interrupt 1       //定时器 0 的中断函数
{
    TR0=0;                              //中断后,停止计数
    ReadKey();          //定时器计数 12 毫秒后产生中断,调用此函数,读取键值
}
void ReadKey(void)                      //读键值
{
    unsigned char i,j,key;
    j=0xfe;                             //11111110B
    key=0xff;                           //设定初值
    for (i=0;i<4;i++)
    {
        P0=j;                           //P0 口低 4 位循环输出 0,扫描键盘
        if ((P0&0xf0)! =0xf0)
        {                               //如果有键按下,P0 口高 4 位不会为 1
            key=P0;
//读取 P0 口,若有键按下且 if 判断语为真时读取 P0 数值,然后跳出循环
            break;
        }
        j=_crol_(j,1);                  //此函数功能为左循环移位
    }
    if (key==0xff)
    {       //如果读取不到 P0 口的值,比如是干扰等,则不做键值处理,返回
        l_keyold=0xff;
        P0=0xf0;                        //恢复 P0 口,等待按键按下
        EX0=1;                          //返回之前,开启外中断
        SPK=1;
        return;
    }
    SPK=0;                              //有键按下,驱动蜂鸣器响
    if(l_keyold==key)
    {                                   //检测按键是否松开,若值相同则表明没松开
        TH0=0xD1;                       //继续启动定时器,检测按键是否松开
        TL0=0x20;
        TR0=1;
        return;
    }
    TH0=0xD1;
    TL0=0x20;
    TR0=1;                              //继续启动定时器,检测按键是否松开
    l_keyold=key;                       //获取键码作为按键松开的凭证
    for(i=0;i<17;i++)
    {                                   //查表获得相应的十六进制值存入 l_key 变量中
        if (key==key_tab[i])
        {
```

```
            l_key=i;
            break;
         }
      }
      //程序运行到这里,就表明有键值被读取并存入 l_key 变量中,主程序就可以检测此变量做
      相应处理,此时回到主程序
}
void display(unsigned char *lp,unsigned char lc)//显示
{
      unsigned char i;                  //定义变量
      P2=0;                             //端口 2 为输出
      P1=P1&0xF8;                       //将 P1 口的前 3 位输出 0,对应 74LS138 译门输入引
                                        脚,全为 0 时为第一位数码管
      for(i=0;i<lc;i++)
      {                                 //循环显示
        P2=table[lp[i]];                //查表法得到要显示数字的数码段
        delay();                        //延时 5 个空指令
        if(i==7)                        //检测是否显示完 8 位,完成则直接退出,阻止 P1 口再
                                        加 1,否则其进位将影响到第 4 位数据
           break;
        P2=0;                           //清 0 端口,准备显示下 1 位
        P1++;                           //下 1 位数码管
      }
}
void delay(void)//延时 5 个空指令
{
      _nop_();_nop_();_nop_();_nop_();_nop_();
}
```

五、制作体会

(1) 本小节的键盘识别思路是:初始化时先使 P1 口的低 4 位输出低电平、高 4 位输出高电平,即让 P1 口输出 0xF0。扫描键盘时读取 P1 口,检测 P1 是否还为 0xF0,如果仍为 0xF0,则表示没有按键按下;如果不是 0xF0,则先等待 10 ms 左右,再读 P1 口,再次确认是否为 0xF0,这是为了防止抖动干扰造成错误识别,如果不是 0xF0,那就说明确实有按键按下了,那么就可以通过读键码来识别到底是哪一个键按下了。

(2) 本小节中键盘识别的过程是:初始化时使 P1 口的低 4 位输出低电平、高 4 位输出高电平;确认确实有按键按下时,首先读 P1 口的高 4 位,然后使 P1 口输出 0x0F,即使 P1 口的低 4 位输出高电平、高 4 位输出低电平,然后读 P1 口的低 4 位,最后将高 4 位读到的值与低 4 位读到的值做"或"运算就可得到该按键的键码。这样就可以知道是哪个键按下了。

(3) 以 0 键为例,初始化时 P1 输出 0xF0;当 0 键按下时,高 4 位的状态应为 1110,即 P1 为 0xe0,然后使 P1 输出 0x0F,此时读低 4 位的状态应为 1110,即 P1 为 0x0e,将两次读数相与可得 0xee。

2.6 中断(INT0、INT1)

一、目的要求

(1) 了解 51 系列单片机中断系统的工作原理。

(2) 熟悉中断相关寄存器 TCON、SCON、IE、IP 的结构、控制作用和设置方法。

(3) 掌握 51 系列单片机外部中断的 C51 程序的设计、仿真与调试。

二、基本知识

中断是指由于内部或外部的某种原因,CPU 暂时中止其正在执行的程序,转而去执行请求中断的那个外设或事件的服务子程序,等处理完毕后再返回执行原来中止的程序的过程。中断处理过程图 2-20 所示。

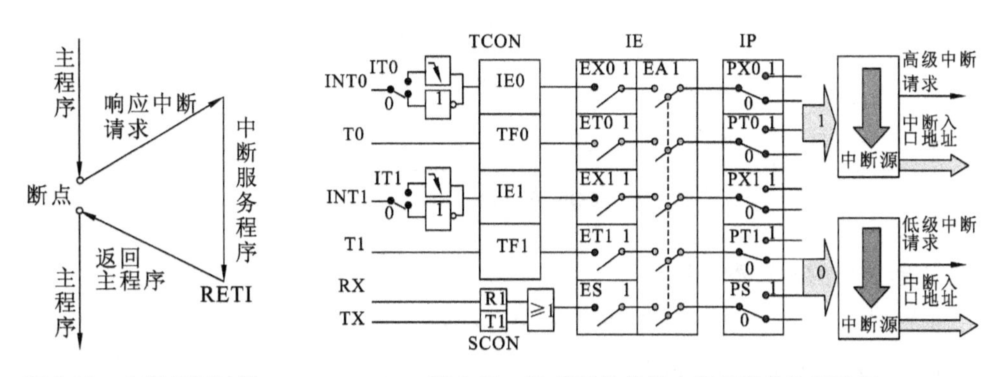

图 2-20　中断处理过程

图 2-21　51 系列单片机中断系统结构示意图

1. 51 系列单片机中断系统概述

51 系列单片机,共有 5 个中断源,包括两级中断优先级,可实现两级中断嵌套;还具有 4 个特殊功能寄存器 IE、IP、TCON 和 SCON,用来控制中断的类型、中断的开放/禁止和各种中断源的优先级。其结构示意图如图 2-21 所示。

2. 中断源和中断请求标志

51 系列单片机有 5 个中断源,可分为外部中断源和内部中断源等两大类。外部中断源由单片机引脚 INT0(P3.2)和 INT1(P3.3)输入,内部中断源包括片内定时/计数器 T0 和 T1 的溢出中断及串行口发送/接收中断。52 子系列单片机的中断源还包括片内定时/计数器 T2。单片机中断源如表 2-3 所示。

表 2-3　单片机中断源

中　断　源	说　　明
INT0	P3.2 引脚输入,低电平/负跳变有效,IE0=1,申请中断
T0	当 T0 产生溢出时,中断请求标志 TF0=1,申请中断
INT1	P3.3 引脚输入,低电平/负跳变有效,IE1=1,申请中断
T1	当 T1 产生溢出时,中断请求标志 TF1=1,申请中断
串行口	当一个串行帧接收/发送完毕,RI/TI 置位,申请中断

51系列单片机中断系统结构示意图如图2-21所示。

在接收到中断源发出的中断请求信号后，中断系统会自动将相应的中断标志位置位，一旦单片机查询到特殊功能寄存器TCON（字节地址88H，可位寻址）和SCON（字节地址98H，可位寻址）中的相应的中断请求标志位置1，系统就认为相应的中断源发出了中断请求。中断请求标志位寄存器分布如图2-22和图2-23所示。

	D7	D6	D5	D4	D3	D2	D1	D0
位编码	TCON.7	TCON.6	TCON.5	TCON.4	TCON.3	TCON.2	TCON.1	TCON.0
位名称	TF1	TR1	TF0	TR0	IE1	IT1	IE0	IT0
位地址	8FH	8EH	8DH	8CH	8BH	8AH	89H	88H

图2-22　TCON寄存器的中断请求标志位

	D7	D6	D5	D4	D3	D2	D1	D0
位编码	SCON.7	SCON.6	SCON.5	SCON.4	SCON.3	SCON.2	SCON.1	SCON.0
位名称	SM0	SM1	SM2	REN	TB8	RB8	TI	RI
位地址	9FH	9EH	9DH	9CH	9BH	9AH	99H	98H

图2-23　SCON寄存器的中断请求标志位

3. 中断控制的相关寄存器

中断的控制主要是实现对中断的开关管理和中断优先级的管理，主要是通过对特殊功能寄存器IE（字节地址A8H，可位寻址）和IP（字节地址B8H，可位寻址）的编程实现的。

CPU对中断的开放或屏蔽由特殊功能寄存器IE控制，如图2-24所示。

	D7	D6	D5	D4	D3	D2	D1	D0
位编码	IE.7	IE.6	IE.5	IE.4	IE.3	IE.2	IE.1	IE.0
位名称	EA	—	—	ES	ET1	EX1	ET0	EX0
位地址	AFH	—	—	ACH	ABH	AAH	A9H	A8H

图2-24　IE中断允许寄存器

CPU中断优先级由特殊功能寄存器IP控制，如图2-25所示。

	D7	D6	D5	D4	D3	D2	D1	D0
位编码	IP.7	IP.6	IP.5	IP.4	IP.3	IP.2	IP.1	IP.0
位名称	—	—	—	PS	PT1	PX1	PT0	PX0
位地址	—	—	—	BCH	BBH	BAH	B9H	B8H

图2-25　IP中断优先级寄存器

4. 中断入口地址

单片机的5个中断源分别有各自的中断服务程序入口地址，如表2-4所示。

表 2-4 中断服务程序入口地址

中 断 源	入 口 地 址	中断编号 n	优先级别相同时优先权位高低顺序
INT0	0003H	0	高
定时器 T0	000BH	1	↓
INT1	0013H	2	
定时器 T1	001BH	3	
串行口中断	0023H	4	低

注意:先按级别排序,再按权位排序。

5. 中断系统初始化

在进行中断服务程序编程时,首先要对中断系统进行初始化,也就是对几个特殊功能寄存器的有关控制位进行赋值。具体来说,就是要完成下列工作。

(1) 允许总中断和允许中断源中断。

(2) 确定各中断源的优先级。

(3) 若是外部中断,则应规定其是电平触发还是边沿触发。

【例 2-5】 若规定外部中断 0 为电平触发方式,高优先级,则其初始化程序如下。

【分析】 一般可采用位操作指令来实现。

(1) 汇编程序如下。

```
SETB    PX0     ;将外部中断 0 设置为高优先级
CLR     IT0     ;设定触发方式为电平触发
SETB    EX0     ;允许外部中断 0 中断
SETB    EA      ;开总中断
```

(2) C51 程序如下。

```
PX0= 1;         //将外中断 0 设置为高优先级
IT0= 0;         //设定触发方式为电平触发
EX0= 1;         //允许外部中断 0 中断
EA= 1;          //开总中断
```

C51 通过 interrupt 关键字来实现中断服务函数,其一般格式如下。

void 函数名(void) interrupt n [using m]

其中,n 为中断编号 0 或 2,m 为工作寄存器组 0~3。

三、电路原理(电路图、仿真图、实物图)

1. 基础部分

在单片机实验系统的 8 位数码管显示器左侧的第 1 位上首先显示一个数字"8",然后每按动一次外部中断 0 申请开关申请一次中断后,显示器上显示的数字"8"向右移动 1 位。

2. 提高部分

(1) 修改程序,利用外部中断 1 控制数字"8"在数码管上右移。

(2) 修改程序,实现中断控制 0~F 逐个移动显示。

(3) 修改程序,统计中断次数,计数范围为 0~255。

在 Proteus 仿真环境中按照表 2-5 分别从库中调出单片机、电容、电解电容、数码管、电阻、晶振及按键等器件，并按照图 2-26 所示连接电路图。

表 2-5　中断实验仿真元器件参数

器件名称	英文名称	参　数	备　注
单片机	AT89C52		
电容	CAP	30 pF	
电解电容	CAP-ELEC	22 μF	
7 段数码管	7SEG-MPX8-CA-BLUE	CA 表示共阳 CC 表示共阴	
电阻	RES	10 kΩ	
晶振	CRYSTAL	12 MHz	
按键	BUTTON		

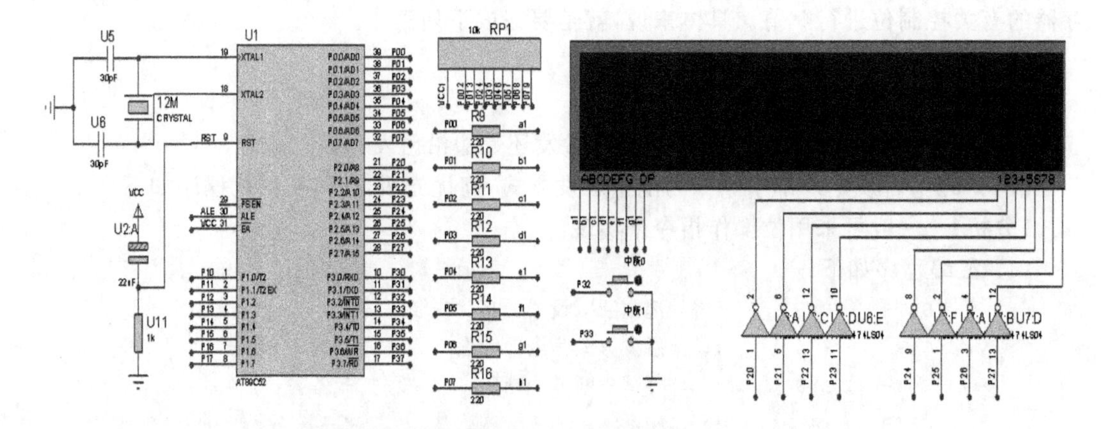

图 2-26　中断实验仿真图

将程序下载到图 2-26 所示仿真电路中，运行后首先在 8 位数码管显示器左侧的第 1 位上显示一个数字“8”，然后每按动一次外部中断 0 申请开关申请一次中断后，使显示器上显示的数字“8”向右移动 1 位。每按一次中断 0 按钮，仿真效果如图 2-27 所示。

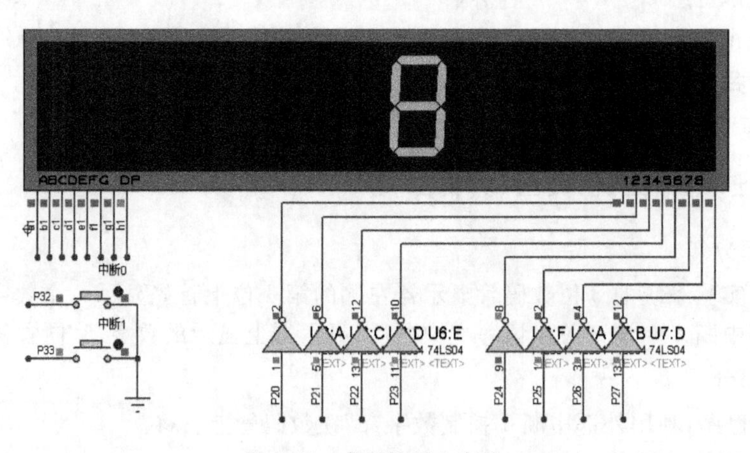

图 2-27　中断控制 8 右移

实物硬件平台可以采用万用板布线焊接、面包板布线或 PCB 等方式搭建，本实验在自行开发的单片机学习板上进行，其电路图如图 2-28 所示，实物图如图 2-29 所示。

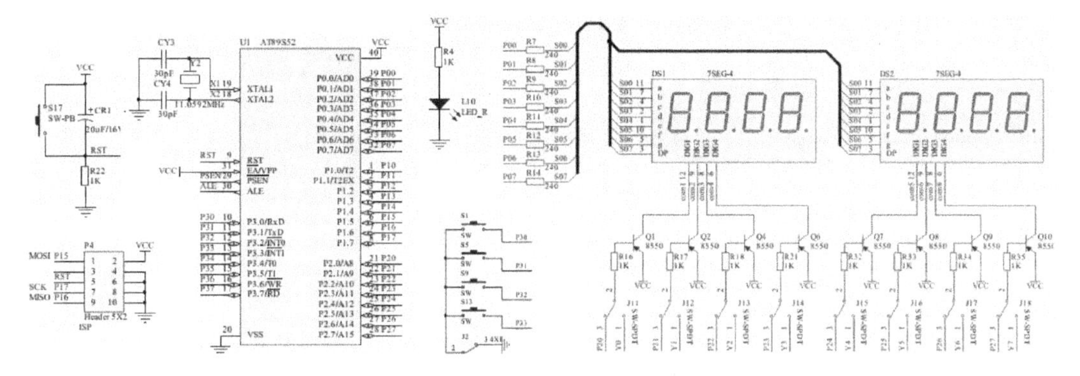

图 2-28　单片机学习板电路图

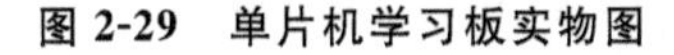

图 2-29　单片机学习板实物图

图 2-30　观察学习板上的实验现象

将程序下载到单片机学习板，按下中断输入按钮，可以观察该实验现象，如图 2-30 所示。

四、程序代码

```
#include  < reg51.h>
#define   uchar unsigned char
#define   uint unsigned int
#define   ziweima   P2
#define   zixingma   P0
/*共阴极数码管输入字形码，共阳极数码管取反即可*/
uchar code zixing[]={ 0x3F, 0x06, 0x5B, 0x4F,0x66, 0x6D, 0x7D, 0x07,
                      0x7F, 0x6F, 0x77, 0x7C,0x39, 0x5E, 0x79, 0x71};
/*共阳极数码管输入字位码，共阴极数码管取反即可*/
uchar code ziwei[]={ 0x01, 0x02, 0x04, 0x08,0x10, 0x20, 0x40, 0x80};
uchar  zdcs;                    //全局变量，统计中断次数
sbit  P31=P3^1;
void delay(uint i)              //延时 i 毫秒，形成基准毫秒定时，后面会用到
  {
   unsigned int j,k;
   for(j=0;j<i;j++)
    for(k=0;k<121;k++);
  }
```

```
void zd0int(void)
  {
    IT0=1;            //设置 INT0 边沿触发
    EX0=1;            //开放外部 INT0 中断允许
    EA=1;             //开放 CPU 中断允许;
  }
void disp(void)              //数码管显示函数
{
  zixingma=~zixing[8];
  ziweima=~ziwei[zdcs];
}
void zd0(void) interrupt 0 using 0              //中断函数
  {
   zdcs++;            //每次中断 zdcs 变量加 1
   if(zdcs==8)zdcs=0;
  }
void main(void)
{
    zd0int();             //中断初始化
    while(1)
     {
      disp();             //调用显示函数,等待中断
     }
}
```

五、制作体会

(1) 数码管部分使用 P0 口传输字形码,传输字形码时使用 220 Ω 电阻限流,P2 口传输字位码,传输字位码时可利用非门(实物制作利用三极管非门来实现)驱动数码管。

(2) 本例在硬件实现时按键存在抖动现象(Proteus 仿真时无此现象),偶尔会出现按动一次中断按键响应多次中断的现象,采用软件延时加关中断消抖的方式会影响中断响应的实时性,建议使用硬件消抖。硬件消抖使用基本 RS 触发器,参考电路如图2-31所示。

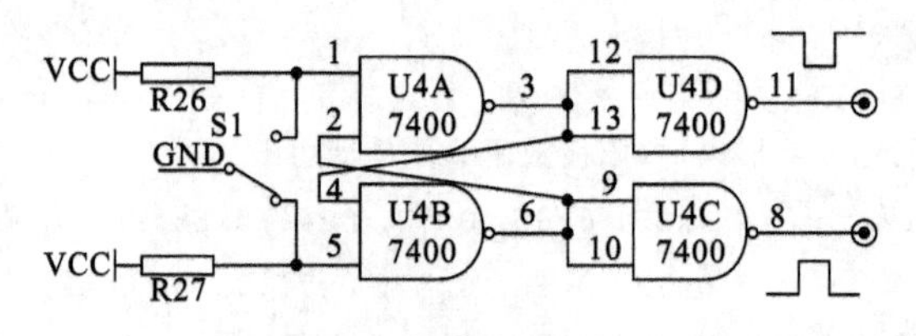

图 2-31　硬件消抖电路

2.7　定时器/计数器(T0、T1)

一、目的要求

(1) 了解 51 系列单片机定时器/计数器内部结构及工作原理。

(2) 熟悉定时器/计数器控制寄存器 TCON、工作方式寄存器 TMOD 的结构、控制作用和设置方法。

(3) 理解定时器/计数器4种工作方式,重点掌握方式1、方式2的应用。

(4) 学会定时器/计数器初值的计算方法。

(5) 掌握51系列单片机定时器/计数器C51程序的设计、仿真与调试。

二、基本知识

计数器是指用于统计CP脉冲个数的电子电路,对于定时器/计数器来说,不管是独立的定时器芯片还是单片机内的定时器,大都有以下特点。

(1) 定时器/计数器有多种工作方式,可以是计数方式也可以是定时方式,其本质是相同的。

(2) 定时器/计数器的计数值是可变的,对计数的最大值有一定的限制,其最大值取决于计数器的位数。计数的最大值也就限制了定时的最大值。

(3) 可以按照规定的定时或计数值,在定时时间到或计数终止时,发出中断申请,以便实现定时控制。

1. 51系列单片机定时器/计数器系统概述

在51系列单片机中,51子系列单片机具有2个定时器/计数器T0和T1,而52子系列单片机还包含有另一个定时器/计数器T2。定时器/计数器本质上是一个在初值基础上加1的16位计数器,由高8位和低8位两个寄存器组成。

2. 定时器/计数器的工作模式

定时器/计数器具有两种工作模式。

(1) 计数器工作模式　计数器用于对外来脉冲进行计数,T0和T1分别统计P3.4和P3.5引脚输入的脉冲负跳变,要求外部脉冲的最高频率不能超过时钟频率的1/24。

(2) 定时器工作模式　定时器通过计数片内脉冲来实现定时功能,主要是对片内机器周期进行计数,即每运行一个机器周期定时器计数就加1。

图2-32所示的是定时器/计数器T1的结构示意图,它通过C/T位来设置定时模式和计数模式,通过GATE、INT1和TR1位控制脉冲是否进入计数器。计数器由高8位和低8位两个寄存器组成16位计数器,可以工作在8位、13位、16位,计数器计满溢出则申请中断。

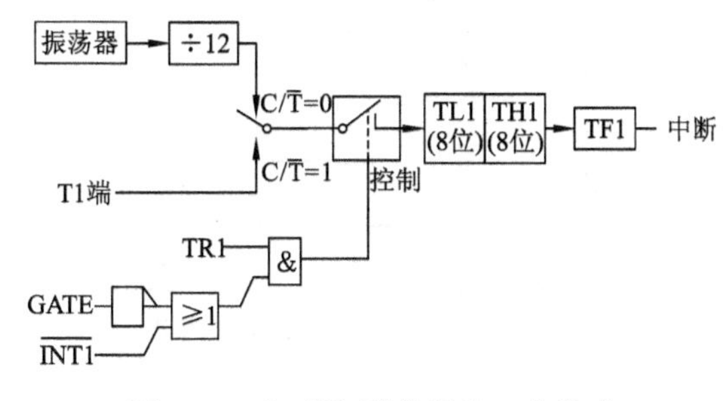

图2-32　定时器/计数器的工作模式

3. 定时器/计数器的相关寄存器

单片机用于控制定时器/计数器的有2个特殊功能寄存器TCON和TMOD。

1) 定时器/计数器控制寄存器TCON

TCON用于控制定时器/计数器的启动、停止及溢出中断标志,字节地址为88H,可位寻址如图2-33所示。具体介绍如下。

	D7	D6	D5	D4	D3	D2	D1	D0
位编码	TCON. 7	TCON. 6	TCON. 5	TCON. 4	TCON. 3	TCON. 2	TCON. 1	TCON. 0
位名称	TF1	TR1	TF0	TR0	—	—	—	—
位地址	8FH	8EH	8DH	8CH	—	—	—	—

图 2-33　定时器/计数器控制寄存器 TCON

（1）TR0：定时器 T0 启动位，其值为 1 时启动，其值为 0 时停止。

（2）TF0：定时器 T0 计满溢出标志位。

（3）TR1：定时器 T1 启动位，其值为 1 时启动，其值为 0 时停止。

（4）TF1：定时器 T1 计满溢出标志位。

2）定时器/计数器模式寄存器 TMOD

TMOD 用于设置定时器/计数器的工作模式及工作方式，字节地址 89H，不可位寻址，如图 2-34 所示。具体介绍如下。

	D7	D6	D5	D4	D3	D2	D1	D0
位名称	GATE	$C/\overline{T}$	M1	M0	GATE	$C/\overline{T}$	M1	M0
控制段	T1				T0			

图 2-34　定时器/计数器模式寄存器 TMOD

（1）GATE：门控制位，用于控制定时器的启动是否受外部中断源信号的影响（或称外部引脚信号的控制）。

- GATE=0 时，与外部中断无关，由 TCON 寄存器中的 TRx 位控制启动。
- GATE=1 时，由控制位 TRx 和外部中断引脚共同控制启动。

（2）$C/\overline{T}$：定时器/计数器工作模式选择位，用于确定定时器/计数器的工作模式。

- $C/\overline{T}=0$ 时，定时器模式，计数脉冲来自单片机振荡频率的 12 分频。
- $C/\overline{T}=1$ 时，计数器模式，计数脉冲来自单片机的外部引脚 P3.4 脚或 P3.5 脚。

（3）M1、M0：定时器/计数器工作方式选择位，如图 2-35 所示。

M1	M0	工作方式	方式说明
0	0	0	13 位定时器/计数器
0	1	1	16 位定时器/计数器
1	0	2	可自动重装入的 8 位定时器/计数器
1	1	3	T0 分为 2 个 8 位定时器，T1 无此方式

图 2-35　定时器/计数器工作方式

4. 定时器/计数器初值的计算

定时器/计数器是在初值基础上加 1 的，并在计满溢出后申请中断，因此需要计算定时器/计数器的初值。

计数器初值为：　$X=M-N$

定时器初值为：　$X=M-T/T_{计数}$

式中：M 为模数，为 2^{16}、2^{13}、2^{8}；N 为需要的计数值；T 为定时时间；$T_{计数}$ 为机器周期。

5. 定时器/计数器初始化

在定时器/计数器编程时，首先要对其进行初始化，也就是对定时器/计数器相关的特殊功能寄存器的有关控制位进行赋值。具体来说，就是要完成下列工作。

(1) 确定工作方式，即对 TMOD 寄存器进行赋值。

(2) 计算计数初值，并写入寄存器 TH0、TL0 或 TH1、TL1 中。

(3) 根据需要，置位 ETx 允许定时器/计数器中断。

(4) 置位 EA 使 CPU 开中断。

(5) 置位 TRx 启动计数。

【例 2-6】 若单片机的晶振频率为 12 MHz，要求定时器/计数器 T0 产生 50 ms 的定时，试确定计数初值及 TMOD 寄存器的内容，完成初始化程序编写。

初值$= 2^{16}-50\times10^{3}/1=65536-50000=15536=$3CB0H

TMOD 寄存器设置如图 2-36 所示。

	0	0	0	0	0	0	0	1
位名称	GATE	C/$\overline{T}$	M1	M0	GATE	C/$\overline{T}$	M1	M0
控制段	T1				T0			

图 2-36 TMOD 寄存器的设置

故 TMOD=00000001B=01H。

其汇编程序如下。

```
MOV   TMOD,#01H        ;设置 T0 为定时方式 0
MOV   TH0,#3CH         ;设置计数初值
MOV   TL0,#0B0H
SETB  EA               ;CPU 开中断
SETB  ET0              ;允许 T0 中断
SETB  TR0              ;启动 T0
```

其 C51 程序如下。

```
TMOD= 0x01;        //设置定时器的工作方式
TH0=0x3c ;         //设置定时时间常数
TL0=0x0b0;
EA=1;              //开放 CPU 中断
ET0=1;             //打开定时器 0 中断
TR0=1;             //启动 CT0
```

C51 通过 interrupt 关键字来实现定时器/计数器中断服务函数，其一般格式如下。

void 函数名(void)　interrupt　n　[using m]

其中，n 为定时器中断编号 1 或 3，m 为工作寄存器组 0～3。

三、电路原理(电路图、仿真图、实物图)

1. 定时器实验

1) 基础部分

在单片机实验系统的 8 位数码管显示器的左侧第 1 位上首先显示一个数字“8”，要求利用定时器 T0 定时，每定时 1 s 字符“8”右移 1 位，如此循环。

2）提高部分

（1）修改程序，利用定时器 T1 控制字符 8 在数码管上右移。

（2）修改程序，每 1 秒实现 0～F 逐个移动显示。

2. 计数器实验

1）基础部分

在单片机实验系统的 8 位数码管显示器的左侧第 1 位上首先显示一个数字“8”，计数器 T0 每计数满 3（即输入了 3 个外部脉冲）之后，显示器上的显示字符“8”右移 1 位。如此不断重复。

2）提高部分

（1）修改程序，利用计数器 T1 每计 5 个脉冲，则字符“8”在数码管上右移 1 位。

（2）修改程序，统计脉冲个数，计数范围为 0～65535。

3. 实验进程

在 Proteus 仿真环境中按照表 2-6 分别从库中调出单片机、电容、电解电容、数码管、电阻、晶振及按键等器件，并按照图 2-37 所示连接仿真电路图。单片机学习板的电路图如图 2-38 所示。

表 2-6　定时器/计数器实验仿真元器件参数

器件名称	英文名称	参　数	备　注
单片机	AT89C52		
电容	CAP	30 pF	
电解电容	CAP-ELEC	22 μF	
7 段数码管	7SEG-MPX8-CA-BLUE	CA 是共阳	CC 是共阴
电阻	RES	10 kΩ	
晶振	CRYSTAL	12 MHz	
按键	BUTTON		

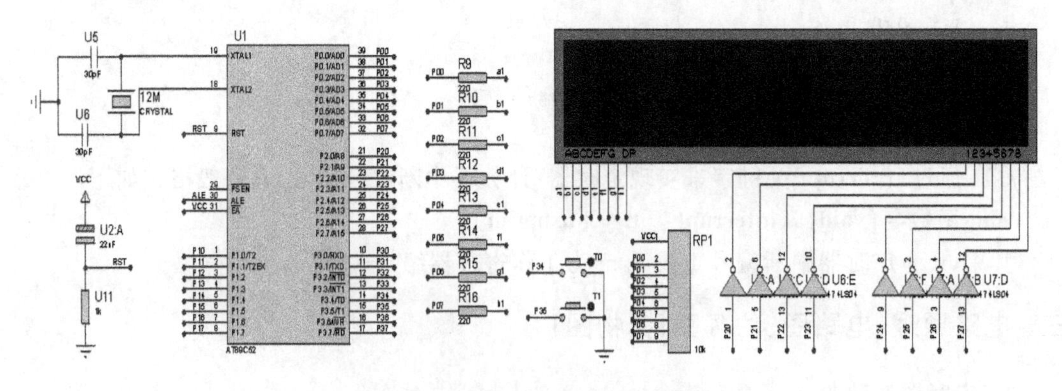

图 2-37　定时器/计数器实验仿真图

分别将定时器程序和计数器程序下载到仿真电路中，运行后首先在 8 位数码管显示器的左侧第 1 位上显示一个数字“8”。定时器模式下定时 1 s 后字符“8”向右移动 1 位，计数器

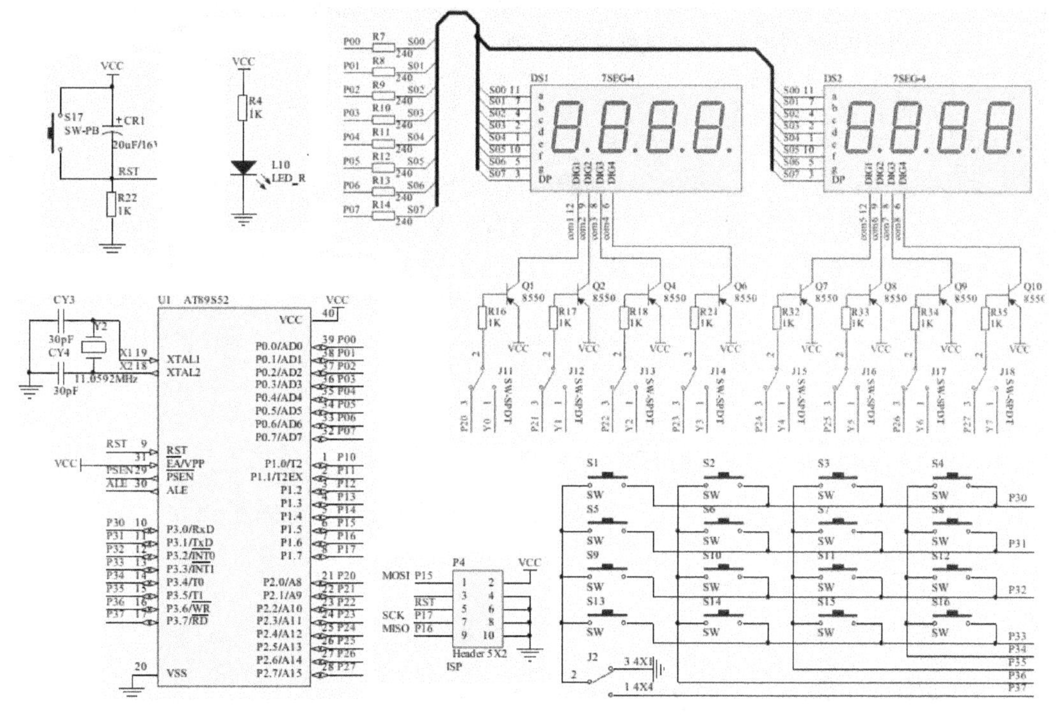

图 2-38 单片机学习板电路图

模式下每计三次脉冲后，字符“8”向右移动 1 位。

实物硬件平台可以采用万用板布线焊接、面包板布线或 PCB 制板等方式搭建，本实验在自行开发的单片机学习板上进行(见图 2-39)。

将程序下载到单片机学习板，可以观察该实验现象，如图 2-40 所示。

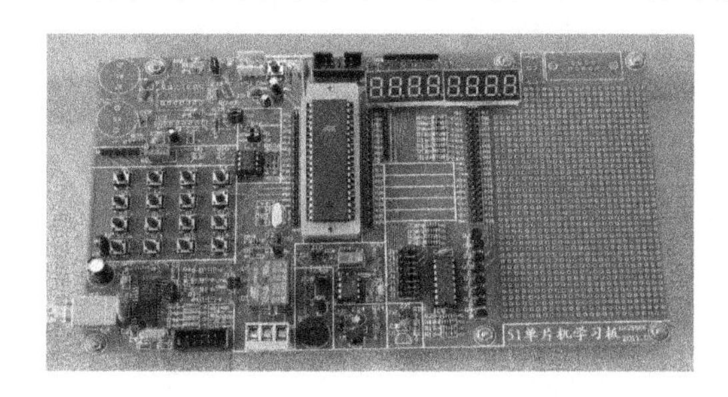

图 2-39 单片机学习板实物图

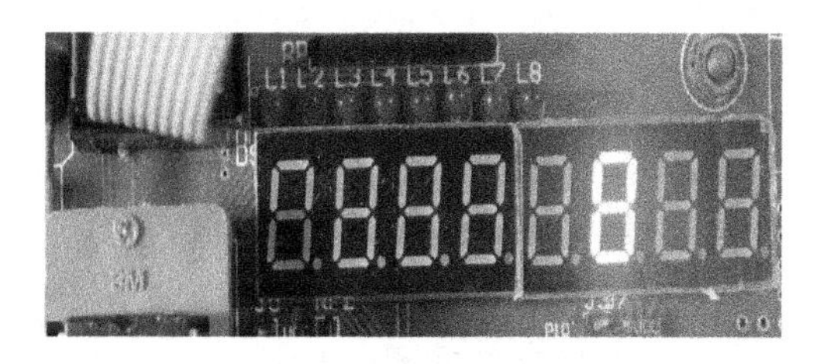

图 2-40 观察实验现象

四、程序代码

1. 定时器实验基础部分参考程序

```
#include<reg51.h>
#define uchar unsigned char
#define ziweima   P2
#define zixingma  P0
uchar  kk=20;                  //定时 50 ms 的次数
uchar  i=0;                    //改变字位码
/*共阴极数码管字形码,共阳极数码管取反即可*/
uchar  code zixing[]={  0x3F, 0x06, 0x5B, 0x4F,0x66, 0x6D, 0x7D, 0x07,
```

```
                         0x7F, 0x6F, 0x77, 0x7C,0x39, 0x5E, 0x79, 0x71};
/*共阳极数码管字位码,共阴极数码管取反即可*/
uchar  code ziwei[]={  0x01, 0x02, 0x04, 0x08,0x10, 0x20, 0x40, 0x80};
void  timerint(void)
  {
   TMOD=0x01;                  //设置定时器的工作方式
   TH0=0x3c ;                  //设置定时时间常数
   TL0=0x0b0;
   ET0=1;                      //打开定时器 0 中断
   EA=1;                       //开放 CPU 中断
   TR0=1;                      //启动 CT0
   }
void  timer0(void)  interrupt  1  using 0
  {
   TH0=0x3c ;                  //设置定时时间常数
   TL0=0x0b0;
   kk--;
   if(kk==0)
    {
    zixingma=~zixing[8];
    ziweima=~ziwei[7-i];
    kk=20;
    i++;
    if(i==8)i=0;
     }
   }
void main(void)
{
  timerint();
  while(1);
}
```

2. 计数器实验基础部分参考程序

```
#include<reg51.h>
#define   uchar unsigned char
#define   ziweima   P2
#define   zixingma  P0
/*共阴极数码管字形码,共阳极数码管取反即可*/
uchar code zixing[]={  0x3F, 0x06, 0x5B, 0x4F,0x66, 0x6D, 0x7D, 0x07,
                       0x7F, 0x6F, 0x77, 0x7C,0x39, 0x5E, 0x79, 0x71};
/*共阳极数码管字位码,共阴极数码管取反即可*/
uchar code ziwei[]={  0x01, 0x02, 0x04, 0x08,0x10, 0x20, 0x40, 0x80};
uchar  i;                  //全局变量,统计中断次数
void timerint(void)
  {
   TMOD=0x06;              //设置定时器的工作方式
   TH0=0x0FD;              //设置定时时间常数
```

```
    TL0=0x0FD;
    ET0=1;                  //打开定时器 0 中断
    EA=1;                   //开放 CPU 中断
    TR0=1;                  //启动 CT0
    }
void disp(void)             //数码管显示函数
{
  zixingma=~zixing[8];
  ziweima=~ziwei[7-i];
}
void timer0(void) interrupt 1 using 0
  {
   i++;                     //每次计数中断,i 加 1
   if(i==8)i=0;
   }
void main(void)
{
     timerint();            //计数器初始化
     while(1)
      {
        disp();             //调用显示,等待中断
      }
}
```

五、制作体会

(1) 本例中的数码管部分使用 P0 口传输字形码,传输字形码时使用 220 Ω 电阻来限流;使用 P2 口传输字位码,传输字位码时利用非门(实物制作时利用三极管非门来实现)来驱动数码管。

(2) 本实验软件仿真时使用的是独立按键,硬件平台则使用矩阵式按键提供计数脉冲,需要先按下 S1,再按下 S4 或 S3 则可为 T0 或 T1 提供计数脉冲。

(3) 本实验在硬件实现时,按键存在抖动现象(Proteus 仿真时无此现象),偶尔会出现按下一次按键产生多次计数的现象,可以使用硬件消抖的方法消除此现象。硬件消抖可以使用基本 RS 触发器,其参考电路图如图 2-41 所示。

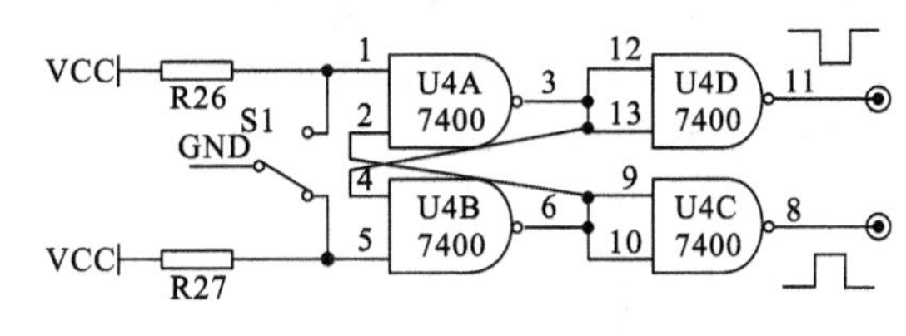

图 2-41　硬件消抖电路

(4) 本单片机实验平台使用的晶振频率为 12 MHz,最大定时时间为 65.535 ms,1 s 的定时是利用 20 次定时 50 ms 实现的。

(5) 根据计数器实验中的提高部分的内容可知,计数器最大的计数个数为 65 536 个,则有:

总数=计数器高 8 位×256+低 8 位

将其转化为十进制显示，可使用整除或取模运算。

```
void dis(void)
{
  zongshu=TH0*256+TL0;                  //求取计数总数
  disbuf[4]=zongshu/10000;              //万位
  disbuf[3]=zongshu%10000/1000;         //千位
  disbuf[2]=zongshu%1000/100;           //百位
  disbuf[1]=zongshu%100/10;             //十位
  disbuf[0]=zongshu%10;                 //个位
}
```

2.8 双机通信(串行口)

一、目的要求

(1) 了解单片机串行口的内部结构及工作原理。

(2) 熟悉串行口控制寄存器 SCON、电源控制寄存器 PCON 的结构、控制作用和设置方法。

(3) 理解串行通信的 4 种工作方式，重点掌握方式 1、方式 2 的应用。

(4) 学会串行通信波特率的设置方法。

(5) 掌握单片机串行通信 C51 程序的设计、仿真与调试。

二、基本知识

单片机通信指的是单片机与计算机或单片机与单片机之间的信息交换，有并行通信和串行通信两种方式。并行通信通常是将数据字节的各位用多条数据线同时进行传输，控制简单、相对传输速度快，但是传输线较多，长距离传输时成本高且接收方同时接收每一位存在困难。串行通信是将数据字节中的每一位在一条数据线上分别进行传输，传输线少，长距离传输时成本低，并且可以利用电话网等现有的设备，但其数据传输控制比并行通信复杂。

根据数据传输方向的不同，串行通信可分为单工通信、半双工通信和全双工通信等方式；根据采用的同步技术的不同，串行通信可分为异步传输和同步传输等方式。

单片机的串行通信有以下 4 种方式：TTL 电平通信(双机串行口直接互联)、RS-232 通信、RS-422A 通信和 RS-485 通信。应当注意的是以上各种串行通信标准仅仅是为了提高串行通信距离和抗干扰性能而改变传输电平和传输方式，与串行通信编程的关系不大。

串行通信的传输速率用于说明数据传输的快慢，有比特率与波特率两种表示方式。比特率是指每秒传输二进制代码的位数，单位是 bit/s(位/秒)；波特率表示每秒调制信号变化的次数，单位是波特(Baud)。

1. 51 系列单片机串行口系统概述

51 系列单片机片内有一个可编程全双工串行通信接口，它有四种工作模式，其波特率由片内定时器/计数器控制。每发送或接收一帧数据，均可以发出中断请求。该串行口除了用于串行通信外，还可以用于扩展并行 I/O 口。

51 系列单片机串行口的内部结构如图 2-42 所示，它包含两个共用一个地址(99H)的缓冲器 SBUF，分别称为接收缓冲器和发送缓冲器。因为两个缓冲器在物理上是独立的，所以可以同时发送和接收数据，利用对 SBUF 的读、写来区分对两个缓冲器的操作。

2. 串行通信的相关寄存器

51 系列单片机中有 2 个特殊功能寄存器用于控制串行通信，分别为串行口控制寄存器 SCON 和电源控制寄存器 PCON。

1) 串行口控制寄存器 SCON

串行口控制寄存器 SCON 用于设置串行通信接口的工作方式、接收方式及发送接收中断标志位，字节地址 98H，可位寻址，如图 2-43 所示。具体介绍如下。

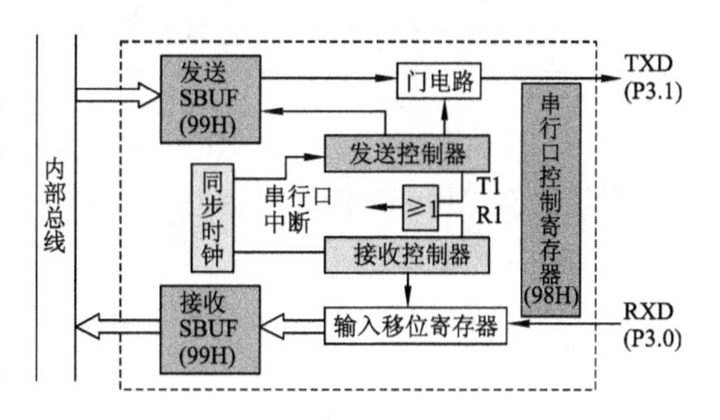

图 2-42　单片机串口内部结构示意图

SCON	D7	D6	D5	D4	D3	D2	D1	D0
位编码	SCON.7	SCON.6	SCON.5	SCON.4	SCON.3	SCON.2	SCON.1	SCON.0
位名称	SM0	SM1	SM2	REN	TB8	RB8	TI	RI
位地址	9FH	9EH	9DH	9CH	9BH	9AH	99H	98H

图 2-43　串行口控制寄存器 SCON 寄存器

(1) SM0 SM1：串行口工作方式选择位。串行口工作方式如图 2-44 所示。

SM0 SM1	工作方式	功能说明	波特率
0　0	0	同步移位寄存器输入/输出	波特率固定为 $f_{osc}/12$
0　1	1	10 位(8+2)异步收发	波特率可变(T1 溢出率/n，n=32 或 16)
1　0	2	11 位(9+2)异步收发	波特率固定为 f_{osc}/n，n=64 或 32)
1　1	3	11 位(9+2)异步收发	波特率可变(T1 溢出率/n，n=32 或 16)

图 2-44　串行口的 4 种工作方式

(2) SM2：多机通信控制器位。在工作方式 0 中，SM2 必须设置为 0。在工作方式 1 中，当处于接收状态时，若 SM2=1，则只有接收到有效的停止位“1”时，RI 才会被置“1”(产生中断请求)。在方式 2 和方式 3 中，若 SM2=0，串行口以单机发送或接收的方式工作，TI 和 RI 以正常方式被激活并产生中断请求；若 SM2=1，RB8=1 时，RI 被激活并产生中断请求。

(3) REN：串行接收允许控制位。该位由软件置位或复位。当 REN=1，允许接收；当 REN=0，禁止接收。

(4) TB8：工作方式 2 和工作方式 3 中要发送的第 9 位数据，该位由软件置位或复位。在工作方式 2 和工作方式 3 中，TB8 是发送的第 9 位数据。在多机通信中，以 TB8 位的状态表示主机发送的是地址还是数据。其中，TB8=1 时表示地址，TB8=0 时表示数据。TB8 还可以用作奇偶校验位。

(5) RB8：接收数据第 9 位。在工作方式 2 和工作方式 3 中，RB8 用于存放接收到的第 9 位数据。RB8 也可用于奇偶校验位。在工作方式 1 中，若 SM2=0，则 RB8 是接收到的停止位。在工作方式 0 中，该位未用。

(6) TI：发送中断标志位。TI=1，表示已结束一帧数据的发送，可用软件查询 TI 位的标志，也可以向 CPU 申请中断。

注意:TI 在任何工作方式下都必须由软件清零。

(7) RI:接收中断标志位。RI=1,表示一帧数据接收结束。可用软件查询 RI 位的标志,也可以向 CPU 申请中断。

注意:RI 在任何工作方式下也都必须由软件清零。

2) 电源控制寄存器 PCON

电源控制寄存器 PCON 与串行通信相关的只有 SMOD 位,为波特率加倍位。其字节地址为 87H,不可位寻址,如图 2-45 所示。

PCON	D7	D6	D5	D4	D3	D2	D1	D0
位名称	SMOD	—	—	—	—	—	—	—

图 2-45 电源控制寄存器 PCON 寄存器

当 SMOD=1 且串行口工作于方式 1、2、3 时,波特率加倍;当 SMOD=0 时,波特率不变。

3. 串行通信的工作方式

51 系列单片机串行通信共有 4 种工作方式,它们分别是方式 0、方式 1、方式 2 和方式 3。由串行控制寄存器 SCON 中的 SM0、SM1 决定单片机将工作于哪种工作方式下。

1) 串行口工作方式 0

在工作方式 0 下,串行口可作为同步移位寄存器使用。此时,波特率为振荡频率的 12 分频,SM2、RB8、TB8 均应设置为 0;数据由 RXD(P3.0)引脚传送,同步移位脉冲由 TXD(P3.1)引脚输出。该工作方式常用于扩展 I/O 口,如图 2-46、图 2-47 所示。

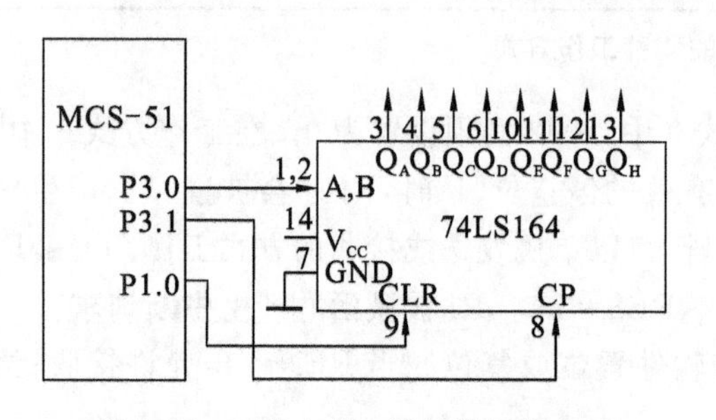

图 2-46 工作方式 0 扩展并行输出口

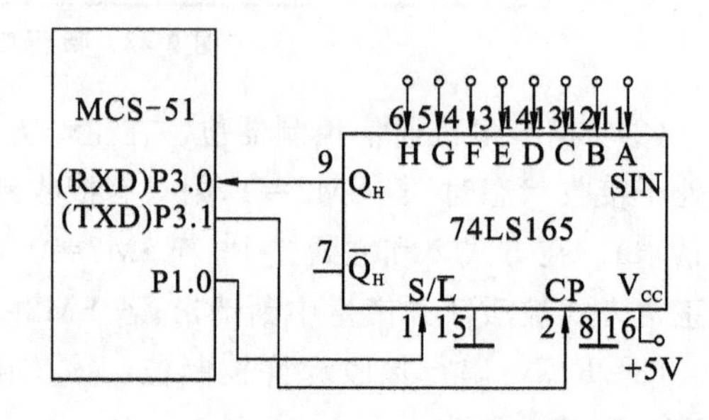

图 2-47 工作方式 0 扩展并行输入口

2) 串行口工作方式 1

工作方式 1 是 10 位异步串行通信工作方式,其一帧数据包括 1 个起始位(0),8 个数据位和 1 个停止位(1),其波特率由定时器 T1 的溢出率决定,其帧格式如图 2-48 所示。

当 TI=0 时,数据写入 SBUF 寄存器后开始发送,由硬件自动加入起始位和停止位,构成一帧数据,然后由 TXD 端串行输出。数据发送完毕后,TXD 输出线维持在"1"状态下,并将 SCON 中的 TI 置 1,表示一帧数据发送完毕。

当 RI=0 时,使用指令使 REN=1 时,接收电路以波特率的 16 倍速度采样 RXD 引脚。如果出现由"1(停止位)"变"0(起始位)"的跳变,则认为有数据正在发送。

3）串行口工作方式 2

工作方式 2 为 11 位的异步串行通信方式，其一帧数据包括 1 个起始位(0)，8 个数据位、1 个可编程位(附加的第 9 位)和 1 个停止位(1)。此时波特率为振荡频率的 32 或 64 分频。其帧格式如图 2-49 所示。

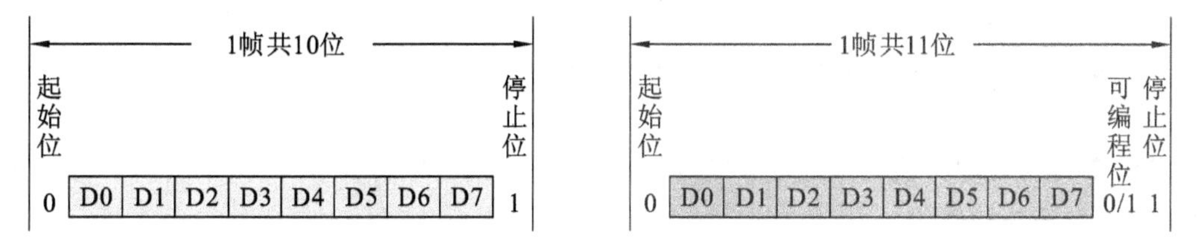

图 2-48　工作方式 1 数据传输格式　　**图 2-49　工作方式 2 数据传输格式**

4）串行口工作方式 3

工作方式 3 除了其波特率由定时器 T1 的溢出率决定以外，其他方面与工作方式 2 相同。

4. 串行通信的波特率

波特率指串行口每秒接收或发送的位数，它决定了单片机串行通信的速度，不同工作模式下波特率有所不同，具体如下。

(1) 工作方式 0：波特率 $= f_{osc}/12$。

(2) 工作方式 2：波特率 $= 2^{SMOD} \times f_{osc}/64$

其中，SMOD 可以设置为 0 或 1。

(3) 工作方式 1 和方式 3：波特率 $= 2^{SMOD} \times$ T1 溢出率/32

其中，T1 常工作在方式 2。

在实际使用时，为了避免复杂的初值计算，常使用波特率和初值之间的关系表，见表 2-7。

表 2-7　常用波特率和误差

晶振频率/MHz	波特率/Baud	SMOD	T1 方式 2 定时初值	实际波特率/Baud	误差/(%)
12	9 600	1	F9H	8 923	7
12	4 800	0	F9H	4 460	7
12	2 400	0	F3H	2 404	0.16
12	1 200	0	E6H	1 202	0.16
11.059 2	19 200	1	FDH	19 200	0
11.059 2	9 600	0	FDH	9 600	0
11.059 2	4 800	0	EAH	4 800	0
11.059 2	2 400	0	F4H	2 400	0
11.059 2	1 200	0	E8H	1 200	0

5. 串行通信初始化

在串行通信编程时，首先要对其进行初始化，也就是对串行通信相关的特殊功能寄存器的有关控制位进行赋值。具体来说，就是要完成以下工作。

(1) 确定 T1 工作方式，即对 TMOD 寄存器进行赋值。

(2) 根据波特率计算或查表得到 T1 计数初值,确定 PCON 中 SMOD 位为 1 或 0。

(3) 置位 TR1,启动计数 T1(T1 中断不需要打开)。

(4) 确定串行通信工作方式,设置接收允许位 REN,即对 SCON 寄存器进行赋值。

(5) 根据实际需要,设置中断允许位 EA、ES,使 CPU 开中断。

注意:串行通信工作方式 0 和工作方式 2 不需要对 T1 初始化。

【例 2-7】 若单片机的晶振频率为 12 MHz,串口波特率为 2 400 bit/s,允许串口中断,编写接收程序并初始化。

其汇编程序如下。

```
        MOV     TMOD,#20H           ;设置定时器 T1 为定时方式 2
        MOV     TL1,#0F4H           ;串口波特率为 2 400 Baud
        MOV     TH1,#0F4H
        SETB    TR1                 ;启动 T1
        MOV     SCON,#50H           ;串行工作方式 1,允许接收
        SETB    ES                  ;开串行口中断
        SETB    EA                  ;CPU 开中断
```

其 C51 程序如下。

```
        TMOD= 0x20 ;            //设置定时器 T1 定时方式 2
        TH1= 0xf4 ;             //串口波特率为 2 400 Baud
        TL1= 0xf4;
        TR1= 1;                 //启动 T1
        SCON= 0x50              //串行工作方式 1,允许接收

        EA= 1;                  //开放 CPU 中断
        ES= 1;                  //打开串行口中断
```

C51 通过 interrupt 关键字来实现串口中断服务函数,其一般格式如下。

void 函数名(void)   interrupt   n   [using m]

其中,n 为定时器中断编号 4,m 为工作寄存器组 0～3。

三、电路原理

1. 单片机与 PC 上位机串行通信

1) 基础部分

在上位机上使用串行口调试助手向单片机实验系统发送一个字符 X,单片机接收到字符后显示在数码管显示器的左侧第 1 位上,串行口波特率设为 9 600 Baud。

2) 提高部分

(1) 修改程序,修改波特率为 2 400 Baud。

(2) 修改程序,单片机接收到字符后返回给上位机"The data is X"。

2. 单片机双机串行通信

1) 基础部分

设两个单片机分别称为单片机 A 和单片机 B,A 用于发送,B 用于接收。单片机 A 每隔

1 秒逐个显示 0～F，并通过串行口向 B 发送该字符。单片机 B 接收 A 发来的字符，并在其数码管上逐个显示。

2）提高部分

（1）修改程序，利用单片机 A 左右按键控制字符“8”在单片机 B 数码管上左右移一位。

（2）修改程序，使用矩阵式键盘输入六位数字密码，利用单片机 A 通过串行口发送给单片机 B 并在 B 的数码管上显示。密码正确则单片机 A 的数码管显示 1，错误则显示 0。

四、Proteus 仿真实验

1. 单片机与 PC 上位机串口通信

在 Proteus 仿真环境中按照表 2-8 分别从库中调出单片机、电容、电解电容、数码管、电阻及晶振等器件，并按照图 2-50 所示连接电路图。软件仿真可使用 Proteus 自带的虚拟串行口中断来替代串行口调试助手，如图 2-51 所示。

表 2-8 单片机与 PC 上位机串行口通信实验仿真元器件参数

器件名称	英文名称	参数	备注
单片机	AT89C52		
电容	CAP	30 pF	
电解电容	CAP-ELEC	22 μF	
7 段数码管	7SEG-MPX8-CA-BLUE	CA 是共阳	CC 是共阴
电阻	RES	220 Ω，1 kΩ	
晶振	CRYSTAL	12 MHz	
非门	74LS04		
串口虚拟终端	VIRTUAL TERMINAL		

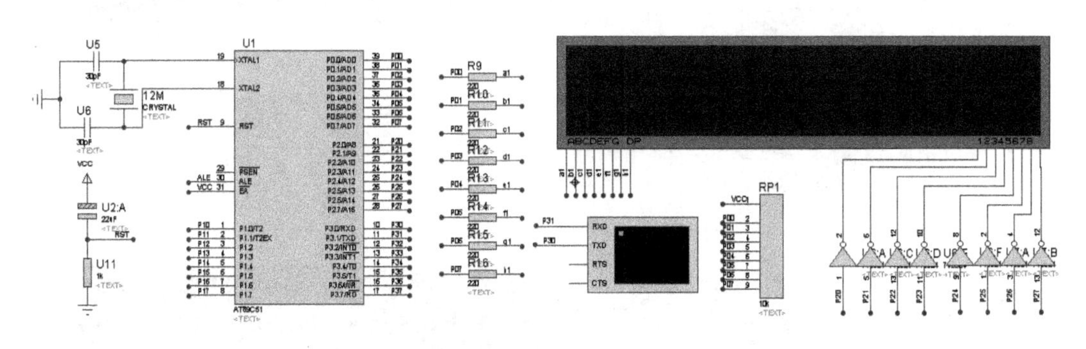

图 2-50 单片机与 PC 上位机串口通信实验仿真图

将程序下载到仿真电路中，在虚拟串行口中断输入数字 6，相当于上位机通过给单片机发送数字 6，单片机将该数字显示在实验板上的数码管上，并通过串行口向上位机发送 The data is 6。

2. 单片机双机串口通信

在 Proteus 仿真环境中按照表 2-9 分别从库中调出单片机、电容、电解电容、数码管、电阻及晶振等器件，并按照图 2-52 连接电路图。

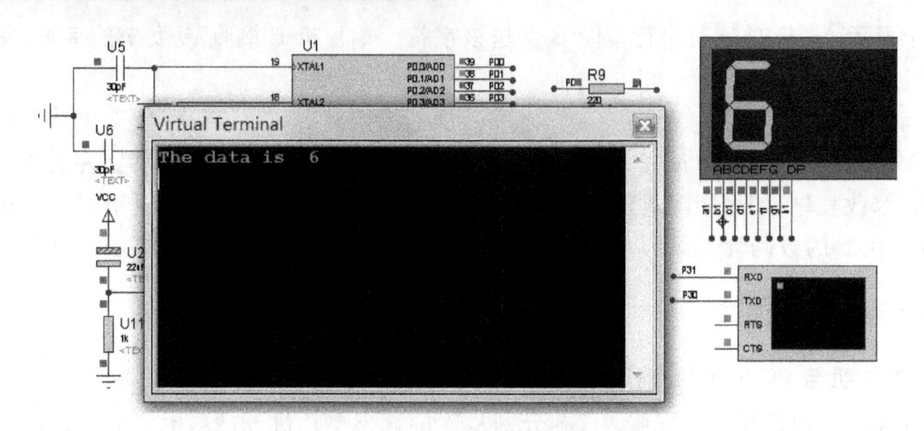

图 2-51 单片机与 PC 上位机串口通信实验仿真运行效果

表 2-9 单片机双机串口通信实验仿真元器件参数

器件名称	英文名称	参 数	备 注
单片机	AT89C52		
电容	CAP	30 pF	
电解电容	CAP-ELEC	22 μF	
7 段数码管	7SEG-MPX8-CA-BLUE	CA 是共阳	CC 是共阴
电阻	RES	220 Ω,1 kΩ	
晶振	CRYSTAL	12 MHz	
非门	74LS04		
串口虚拟终端	VIRTUAL TERMINAL		

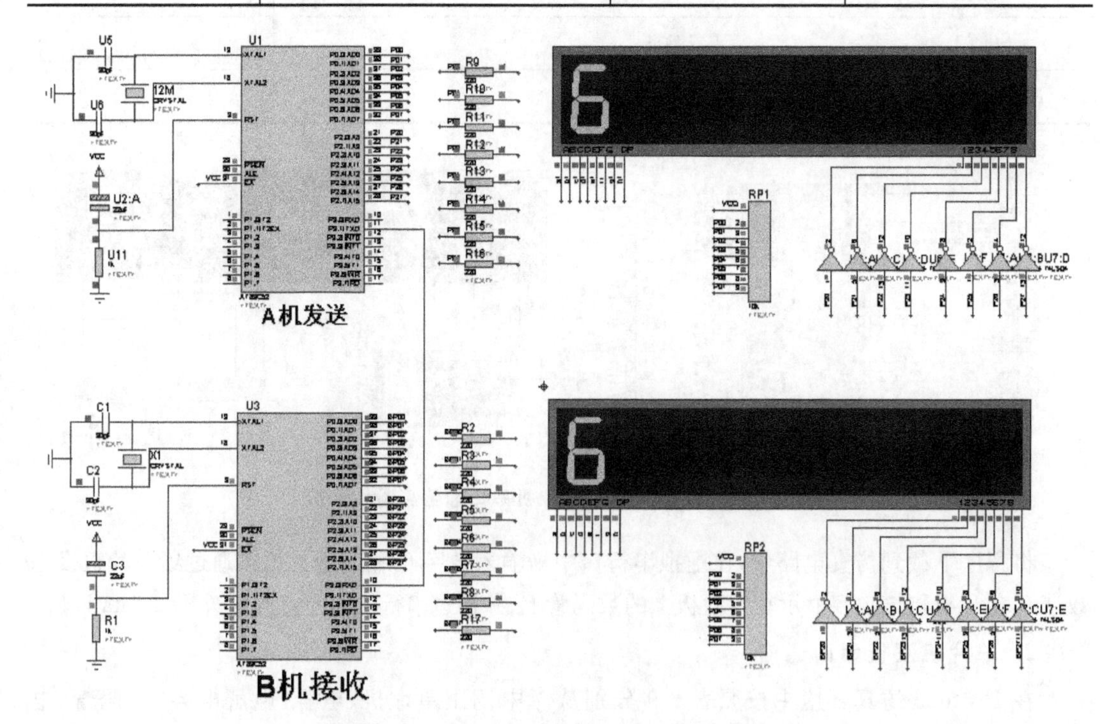

图 2-52 单片机双机串口通信实验仿真图

将程序下载到仿真电路中，可以看到单片机 A 每隔 1 秒逐个显示 0～F，并通过串行口向单片机 B 发送该字符。单片机 B 接收单片机 A 发来的字符，并在其数码管上逐个显示。

五、硬件实物实验

硬件实物实验平台可以采用万用板布线焊接、面包板布线或 PCB 制板等方式搭建，本实验在自行开发的单片机学习板上进行(见图 2-53)。

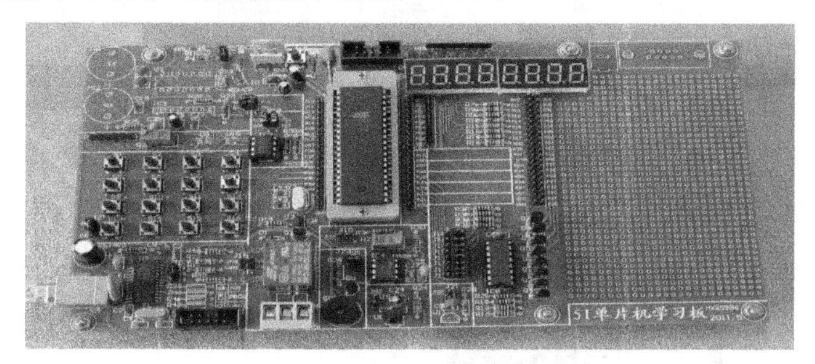

图 2-53 单片机学习板实物图

1. 单片机与 PC 上位机串行口通信

单片机与 PC 机的连接可以通过采用 MAX232 芯片，将单片机的 TTL 电平转换成 232 电平，通过 9 针串行口线与 PC 机通信。其示意图如图 2-54 所示。

图 2-54 单片机通过 RS-232 电平转换利用串口线与 PC 机通信

图 2-55 单片机通过 USB 总线转接芯片与 PC 机通信

目前笔记本计算机大都只有 USB 接口而没有串行口，故还需要增加串行口转 USB 电路方可进行通信。

单片机与 PC 机的连接方式还可以直接采用专门的 USB 总线转接芯片 CH341，它既可以下载程序又可以进行串行口通信，如图 2-55 所示。其电路原理图如图 2-56 所示。

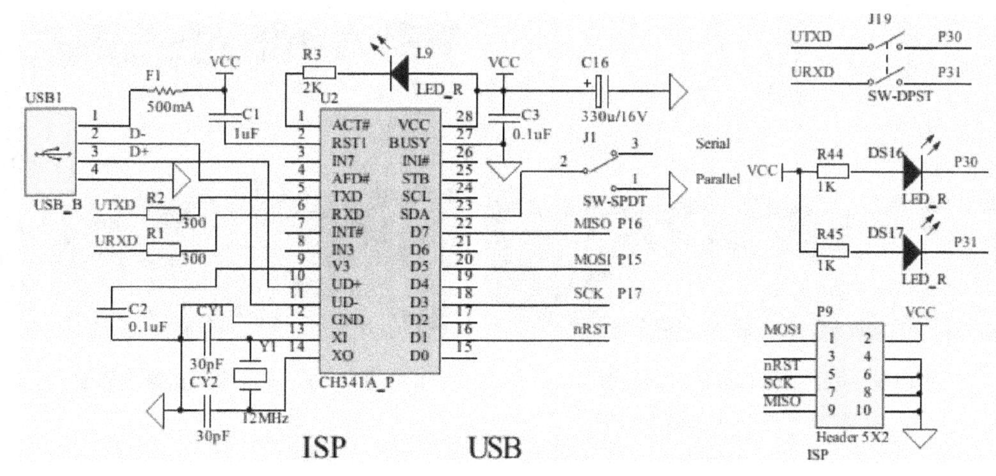

图 2-56 USB 总线转接芯片 CH341 电路原理图

本实验是通过 USB 转接芯片 CH431 实现的串行口通信，将程序下载到单片机实验板，在上位机利用串行口调试助手发送字符 4，则在单片机实验板数码管左侧第 1 位显示该字符，并在串行口调试助手接收区显示 The data is 4，如图 2-57 所示。

2. 单片机双机串行口通信

单片机双机互连，在距离较近的情况下可以采用 TTL 电平直接相连，如图 2-58 所示。

为了提高双机互连的传输距离和传输速率，可以在两个单片机串行口中间加上电平转换电路，采用 RS-232 通信、RS-422A 通信或 RS-485 通信，如图 2-59 所示。应当注意的是以上各种串行通信标准仅仅是为了提高串行通信距离和抗干扰性能而改变传输电平和传输方式，与串行口通信编程的关系不大。

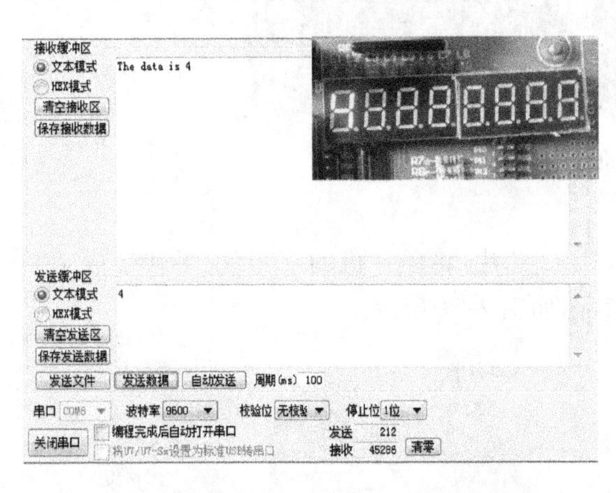

图 2-57　单片机与 PC 上位机串口通信实物图

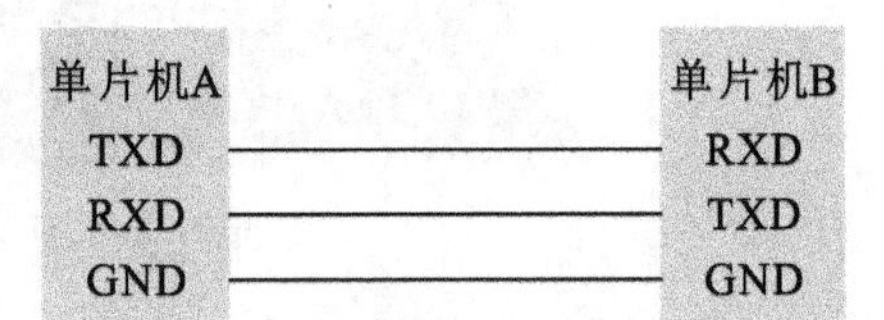

图 2-58　单片机采用 TTL 电平直接双机互连

图 2-59　单片机采用其他电平转换电路实现双机互连

3. 实验过程

本实验采用 TTL 电平直接互连。单片机 A 每隔 1 秒逐个循环发送 0～F，在上位机利用串行口调试助手可以观察该数据，如图 2-60 所示。

单片机 B 接收单片机 A 发来的字符 0～F，并在其数码管上逐个显示，如图 2-61 所示。

图 2-60　在上位机利用串口调试助手观察单片机 A 发送的数据

图 2-61　双机串口通信实物图

六、程序代码

1. 单片机与PC上位机串行口通信实验基础部分参考程序

```
#include<reg52.h>
#define uchar unsigned char
#define uint unsigned int
#define zxmaddr P0          //数码管字形码端口
#define zwmaddr P2          //数码管字位码端口
unsigned char flag,a,i;
uchar code table[]="The data is";
/*共阴极数码管字形码,共阳极数码管取反即可*/
uchar code zixing[]={0x3F, 0x06, 0x5B, 0x4F, 0x66, 0x6D, 0x7D, 0x07,
                     0x7F, 0x6F, 0x77, 0x7C, 0x39, 0x5E, 0x79, 0x71};
/*共阳极数码管字位码,共阴极数码管取反即可*/
uchar code ziwei[]={0x01, 0x02, 0x04, 0x08,0x10, 0x20, 0x40, 0x80};
/*********************************
函数名:init()
功能:串行口通信初始化
*********************************/
void init()
{
    TMOD=0x20;      //设置定时器T1工作于方式2
    TH1=0xfd;       //给T1赋初值,波特率为9 600 Baud
    TL1=0xfd;
    TR1=1;          //启动T1
    REN=1;          //允许串行口接收
    SM0=0;          //设置串行口工作方式为方式1
    SM1=1;
    EA=1;           //开总中断
    ES=1;           //开串行口中断
}
/*********************************
函数名:disp()
功能:显示串行口接收的数据
*********************************/
void disp(void)
{
   zwmaddr=~ziwei[7];          //显示字位
   zxmaddr=~zixing[a&0x0f]; //显示字形
}
/*********************************
函数名:send_char()
功能:发送一个字符
*********************************/
void send_char(unsigned char txd)
```

```
{
    SBUF=txd;                   //发送字符
    while(!TI);                 //等待数据传输
    TI=0;                       //清除数据传输标志
}
void main()
{
    init();
    while(1)
    {
        disp();
        if(flag==1)             //串行口接收到数据则执行发送
        {
            ES=0;               //关串行口中断
            send_char(a);
            ES=1;               //开串行口中断
            flag=0;             //清除串行口接收到的数据标志
        }
    }
}
/********************************
函数名:ser()
功能:串行口中断函数
********************************/
void ser() interrupt 4
{
    RI=0;                       //清除串行口接收标志位
    a=SBUF;                     //把接收的字符转移到变量 a 中
    flag=1;                     //设置串行口接收到数据标志位
}
```

2. 单片机双机串行口通信实验基础部分参考程序

单片机 A 发送程序如下。

```
#include<reg52.h>
#define uchar unsigned char
#define uint unsigned int
#define zxmaddr P0              //数码管字形码端口
#define zwmaddr P2              //数码管字位码端口
unsigned char flag,a,xx,kk= 20;
/*共阴极数码管字形码,共阳极数码管取反即可*/
uchar code zixing[]={0x3F, 0x06, 0x5B, 0x4F, 0x66, 0x6D, 0x7D, 0x07,
                     0x7F, 0x6F, 0x77, 0x7C, 0x39, 0x5E, 0x79, 0x71};
/*共阳极数码管字位码,共阴极数码管取反即可*/
uchar code ziwei[]={0x01, 0x02, 0x04, 0x08,0x10, 0x20, 0x40, 0x80};
/********************************
```

```
函数名:disp()
功能:显示串行口接收的数据
***********************************/
void disp(void)
{
  zwmaddr=~ziwei[0];                 //显示字位
  zxmaddr=~zixing[xx];               //显示字形
}
/**********************************
函数名:send_char()
功能:发送一个字符
***********************************/
void send_char(unsigned char txd)
{
    SBUF=txd;                     //发送字符
    while(!TI);                   //等待数据传输
    TI=0;                         //清除数据传输标志
}
void timerint(void)
  {
    TMOD=0x21;                    //设置定时器 T0 工作于方式 1
    TH0=0x3c ;                    //设置定时时间常数 50 ms
    TL0=0x0b0;
    ET0=1;                        //打开定时器 0 中断
    EA=1;                         //开放 CPU 中断
    TR0=1;                        //启动 CT0
    }
void timer0(void) interrupt 1 using 0
  {
  TH0=0x3c ;                      //设置定时时间常数 50 ms
  TL0=0x0b0;
  kk--;
  if(kk==0)                       //定时 20 次实现 1 秒
    {
     kk=20;
     xx++;                        //每一秒字符加 1
     if(xx==16)xx=0;
     flag=1;                      //每一秒标志位有效一次
     }
   }
/**********************************
函数名:chuankouinit()
功能:串行口通信初始化
***********************************/
void chuankouinit()
```

```
{
    TMOD=0x21;              //设置定时器 T1 工作于方式 2
    TH1=0xfd;               //给 T1 赋初值,波特率为 9 600 Baud
    TL1=0xfd;
    TR1=1;                  //启动 T1
    SM0=0;                  //设置串行口工作方式为方式 1
    SM1=1;
}
void main()
{
    chuankouinit();         //串行口初始化
    timerint();             //定时器 T0 初始化,定时 1 秒
    send_char(xx);
    while(1)
    {
        disp();
        if(flag==1)         //标志位有效则发送
        {
        send_char(xx);
        flag= 0;            //清除标志
        }
    }
}
```

单片机 B 接收程序如下。

```
#include<reg52.h>
#define uchar unsigned char
#define uint unsigned int
#define zxmaddr P0          //数码管字形码端口
#define zwmaddr P2          //数码管字位码端口
unsigned char flag,a;
/*共阴极数码管字形码,共阳极数码管取反即可*/
uchar code zixing[]={0x3F, 0x06, 0x5B, 0x4F, 0x66, 0x6D, 0x7D, 0x07,
                     0x7F, 0x6F, 0x77, 0x7C, 0x39, 0x5E, 0x79, 0x71};
/*共阳极数码管字位码,共阴极数码管取反即可*/
uchar code ziwei[]={0x01, 0x02, 0x04, 0x08,0x10, 0x20, 0x40, 0x80};
/*********************************
函数名:disp()
功能:显示串行口接收的数据
*********************************/
void disp(void)
{
   zwmaddr=~ziwei[0];               //显示字位
   zxmaddr=~zixing[a];              //显示字形
}
/*********************************
```

```
函数名:send_char()
功能:发送一个字符
**********************************/
void send_char(unsigned char txd)
{
    SBUF=txd;          //发送字符
    while(! TI);          //等待数据传输
    TI=0;        //清除数据传输标志
}
/**********************************
函数名:chuankouinit()
功能:串口通信初始化
**********************************/
void chuankouinit()
{
    TMOD=0x20;            //设置定时器 T1 工作于方式 2
    TH1=0xfd;             //给 T1 赋初值,波特率为 9 600 Baud
    TL1=0xfd;
    TR1=1;                //启动 T1
    SM0=0;                //设置串行口工作方式为方式 1
    SM1=1;
    REN=1;                //允许串行口接收
    EA=1;                 //开总中断
    ES=1;                 //开串行口中断
}
void main()
{
    chuankouinit();                //串行口初始化
    while(1)
    {
        disp();
        if(flag==1)                //标志位有效则发送
        {
        flag=0;                    //清除标志
        }
    }
}
/**********************************
函数名:ser()
功能:串行口中断函数
**********************************/
void ser() interrupt 4
{
    RI=0;                          //清除串行口接收标志位
    a=SBUF;                        //把接收的字符转移到变量 a
    flag=1;                        //设置接收标志位
}
```

七、制作体会

(1) 串行口通信发送和接收端波特率的值要设置为相同的值，否则会出现乱码或者接收不到。

(2) 单片机与PC上位机软件串行口通信中断初始化有如下三条指令。

```
REN= 1;            //允许串行口接收
SM0= 0;            //设置串行口工作方式为方式 1
SM1= 1;
```

SM0和SM1还未被操作，接收位REN就已经被使能有效，此时单片机就开始接收数据，并将串行口接收数据标志位设置为有效，程序则向上位机发送无效字符，故而上位机串行口调试软件接收窗口将接收到若干个空格。

若要解决本问题，可以将上面三条指令的顺序更改为如下形式。

```
SM0= 0;            //设置串行口工作方式为方式 1
SM1= 1;
REN= 1;            //允许串行口接收
```

或者对SCON进行字节操作，不进行位操作，语句如下。

```
SCON=0x50;
```

(3) 单片机串口发送字符串"The data is "可以分成单个字符逐个发送，也可以编写字符串发送程序来发送，参考程序如下。

```
/**********************************
函数名:send_str()
功能:发送一个字符串
**********************************/
void send_str(unsigned char *str)
{
    unsigned char i=0;
    while(str[i]! ='\0')                //未到数组最后一个字符
    {
        SBUF=str[i];
        while(! TI);                    //等特数据传输
        TI=0;                           //清除数据传输标志
        i++;                            //下一个字符
    }
}
```

调用的时候直接将字符串数组名字直接传递给str即可。

(4) Proteus仿真串行口通信的时候，注意将单片机晶振频率改为11.059 2 MHz，否则会出现乱码的情况。同时，串行口虚拟终端的波特率应与单片机串行口波特率设置为相同的值。

2.9 液晶显示器LCD1602

一、目的要求

本实验实训要求利用51系列单片机控制液晶显示器LCD1602来显示字符，通过使用

LCD1602 编程设计并制作一个数字时钟。

二、基本知识

1. 液晶显示器简介

在日常生活中，液晶显示器使用得比较广泛。液晶显示模块已作为很多电子产品的终端显示器件，如在计算器、万用表、电子表及很多家用电子产品中。其显示的主要内容是数字、专用符号和图形。在单片机的人机交流界面中，一般的输出方式有以下几种：发光管、LED 数码管和液晶显示器等。其中，发光管和 LED 数码管比较常用，其软硬件都比较简单。而在单片机系统中使用液晶显示器作为输出器件有以下几个优点。

（1）显示质量高　由于液晶显示器一个显示点在收到信号后就会一直保持某种色彩和亮度，恒定发光，而不像阴极射线管显示器（CRT）那样需要不断刷新亮点。因此，液晶显示器显示画质高且不会闪烁。

（2）数字式接口　液晶显示器都是数字式控制接口，可实现并行或串行两种连接模式，其与单片机系统的接口更加简单可靠，操作更加方便。

（3）显示内容丰富　液晶显示器除了可以显示数字、英文字符、特殊字符及标点符号外，还可以显示图像及自定义的图形符号。与数码管相比，它的显示功能要强很多，另外其重量比相同显示面积的传统显示器要轻得多。

（4）功耗低　相对而言，液晶显示器的功耗主要消耗在其内部的电极和驱动 IC 上，因而耗电量比其他显示器要少得多。

2. 液晶显示器种类及显示原理

1）液晶显示器的分类

液晶显示的分类有很多种，通常可按其显示方式分为段式、字符式、点阵式等。除了黑白显示外，液晶显示器还有多灰度显示、彩色显示等种类。如果根据驱动方式来分，可以将其分为静态驱动（static）、单纯矩阵驱动（simple matrix）和主动矩阵驱动（active matrix）三种。

2）液晶显示原理

液晶显示的原理是利用液晶的物理特性，通过电压对其显示区域进行控制，有电压的区域就会有显示，这样就可以显示出图形。液晶显示器具有厚度薄、适用于大规模集成电路直接驱动、易于实现全彩色显示的特点，目前已经被广泛应用于便携式计算机、数字摄像机、PDA 移动通信工具等众多领域。

3）液晶显示器各种图形的显示原理

（1）线段的显示。点阵图形式液晶由 $M \times N$ 个显示单元组成，假设液晶显示屏有 64 行，每行有 128 列，每 8 列对应 1 个字节的 8 位，即每行有 16 字节，故共由 128（=16×8）个点组成，显示屏上 64×16 个显示单元与显示 RAM 区的 1 024 字节相对应，每一字节的内容与显示屏上相应位置的亮暗对应。例如，显示屏的第一行的亮暗由 RAM 区的 000H～00FH 的 16 字节存储区中的内容决定：当（000H）=FFH 时，则显示屏的左上角显示一条短亮线，长度为 8 个点；当（3FFH）=FFH 时，则显示屏的右下角显示一条短亮线；当（000H）=FFH，（001H）=00H，（002H）=00H，…，（00EH）=00H，（00FH）=00H 时，则在显示屏的顶部显示一条由 8 条亮线和 8 条暗线组成的虚线。这就是液晶显示器显示的基本原理。

（2）字符的显示。用液晶显示器来显示一个字符比较复杂，因为一个字符由 6×8 或 8

×8 点阵组成，既要找到与显示屏幕上某几个位置相对应的显示 RAM 区的 8 个字节，还要使每字节的不同位为“1”，其他的为“0”(为“1”时点亮，为“0”时不亮)，这样一来就组成了某个字符。但对于内带字符发生器的控制器来说，显示字符就比较简单了，可以让控制器工作在文本方式，根据在液晶显示器上开始显示的行列号及每行的列数找出显示 RAM 对应的地址，设立光标，输入该字符对应的代码即可。

(3) 汉字的显示。汉字的显示一般采用图形的方式，先从微型计算机中提取要显示的汉字的点阵码(一般用字模提取软件)，每个汉字占 32 字节，分为左右两半，各占 16 字节，左边为 1、3、5……字节，右边为 2、4、6……字节。根据在液晶显示器上开始显示的行列号及每行的列数可找出显示 RAM 对应的地址，设立光标，输入要显示的汉字的第 1 字节，光标位置加 1，再输入第 2 个字节，换行按列对齐，然后输入第 3 个字节……直到 32 字节显示完，就可以在液晶显示器上得到一个完整汉字。

3. LCD1602 液晶显示器件简介

1) 外形尺寸

字符型液晶显示模块是一种专门用于显示字母、数字、符号等的点阵式液晶显示器，目前常用的有 16×1,16×2 和 20×2 等型号的模块。LCD1602 字符型液晶显示器实物外形如图 2-62 所示。

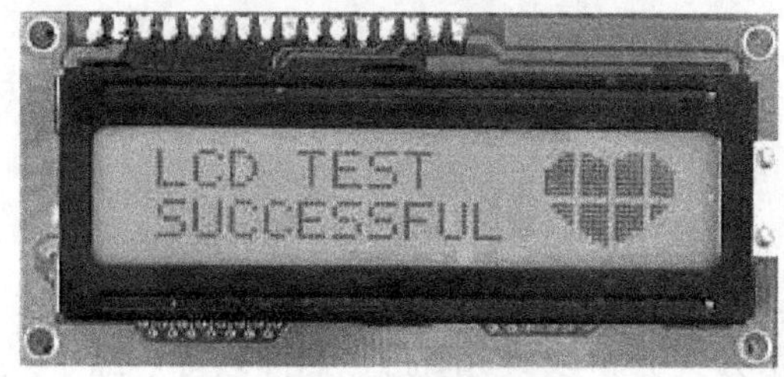

(a) 液晶显示器正面

(b) 液晶显示器背面

图 2-62　LCD1602 液晶显示器实物图

LCD1602 分为带背光和不带背光两种，其控制器大部分为 HD44780。带背光的比不带背光的厚，是否带背光在实际应用中并无差别，具体的鉴别办法可参考图 2-63 所示的器件尺寸示意图。

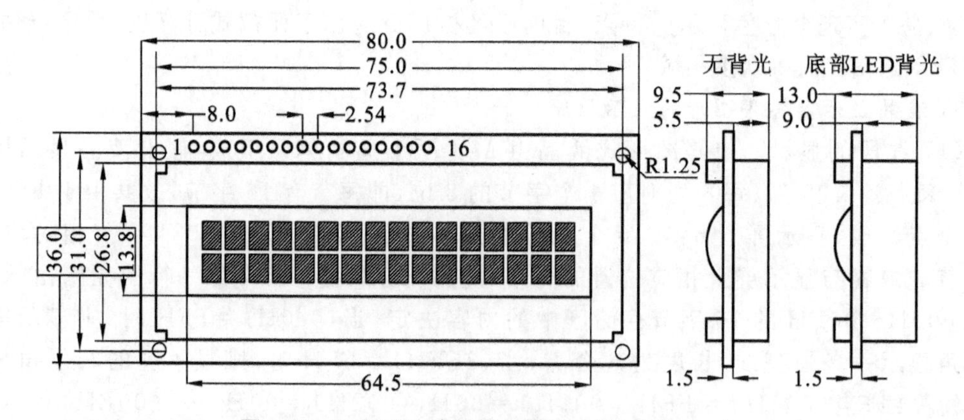

图 2-63　LCD1602 液晶显示器尺寸图(单位:mm)

2) LCD1602 的主要技术参数

(1) 显示容量：16×2 个字符。

(2) 芯片工作电压:4.5～5.5 V。

(3) 工作电流:2.0 mA(5.0 V)。

(4) 模块最佳的工作电压:5.0 V。

(5) 字符尺寸:2.95 mm×4.35mm(宽×高)。

3) 引脚功能说明

LCD1602 采用标准的 14 脚(无背光)或 16 脚(带背光)接口,各引脚接口说明见表 2-10。

表 2-10　LCD1602 引脚功能说明

编　号	符　号	引脚说明	编　号	符　号	引脚说明
1	VSS	电源地	9	D2	数据
2	VDD	电源正极	10	D3	数据
3	VL	液晶显示偏压	11	D4	数据
4	RS	数据/命令选择	12	D5	数据
5	R/W	读/写选择	13	D6	数据
6	E	使能信号	14	D7	数据
7	D0	数据	15	BLA	背光源正极
8	D1	数据	16	BLK	背光源负极

各引脚的功能介绍如下。

- 引脚 1:VSS 为地电源。
- 引脚 2:VDD 接 5V 正电源。
- 引脚 3:VL 为液晶显示器对比度调整端,接正电源时对比度最弱,接地时对比度最高,对比度过高时会产生“鬼影”现象,使用时可以通过一个 10 kΩ 的电位器调整其对比度。
- 引脚 4:RS 为寄存器选择脚,高电平时选择数据寄存器、低电平时选择指令寄存器。
- 引脚 5:R/W 为读/写信号线,高电平时进行读操作,低电平时进行写操作。当 RS 和 R/W 共同为低电平时可以写入指令或显示地址;当 RS 为低电平,R/W 为高电平时,可以读忙信号;当 RS 为高电平,R/W 为低电平时,可以写入数据。
- 引脚 6:E 端为使能端,当 E 端由高电平跳变为低电平时,液晶模块执行命令。
- 引脚 7～14:D0～D7 为 8 位双向数据线。
- 引脚 15:背光源正极。
- 引脚 16:背光源负极。

4) LCD1602 的指令说明及时序

LCD1602 液晶模块内部的控制器共有 11 条控制指令,见表 2-11。

LCD1602 液晶模块的读/写操作、显示屏和光标的操作都是通过指令编程来实现的(其中,1 为高电平,0 为低电平),分别介绍如下。

表 2-11　控制指令表

序号	指　令	RS	R/W	D7	D6	D5	D4	D3	D2	D1	D0
1	清屏	0	0	0	0	0	0	0	0	0	1
2	光标复位	0	0	0	0	0	0	0	0	1	×
3	输入方式设置	0	0	0	0	0	0	0	1	I/D	S

续表

序号	指　　令	RS	R/W	D7	D6	D5	D4	D3	D2	D1	D0
4	显示开关控制	0	0	0	0	0	0	1	D	C	B
5	光标或字符移位控制	0	0	0	0	0	1	S/C	R/L	×	×
6	功能设置	0	0	0	0	1	DL	N	F	×	×
7	字符发生存储器地址设置	0	0	0	1	字符发生存储器地址					
8	数据存储器地址设置	0	0	1	显示数据存储器地址						
9	读忙标志或地址	0	1	BF	计数器地址						
10	写入数据至 CGRAM 或 DDRAM	1	0	要写入的数据内容							
11	从 CGRAM 或 DDRAM 中读取数据	1	1	读取的数据内容							

(1) 指令 1:清屏。指令码 01H,光标复位到地址 00H。

(2) 指令 2:光标复位。光标复位到地址 00H。

(3) 指令 3:输入方式设置。其中,I/D 表示光标的移动方向,高电平右移,低电平左移;S 表示显示屏上所有文字是否左移或右移,高电平表示有效,低电平表示无效。

(4) 指令 4:显示开关控制。其中,D 用于控制整体显示的开与关,高电平表示开显示,低电平表示关显示;C 用于控制光标的开与关,高电平表示有光标,低电平表示无光标;B 用于控制光标是否闪烁,高电平闪烁,低电平不闪烁。

(5) 指令 5:光标或字符移位控制。其中,S/C 表示在高电平时移动显示的文字,低电平时移动光标。

(6) 指令 6:功能设置命令。其中,DL 表示在高电平时为 4 位总线,低电平时为 8 位总线;N 表示在低电平时为单行显示,高电平时双行显示;F 表示在低电平时显示 5×7 的点阵字符,高电平时显示 5×10 的点阵字符。

(7) 指令 7:字符发生器 RAM 地址设置。

(8) 指令 8:DDRAM 地址设置。

(9) 指令 9:读忙信号和光标地址。其中,BF 为忙标志位,高电平表示忙,此时模块不能接收命令或数据,如果为低电平则表示不忙。

(10) 指令 10:写数据。

(11) 指令 11:读数据。

HD44780 相兼容的芯片时序表见表 2-12。

表 2-12　控制芯片时序

	输　　入	输　　出
读状态	RS=L,R/W=H,E=H	D0～D7=状态字
写指令	RS=L,R/W=L,D0～D7=指令码,E=高脉冲	无
读数据	RS=H,R/W=H,E=H	D0～D7=数据
写数据	RS=H,R/W=L,D0～D7=数据,E=高脉冲	无

对应的读/写操作时序如图 2-64 和图 2-65 所示。

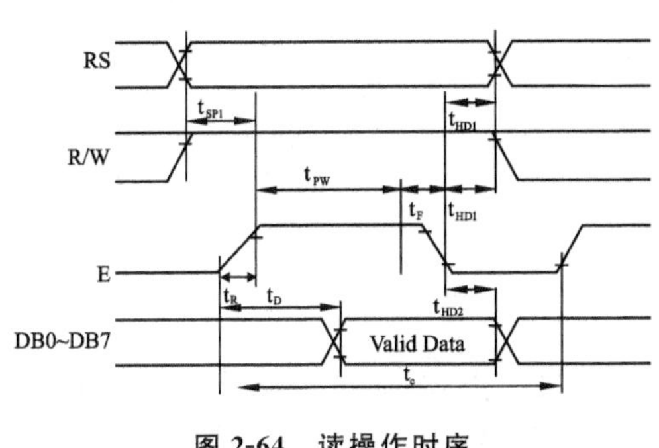

图 2-64　读操作时序

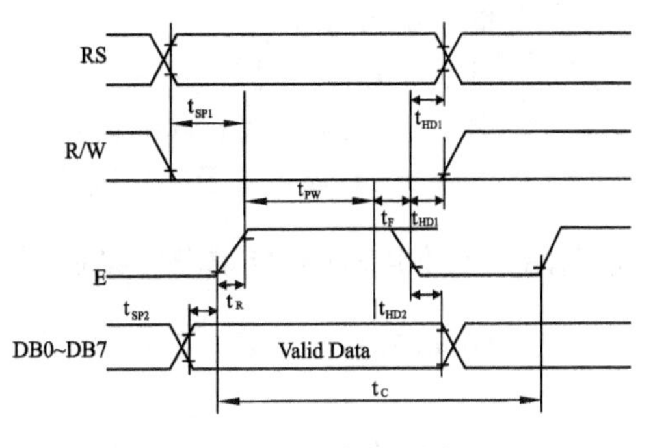

图 2-65　写操作时序

与之对应的 RAM 地址映射表如图 2-66 所示。

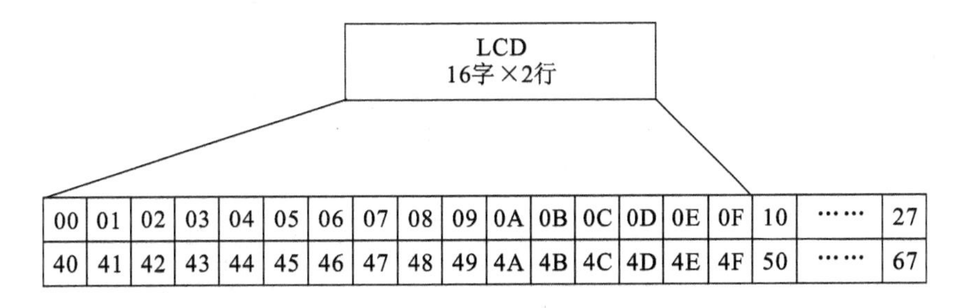

00	01	02	03	04	05	06	07	08	09	0A	0B	0C	0D	0E	0F	10	……	27
40	41	42	43	44	45	46	47	48	49	4A	4B	4C	4D	4E	4F	50	……	67

图 2-66　RAM 地址映射表

液晶显示模块是一个慢显示器件，所以在执行每条指令之前一定要确认模块的忙标志为低电平（表示不忙），否则此指令失效。要显示字符时应先输入显示字符的地址，也就是告诉模块显示哪里的字符。例如，在图 2-66 中第二行第一个字符的地址是 40H，那么是否直接写入 40H 就可以将光标定位在第二行第一个字符的位置呢？这样是不行的，因为写入显示地址时要求最高位 D7 恒定为高电平，所以实际写入的数据应该是 01000000B(40H)＋10000000B(80H) ＝ 11000000B(C0H)。在对液晶模块的初始化过程中要先设置其显示模式，在液晶模块显示字符时光标是自动右移的，无须人工干预。每次输入指令前都要判断液晶模块是否处于忙的状态。

LCD1602 液晶模块内部的字符发生存储器(CGROM)中已经存储了 160 个不同的点阵字符图形，如图 2-67 所示。这些字符包括阿拉伯数字、英文字母的大小写、常用的符号和日文假名等，每一个字符都有一个固定的代码。例如，大写的英文字母“A”的代码是 01000001B(41H)。显示时液晶模块将地址 41H 中的点阵字符图形显示出来，这样就显示出了字母“A”。

↙	0000	0001	0010	0011	0100	0101	0110	0111	1000	1001	1010	1011	1100	1101	1110	1111
xxxx0000	CG RAM (1)			0	@	P	`	p				ー	タ	ミ	α	p
xxxx0001	(2)		!	1	A	Q	a	q			。	ア	チ	ム	ä	q
xxxx0010	(3)		"	2	B	R	b	r			「	イ	ツ	メ	β	θ
xxxx0011	(4)		#	3	C	S	c	s			」	ウ	テ	モ	ε	∞
xxxx0100	(5)		$	4	D	T	d	t			、	エ	ト	ヤ	μ	Ω
xxxx0101	(6)		%	5	E	U	e	u			・	オ	ナ	ユ	σ	ü
xxxx0110	(7)		&	6	F	V	f	v			ヲ	カ	ニ	ヨ	ρ	Σ
xxxx0111	(8)		'	7	G	W	g	w			ァ	キ	ヌ	ラ	g	π
xxxx1000	(1)		(	8	H	X	h	x			ィ	ク	ネ	リ	√	x̄
xxxx1001	(2)		)	9	I	Y	i	y			ゥ	ケ	ノ	ル	⁻¹	y
xxxx1010	(3)		*	:	J	Z	j	z			ェ	コ	ハ	レ	j	千
xxxx1011	(4)		+	;	K	[	k	{			ォ	サ	ヒ	ロ	ˣ	万
xxxx1100	(5)		,	<	L	¥	l	|			ャ	シ	フ	ワ	¢	円
xxxx1101	(6)		-	=	M	]	m	}			ュ	ス	ヘ	ン	£	÷
xxxx1110	(7)		.	>	N	^	n	→			ョ	セ	ホ	゛	ñ	
xxxx1111	(8)		/	?	O	_	o	←			ッ	ソ	マ	゜	ö	█

图 2-67　字符代码与图形对应图

5) LCD1602 液晶屏的一般初始化(复位)过程

按照常规编程操作，LCD1602 液晶屏的一般初始化步骤如下。

(1) 延时 10 ms，写指令 38H(不检测忙信号)。

(2) 之后每次写指令、读/写数据操作均需要检测忙信号。

(3) 写指令 08H：显示关闭。

(4) 写指令 01H：显示清屏。

(5) 写指令 38H：显示模式设置。

(6) 写指令 06H：显示光标移动设置。

(7) 写指令 0CH：显示开及光标设置。

三、电路原理(电路图、仿真图、实物图)

1. LCD1602 液晶显示器与单片机连线原理图

LCD1602 与 51 系列单片机的连接一般采用并行接口方式，如图 2-68 所示。在其电路中，P0 输出控制命令或显示数据信号；P2.2 为液晶屏提供使能信号；P2.1 提供读/写信号；P2.0 则决定 P1 输出的是命令还是数据信号；VEE 可以调整液晶屏的对比度，改变电位器则可改变液晶屏的对比度，使之显示效果最优；VCC 与 VSS 为液晶屏背光源供电端，改变 W1 阻值的大小，可以调整背光亮度。

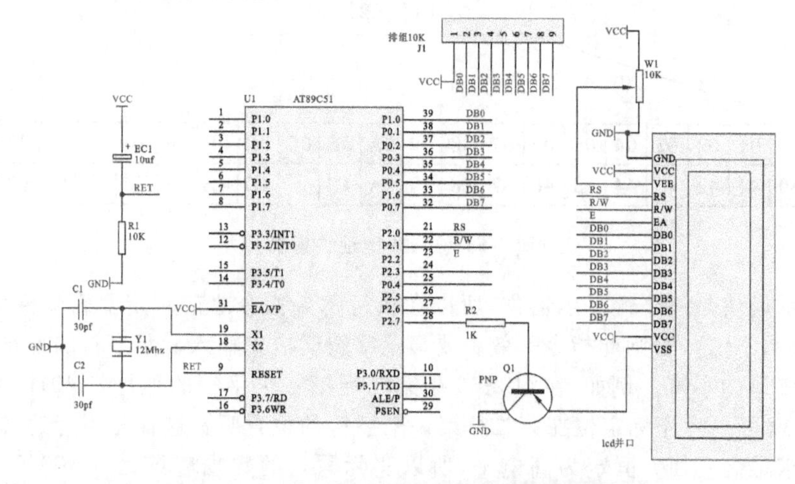

图 2-68　LCD1602 液晶显示器典型连接原理图

2. LCD1602 液晶显示器仿真电路图

如图 2-69 所示，单片机的 P0 端口与 LCD1602 的八位数据端口 D0～D7 相连，P2.0、P2.1、P2.2 分别与 RS、R/W、E 控制端口连接，编程实现数字时钟的显示效果。图 2-70 与图 2-71 为实物制作图。

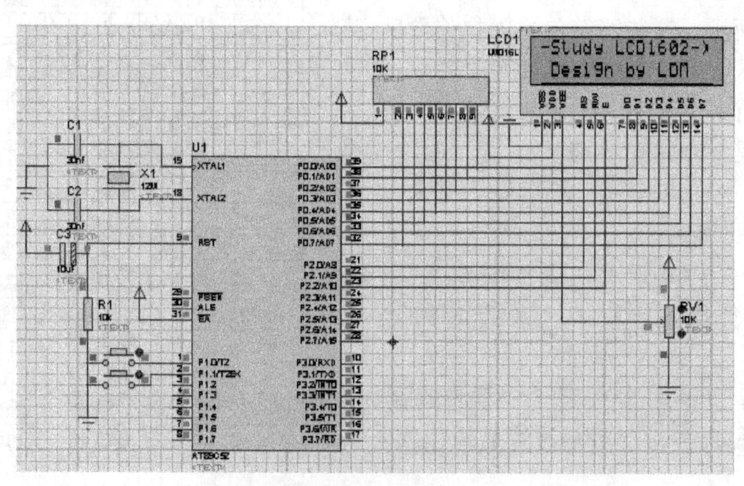

图 2-69　仿真电路及程序执行状况

图 2-70　实物制作图(正面)

图 2-71　实物制作图(背面)

四、程序代码

实例程序流程图如图 2-72 所示。由该图可知液晶显示器(LCD)的显示过程还是比较清晰的。

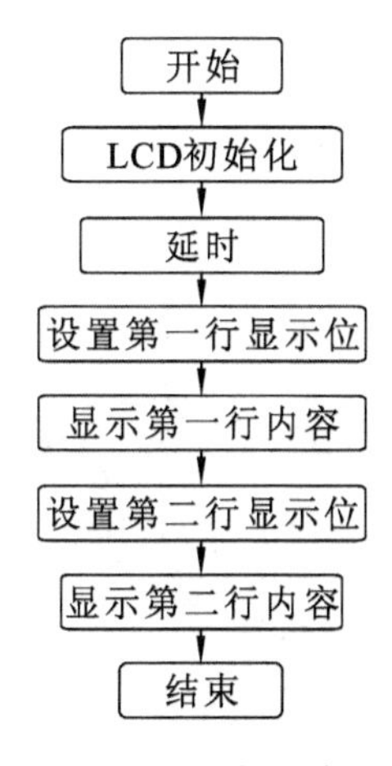

图 2-72　LCD 程序设计流程图

下面是使用 C51 语言编写的基于 LCD1602 显示器的单片机数字钟程序。

```
#include<AT89X51.H>
#define LCD_DATA  P0
sbit RS=P2^0;
sbit RW=P2^1;
sbit LCDE=P2^2;
//1PIN--GND  2PIN--VCC  3PIN--VO  4PIN--RS  5PIN--RW  6PIN--E
//7-14PIN--DB0-DB7  15PIN--K  16PIN--A
unsigned char m,miao,fen=12,shi=10;
unsigned char line1[16]={"  BEIJING TIME   "};
unsigned char line2[16]={"04-1-14   :  :   "};
unsigned char line3[16]={"-Study LCD1602-)"};
unsigned char line4[16]={" Design by LDM   "};
unsigned char tab[]={'0','1','2','3','4','5','6','7','8','9'};
void Delayms(unsigned int t)
{
   unsigned int i,j;
```

```
    for(i=t;i>0;i--)
      for(j=200;j>0;j--);
}
void wr_com(unsigned char comm)//写命令控制字符程序,E=1,RS=0,RW=0
{
      LCDE=0;
      RS=0;     //RS寄存器选择输入端,当RS=0时,进行写模块操作,指向指令寄存器
      RW=0;
      LCDE=1;
      LCD_DATA=comm;
      LCDE=0;
}
void wr_data(unsigned char dat)  //写数据寄存器程序,E=1,RS=1,RW=0
{
      LCDE=0;
      RW=0;
      RS=1;                      //RS=1,无论是读操作还是写操作,都是指向数据寄存器
      LCDE=1;
      LCD_DATA=dat;
      LCDE=0;
}
unsigned char rd_bf(void)        //***** 忙状态检查*******//
{
      unsigned char bflag;
      LCDE=0;
      RS=0;
      RW=1;                              //读寄存器
      LCDE=1;
      bflag=LCD_DATA&0x80;
      LCDE=0;
      return(bflag);
}
void Init_1602(void)                     //初始化程序
{
    wr_com(0x38);                        //显示模式设置
    Delayms(10);
    wr_com(0x01);                        //清屏
    Delayms(10);
    wr_com(0x06);                        //光标移动设置
    Delayms(10);
    wr_com(0x38);                //显示模式设置
    Delayms(10);
    wr_com(0x0c);                //显示开
}
void display_1602(void)
```

```
{
      unsigned char i;
      wr_com(0x80);          //第一行显示地址
      Delayms(1);
      for(i=0;i<16;i++)
      {
          wr_data(line1[i]);          //display
          Delayms(1);
          while(rd_bf());
      }
      wr_com(0xc0);                    //第二行显示地址       Delayms(1);
      for(i=0;i<16;i++)
      {
          wr_data(line2[i]);        //display
          Delayms(1);
          while(rd_bf());
      }
}
//*************
void main()
{
    TMOD=0X01;
    TH0=0X3C;
    TL0=0X0B0;                            //12 MHz 晶振,初始化 50 ms
    EA=1;
    ET0=1;
    TR0=1;
    //******************
    Init_1602();
    while(1)
    {
      line2[15]=tab[miao%10];line2[14]=tab[miao/10];
      line2[12]=tab[fen%10];line2[11]=tab[fen/10];
      line2[9]=tab[shi%10];line2[8]=tab[shi/10];
      Delayms(5);
      display_1602();
    }
}
void t0(void)interrupt 1 using 0
{
TH0=0X3C;
TL0=0X0B0;
m++;
if(m==20)                              //20×50ms=1s
{
```

```
        m=0;
        miao=miao+1;
        if(miao==60){miao=0;fen=fen+1;}
        if(fen==60){fen=0;shi=shi+1;}
        if(shi==24){shi=0;}
      }
   }
```

由以上 C 语言程序实现的数字钟实物如图 2-73 所示。

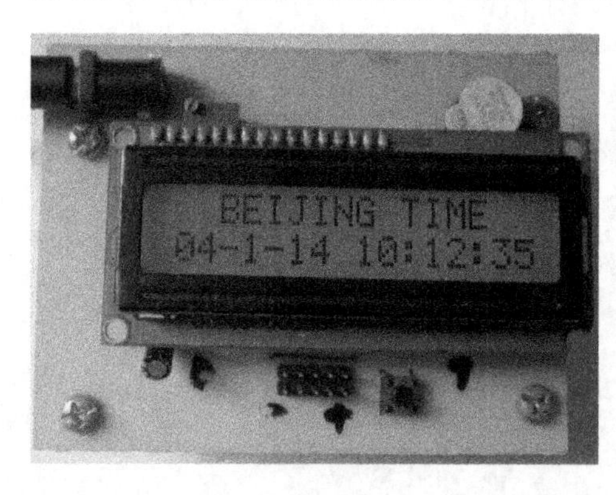

(a)

(b)

图 2-73　LCD1602 数字钟实物图

五、制作体会

(1) 在实际硬件电路中一般要加背光控制电路，以增加显示亮度，不然即使是在白天其显示效果也不好，需要近距离观察才能看清楚显示内容。

(2) LCD1602 的第一行首位地址是 0x80，地址值依次递增 1，依次为 0x81，0x82，…，0x8F；第二行首位地址是 0xC0，地址值依次递增 1，依次为 0xC1，0xC2，…，0xCF。

(3) 图 2-69 所示电路中的 RV1 可调电阻是不能去掉的，其作用是调整液晶屏的对比度，改变电位器即可改变液晶屏的对比度，使其显示效果最优。

(4) 以上程序中没有加入通过按键调整设计的功能，留给读者来将程序完善。

2.10　液晶显示器 LCD12864

一、目的要求

本实验实训要求利用单片机控制带中文字库的液晶显示器 LCD12864 来显示 ASCII 字符、字符串、整数、浮点数和图像等信息，分别编写可实现各个显示功能的程序。

二、基本知识

1. LCD12864 分类

LCD12864 液晶显示器根据其控制器的不同可分为以下几类。

(1) ST7920 类　这种控制器带中文字库，为用户免除了编制字库的麻烦，该控制器的液晶还支持画图方式。该类液晶支持 68 时序 8 位和 4 位并行口及串行口。

(2) KS0108 类　这种控制器指令简单，不带字库。它支持 68 时序 8 位并行口。

(3) T6963C 类　这种控制器功能强大，带西文字库(包括阿拉伯数字、符号、英文字符等)。它支持文本和图形两种显示方式，有文本和图形两个图层，并且支持两个图层的叠加显示，支持 80 时序 8 位并行口。

(4) COG 类　常见的控制器有 S6B0724 和 ST7565，这两个控制器指令兼容。它支持 68 时序 8 位并行口，80 时序 8 位并行口和串行口。COG 类液晶的特点是结构轻便、成本低。

注意:68 时序和 80 时序的主要区别在于读/写信号的控制上。68 时序控制信号包括一个 Enable 信号和一根 R/W(读/写)线，读/写线在高电平时读数据，低电平时写数据。80 时序控制信号包括一个 WR 写信号和一个 RD 读信号。这两种时序都可以用 I/O 口很方便地实现模拟时序。

2. 带中文字库的 LCD12864 概述

带中文字库的 LCD12864 是一种具有 4 位/8 位并行、2 线或 3 线串行等多种接口方式，内部含有国标一级、二级简体中文字库的点阵图形液晶显示模块。其显示分辨率为 128×64，内置 8192 个 16×16 点汉字，以及 128 个 16×8 点 ASCII 字符集。利用该模块灵活的接口方式和简单、方便的操作指令，可构成全中文人机交互图形界面。它既可以显示 8×4 行 16×16 点阵的汉字，也可以实现图形显示。由该模块构成的液晶显示方案与同类型的图形点阵液晶显示模块相比，不论硬件电路结构或显示程序都要简洁得多，并且该模块的价格也略低于相同点阵的图形液晶模块。另外，低电压、低功耗是其又一显著特点。

3. LCD12864 液晶显示器件简介

1) 外形尺寸

下面以国内某公司的 LCD12864 字符型液晶显示器为例进行说明。多数带中文字库的 LCD12864 字符型液晶显示器实物外形如图 2-74 所示，外形尺寸如图 2-75 所示，其详细的尺寸说明见表 2-13。

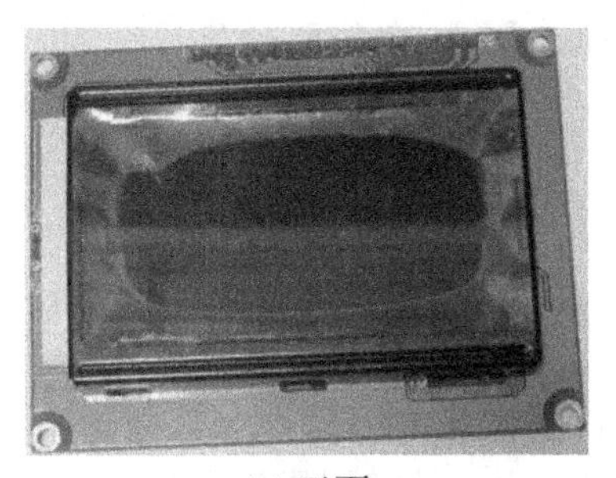

(a) 正面

(b) 背面

图 2-74　LCD12864 液晶显示器正、背面实物图

表 2-13　液晶显示器尺寸说明

项　目	尺　寸	单　位
模块体积	93×70×13	mm
视域	73×40	mm
行列点阵数	128×64	dots
点距离	0.52×0.52	mm
点大小	0.48×0.48	mm

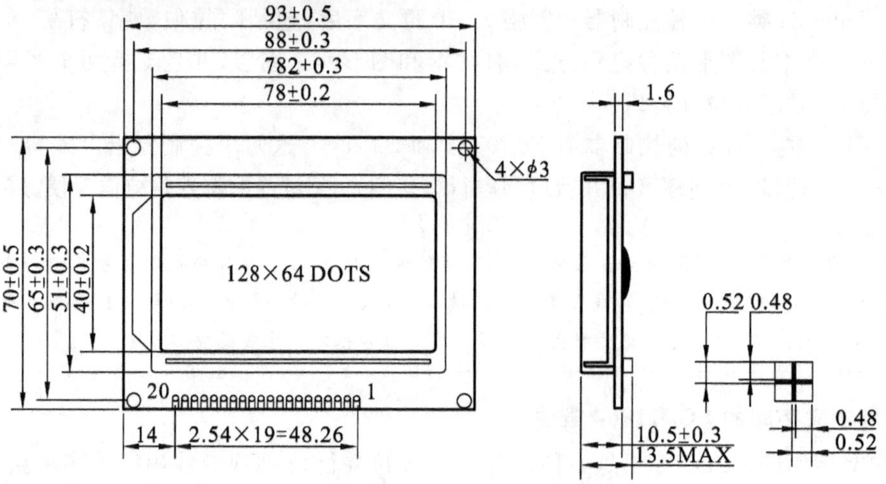

图 2-75　LCD12864 液晶显示器尺寸图(单位:mm)

2) LCD12864 主要技术参数和基本特性

(1) 低电源电压 VDD 为 3.0～5.5 V。

(2) 显示分辨率为 128×64 点。

(3) 内置汉字字库,提供 8192 个 16×16 点阵汉字(简繁体可选)。

(4) 内置 128 个 16×8 点阵字符。

(5) 时钟频率为 2 MHz。

(6) 显示方式为 STN。

(7) 驱动芯片为 ST7920/ST7921,背光可选择黄色背光或蓝色背光,字体可选择黑色字体或白色字体。

(8) 视角方向为 6 点钟直视。

(9) 背光方式为侧部高亮白色 LED,功耗仅为普通 LED 的 1/5～1/10。

(10) 通信方式为串行、并行可选。

(11) 内置 DC-DC 转换电路,无须外加负压。

(12) 无须片选信号,简化软件设计。

(13) 工作温度为 0～55 ℃,存储温度为－20～60 ℃。

3) 引脚功能说明

LCD12864 采用标准的 20 脚接口,根据其数据传输模式的不同可分为并行接口和串行接口两种引脚功能定义。并行接口引脚定义见表 2-14,串行接口引脚定义见表 2-15。

表 2-14　并行接口引脚功能说明

管脚号	管脚名称	电　平	管脚功能描述
1	VSS	0 V	电源地
2	VCC	3.0～5.0 V	电源正
3	V0	—	对比度(亮度)调整①
4	RS(CS)	H/L	RS＝H,DB7～DB0＝数据;RS＝L,DB7～DB0＝指令码
5	R/W(SID)	H/L	R/W＝H,E＝H,数据被读入至 DB7～DB0 R/W＝L,E＝H→L, DB7～DB0 的数据被写入 IR 或 DR②

管脚号	管脚名称	电　平	管脚功能描述
6	E(SCLK)	H/L	使能信号[3]
7-14	DB0～DB7	H/L	三态数据线
15	PSB	H/L	PSB＝H 时为 8 位或 4 位并行口方式，PSB＝L 时为串行口方式[4]
16	NC	—	空脚
17	$\overline{\text{RESET}}$	H/L	复位端，低电平有效[5]
18	VOUT	—	LCD 驱动电压输出端
19	A	VDD	背光源正端(＋5 V)[6]
20	K	VSS	背光源负端[6]

表 2-15　串行接口引脚功能说明

管脚号	管脚名称	电　平	管脚功能描述
1	VSS	0 V	电源地
2	VCC	3.0～5.0 V	电源正
3	V0	—	对比度(亮度)调整
4	CS	H/L	片选端，高电平有效
5	SID	H/L	串行数据输入端
6	SCLK	H/L	串行同步时钟
15	PSB	H/L	PSB＝H 时为 8 位或 4 位并行口方式，PSB＝L 时为串行口方式[4]
17	$\overline{\text{RESET}}$	H/L	复位端，低电平有效[5]
19	A	VDD	背光源正端(＋5 V)[6]
20	K	VSS	背光源负端[6]

注：① V0 为液晶显示器对比度调整端，接正电源时对比度最弱，接地时对比度最高，对比度过高时会产生“鬼影”现象，使用时可以通过连接一个 10 kΩ 的电位器调整对比度。

② R/W 为读/写信号线，高电平时进行读操作，低电平时进行写操作。当 RS 和 R/W 共同为低电平时可以写入指令或显示地址，当 RS 为低电平且 R/W 为高电平时可以读忙信号，当 RS 为高电平且 R/W 为低电平时可以写入数据。

③ E 端为使能端，当 E 端由高电平跳变为低电平时，液晶模块执行命令。

④ 如果在实际应用中仅使用并行口通信模式，可将 PSB 接固定高电平，也可以将模块上的 J8 和 VCC 用焊锡短接。

⑤ 模块内部接有上电复位电路，因此在不需要经常复位的场合可将该端悬空。

⑥ 如果背光和模块共用一个电源，可以将模块上的 JA、JK 用焊锡短接。

4）控制器并行接口信号说明

(1) RS，R/W 的配合选择决定控制界面的 4 种模式，见表 2-16。

表 2-16　RS，R/W 的配合选择说明

RS	R/W	功 能 说 明
L	L	MCU 写指令到指令暂存器(IR)
L	H	读出忙标志(BF)及地址计数器(AC)的状态
H	L	MCU 写入数据到数据暂存器(DR)
H	H	MCU 从数据暂存器(DR)中读出数据

(2) E 信号。E 信号的相关说明见表 2-17。

表 2-17　E 信号的说明

E 状态	执行动作	结　果
高→低	I/O 缓冲→DR	配合/W 进行写数据或指令
高	DR→I/O 缓冲	配合 R 进行读数据或指令
低/低→高	无动作	

(3) 忙标志(BF)。BF 标志用于提供模块内部的工作情况。BF=1 时,表示模块在进行内部操作,此时模块不接受外部指令和数据;BF=0 时,模块为准备状态,随时可接收外部指令和数据。利用 STATUS RD 指令,可以将 BF 读到 DB7 总线,从而检验模块的工作状态。

(4) 字形产生只读存储器(CGROM)。字形产生只读存储器(CGROM)提供 8192 个中文汉字(16×16),也就是说能显示 4 行,每行 8 个汉字。这些汉字通过 GB 中文字形码表寻址。

(5) 显示数据随机存储器(DDRAM)。模块内部显示数据随机存储器提供 64×2 个位元组的空间,最多可控制 4 行,每行 16 字(共 64 个字)的中文字形显示。当写入显示数据随机存储器时,可分别显示 CGROM 与 CGRAM 的字形。此模块可显示三种字形,分别是半角英数字形(16×8)、CGRAM 字形及 CGROM 的中文字形。由在 DDRAM 中写入的编码选择使用哪种字形,在 0000H～0006H 的编码中(其代码分别是 0000H、0002H、0004H 和 0006H 共 4 个)将选择 CGRAM 的自定义字形,02H～7FH 的编码中将选择半角英数字的字形,至于 A1H 以上的编码将自动结合下一个位元组,组成两个位元组编码形成的中文字形的编码 BIG5(A140H～D75FH),GB(A1A0H～F7FFH)。

(6) 字形产生随机存储器(CGRAM)。字形产生随机存储器可提供图像定义(造字)功能,它可以提供四组 16×16 点的自定义图像空间,使用者可以将内部字形中没有提供的图像字形自行定义到 CGRAM 中,便可与 CGROM 中定义的字形一样通过 DDRAM 显示在屏幕中。

(7) 地址计数器(AC)。地址计数器用来存储 DDRAM/CGRAM 的地址,它可通过设定指令暂存器来改变,之后只要读取或是写入 DDRAM/CGRAM 的值时,地址计数器的值就会自动加 1,当 RS 值为"0"时而 R/W 值为"1"时,地址计数器的值会被读取到 DB6～DB0 中。

(8) 光标/闪烁控制电路。此模块提供硬件光标及闪烁控制电路,由地址计数器的值来指定 DDRAM 中的光标或闪烁位置。

5) LCD12864 的指令说明

LCD12864 控制芯片提供两套控制命令,即基本指令和扩充指令,见表 2-18 和表 2-19。

表 2-18　指令表 1(RE=0,基本指令)

序　号	指　　令	RS	R/W	D7	D6	D5	D4	D3	D2	D1	D0
1	清屏	0	0	0	0	0	0	0	0	0	1
2	光标复位	0	0	0	0	0	0	0	0	1	×
3	输入方式设置	0	0	0	0	0	0	0	1	I/D	S
4	显示开关控制	0	0	0	0	0	0	1	D	C	B
5	光标或字符移位控制	0	0	0	0	0	1	S/C	R/L	×	×

续表

序号	指令	RS	R/W	D7	D6	D5	D4	D3	D2	D1	D0
6	功能设置	0	0	0	0	1	DL	×	RE	×	×
7	CGRAM 地址设置	0	0	0	1	设置 CGRAM 地址					
8	DDRAM 地址设置	0	0	1	设置 DDRAM 地址(显示地址)						
9	读忙标志或地址	0	1	BF	计数器地址						
10	写数据到 RAM	1	0	要写入的数据内容							
11	读出 RAM 的值	1	1	读出的数据内容							

表 2-19　指令表 2(RE=1,扩充指令)

序号	指令	RS	R/W	D7	D6	D5	D4	D3	D2	D1	D0
12	待命模式	0	0	0	0	0	0	0	0	0	1
13	卷动地址开关开启	0	0	0	0	0	0	0	0	1	SR
14	反白选择	0	0	0	0	0	0	0	1	R1	R0
15	睡眠模式	0	0	0	0	0	0	1	SL	×	×
16	扩充功能设置	0	0	0	0	1	CL	×	RE	G	0
17	设置卷动地址	0	0	0	1	AC5	AC4	AC3	AC2	AC1	AC0
18	设置绘图 RAM 地址	0	0	1	0 AC6	0 AC5	0 AC4	AC3 AC3	AC2 AC2	AC1 AC1	AC0 AC0

LCD12864 液晶模块的读/写操作、显示屏和光标的操作都是通过指令编程来实现的(其中,1 表示高电平,0 表示低电平),其基本指令的说明如下。

(1) 指令 1:清除显示屏。将 DDRAM 地址计数器调整为"00H"。

(2) 指令 2:光标复位。设置 DDRAM 的地址计数器为"00H",并且将光标移动至开头原点位置,这个指令不改变 DDRAM 的内容。

(3) 指令 3:输入方式设置。该指令用于在数据的读取与写入时,设置游标的移动方向及指定显示的移位。其中,I/D 表示光标的移动方向,高电平右移,低电平左移;S 表示显示屏上所有文字是否左移或右移,高电平表示有效,低电平表示无效。

(4) 指令 4:显示开关控制。其中,D 用于控制整体显示的开与关,高电平表示开显示,低电平表示关显示;C 用于控制光标的开与关,高电平表示有光标,低电平表示无光标;B 用于控制光标是否闪烁,高电平闪烁,低电平不闪烁。

(5) 指令 5:光标或字符移位控制。其中,S/C 表示在高电平时移动显示的文字,低电平时移动光标;R/L 用于控制光标左移或右移。这个指令不改变 DDRAM 的内容。

(6) 指令 6:功能设置命令。其中,DL 表示在高电平时为 8 位总线,低电平时为 4 位总线;RE=1 时为扩充指令操作,RE=0 时为基本指令操作。

(7) 指令 7:设置 CGRAM 地址。

(8) 指令 8:设置 DDRAM 地址。第一行为 80H~87H,第二行为 90H~97H,第三行为 88H~8FH,第四行为 98H~9FH。

(9) 指令 9:读忙标志或地址。其中,BF 为忙标志位,高电平表示忙,此时模块不能接收命令或者数据,如果为低电平则表示不忙。同时可以读出地址计数器的值。

(10) 指令 10:将数据 D7～D0 写入到内部的 RAM (DDRAM/CGRAM/IRAM/GRAM)中。

(11) 指令 11:从内部 RAM 读取数据至 D7～D0(DDRAM/CGRAM/IRAM/GRAM)中。

注意:(1) 控制芯片在接受指令前,微处理器必须先确认其内部应处于非忙碌状态,即读取 BF 标志时,BF 值需为 0 时方可接受新的指令。如果在送出一条指令前并不检查 BF 标志,那么在前一条指令与这条指令之间必须延长一段较长的时间,即等待前一条指令确实已经执行完成。

(2) RE 为基本指令与扩充指令的选择控制位。当改变 RE 时,之后的指令将维持在最后的状态,除非再次改变 RE 位,否则使用相同的指令集时,不需要每次都重设 RE 位。

扩充指令的说明如下。

(1) 指令 12:待命模式。进入待命模式,执行任何其他指令都可以终止待命模式。

(2) 指令 13:卷动地址开关开启。SR=1 时允许输入垂直卷动地址,SR=0 时允许输入 IRAM 和 CGRAM 地址。

(3) 指令 14:反白选择。选择 4 行中的任一行进行反白显示,并可决定反白与否。第一次设置为反白显示,再次设置,变回正常显示。

(4) 指令 15:睡眠模式。SL=0 时进入睡眠模式,SL=1 时脱离睡眠模式。

(5) 指令 16:扩充功能设置。CL=0 或 1 表示 4 位或 8 位数据控制模式;RE=1 时为扩充指令操作,RE=0 时为基本指令操作;G=1 或 0 表示绘图开或关。

(6) 指令 17:设置卷动地址。SR=1 时,AC5～AC0 为垂直卷动地址。

(7) 指令 18:设置绘图 RAM 地址。先设置垂直(列)地址 AC6AC5AC4AC3AC2AC1AC0,再设置水平(行)地址 AC3AC2AC1AC0,将以上 16 位地址连续写入即可。

6) LCD12864 的并行接口读/写控制时序图

LCD12864 并行接口读/写控制时序见表 2-20,以及图 2-76 和图 2-77。

表 2-20　并行接口控制时序表

	输　　入	输　　出
读状态	RS=L,R/W=H,E=H 或高脉冲	D0～D7=状态字
写指令	RS=L,R/W=L,DB0～DB7=指令码,E=高脉冲	无
读数据	RS=H,R/W=H,E=H 或高脉冲	D0～D7=数据
写数据	RS=H,R/W=L,DB0～DB7=数据,E=高脉冲	无

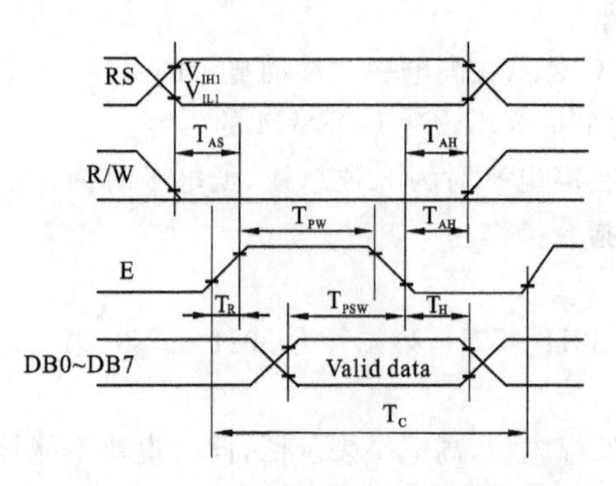

图 2-76　MCU 写操作时序图(8 位并行模式)

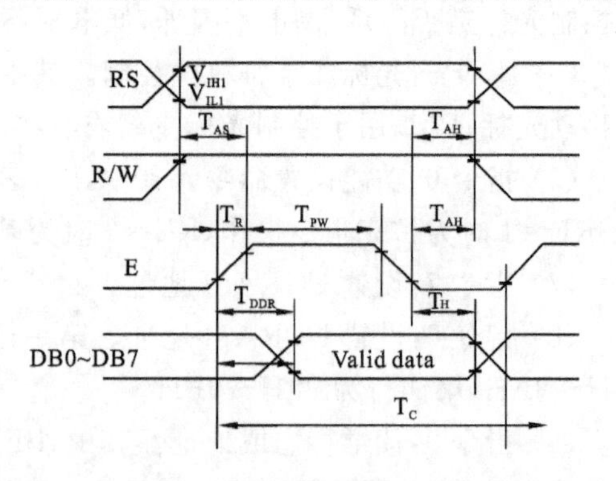

图 2-77　MCU 读操作时序图(8 位并行模式)

7）LCD12864 的串行接口读/写控制时序图

当 PSB 引脚接低电平时，液晶模块将进入串行传输模式，串行模式下将使用两条传输线用于串行数据的传输，主控系统将配合同步脉冲（SCLK）和数据线（SID）来完成串行数据的传输。当同时驱动多个模块时，需要配合 CS 引脚使用。CS=1 时，输入的数据才被接收；CS=0 时，模块内部的串行传输计数器和串行数据将被重置。微处理器对液晶模块的控制，只有 SCLK 引脚和 SID 引脚是必需的，CS 引脚可以固定为高电平。如图 2-78 所示为串行写操作时序图。

液晶模块的串行时钟（SCLK）是由 MCU 内部产生的异步时钟。因为模块内部没有缓冲区，当有连续多个指令需要传输时，要考虑指令的执行时间，必须保证第一条指令完全执行后，才能传输下一资料。串行数据传输共分 3 个字节完成，开始传输时，必须先传输 5 个连续的“1”（同步字符），串行传输计数器将被重置和同步，其次是两位标志位，即读/写位（R/W）和寄存器/数据选择位（RS），最后一位则为“0”。在收到同步字符、R/W 和 RS 位后，每 8 位指令/数据将被分成两个字节发送，高 4 位（DB7～DB4）被放在第一部分，后面跟着 4 个“0”，低 4 位（DB3～DB0）被放在第二部分，后面也跟着 4 个“0”。如图 2-79 所示为串行模式数据传输时序图。

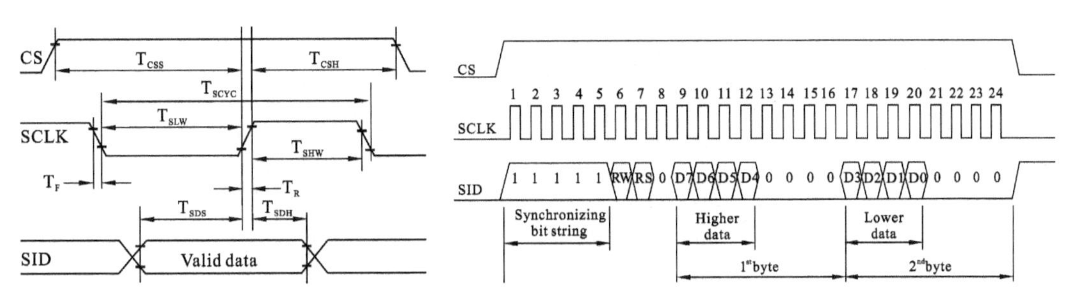

图 2-78 MCU 写操作时序图（串行模式）

图 2-79 串行模式数据传输时序图

8）字符显示

带中文字库的 LCD12864 每屏可显示 4 行 8 列共 32 个 16×16 点阵的汉字，每个显示 RAM 可显示 1 个中文字符或 2 个 16×8 点阵全高 ASCII 码字符，即每屏最多可实现 32 个中文字符或 64 个 ASCII 码字符的显示。液晶模块内部提供 128×2 字节的字符显示 RAM 缓冲区（DDRAM），字符显示是通过将字符显示编码写入该字符显示 RAM 实现的。根据写入内容的不同，可分别在液晶屏上显示 CGROM（中文字库）、HCGROM（ASCII 码字库）及 CGRAM（自定义字形）的内容。三种不同的字符/字形的选择编码范围为：0000H～0006H（其代码分别是 0000H、0002H、0004H、0006H 共 4 个）显示自定义字形，02H～7FH 显示半宽 ASCII 码字符，A1A0H～F7FFH 显示 8192 种 GB2312 中文字库字形。字符显示 RAM 在液晶模块中的地址为 80H～9FH。字符显示的 RAM 的地址与 32 个字符显示区域有着一一对应的关系，其对应关系如表 2-21 所示。

表 2-21 液晶显示地址对应关系表

行　号	显示地址：X 坐标							
Line1	80H	81H	82H	83H	84H	85H	86H	87H
Line2	90H	91H	92H	93H	94H	95H	96H	97H
Line3	88H	89H	8AH	8BH	8CH	8DH	8EH	8FH
Line4	98H	99H	9AH	9BH	9CH	9DH	9EH	9FH

9）图像显示

绘图显示 GDRAM 提供 128×8 个字节的存储空间，在更改绘图 RAM 时，先连续写入水平与垂直的坐标值，再写入两个字节的数据到绘图 RAM，而地址计数器会自动加 1。在写入绘图 RAM 的期间，绘图显示必须关闭。写入绘图 RAM 的具体步骤如下。

(1) 关闭绘图显示功能。

(2) 先设置垂直地址再设置水平地址（连续写入两个字节的资料来完成垂直与水平的坐标地址），垂直地址范围为 AC5～AC0，水平地址范围为 AC3～AC0。

(3) 将 D15～D8 写入 RAM 中，再将 D7～D0 写入 RAM 中。

(4) 打开绘图显示功能。

绘图 RAM 的地址计数器只会对水平地址（X 轴）自动加 1，当水平地址为 0FH 时会重新设置为 00H，但并不会对垂直地址做进位自动加 1，故当连续写入多个数据时，程序需自行判断垂直地址是否需重新设定。GDRAM 的坐标地址与数据排列顺序如图 2-80 所示。

		水平坐标				
		00	01	~	06	07
		D15~D0	D15~D0	~	D15~D0	016~D0
垂直坐标	00					
	01					
	⋮					
	1E					
	1F			128×64点		
	00					
	01					
	⋮					
	1E					
	1F					
		D15~D0	D15~D0	~	D15~D0	D15~D0
		08	09	~	0E	0F

图 2-80　GDRAM 的坐标地址与数据排列顺序

10）LCD12864 液晶显示器的初始化（复位）过程

按照常规编程操作，LCD12864 液晶显示器的一般初始化步骤如下。

(1) 写指令 30H：显示模式设置。

(2) 写指令 08H：显示关闭。

(3) 写指令 01H：显示清屏。

(4) 写指令 06H：显示光标移动设置。

(5) 写指令 0CH：显示开及光标设置。

(6) 延时 100 ms 再进行数据显示操作。

三、电路原理（电路图、实物图）

1. LCD12864 液晶显示器与单片机连线原理图

LCD12864 与 51 系列单片机的连接包括并行接口连接和串行接口连接两种方式，并行接口连接的原理图如图 2-81 所示，串行接口连接的原理图如图 2-82 所示。

并行接口电路中，P0 输出控制命令或显示数据信号；P2.2 为液晶显示器提供使能信号；P2.1 提供读/写信号；P2.0 则决定 P1 输出的是命令还是数据信号；VO 用于液晶显示器对比度的调整，改变电位器则可改变液晶显示器的对比度，使之显示效果最优；PSB 端口接 VCC，使液晶显示器工作在并行接口模式；P2.3 为液晶复位控制端口，低电平复位，平常输入高电平即可；LED＋与 LED－为液晶显示器背光源供电端，可以通过 P2.7 控制是否需要

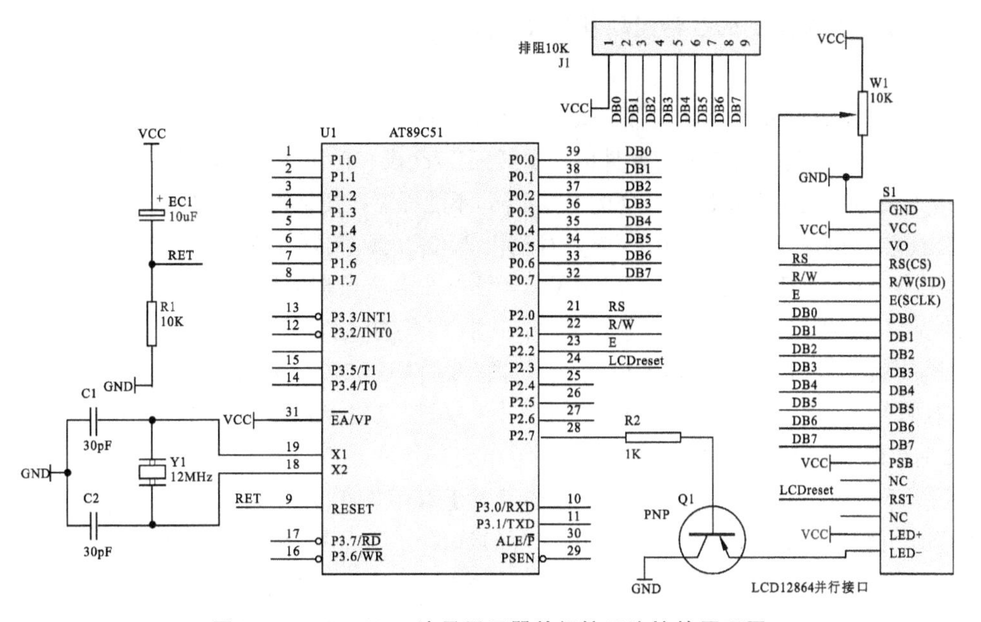

图 2-81　LCD12864 液晶显示器并行接口连接的原理图

背光显示。

串行接口电路图中，DB0～DB7 数据口不用连接；P2.2 为液晶显示器提供同步时钟信号；P2.1 为串行数据接口；P2.0 为片选信号，高电平有效；PSB 端口接 GND，使液晶显示器工作在串行接口模式。

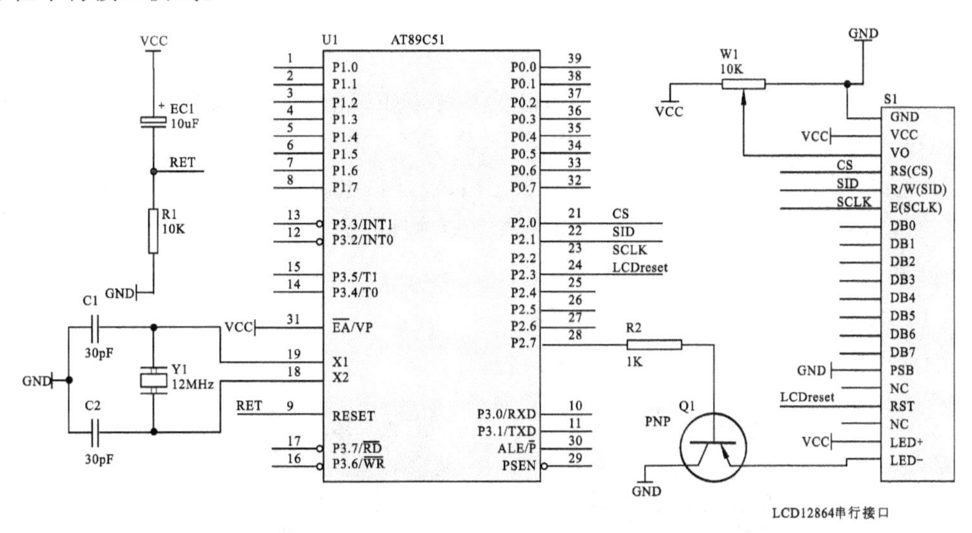

图 2-82　LCD12864 液晶显示器串行接口连接的原理图

注意：VCC 和 GND 是最基本的电源接口，VCC 接 5 V 电源，GND 为逻辑地，有的液晶显示器将其称为 VEE 及 VL，一般接法如图 2-82 所示即可。当 LCD 与单片机接线以及电源都连接完毕以后，需要调节可变电阻的阻值，来确保液晶显示器可以显示，因为只有阻值在特定的位置区域以内液晶才会显示。LED＋和 LED－为液晶显示器的背光电源供电端，不建议直接接在 VCC 和 GND 上，可加小电阻限流，并使用三极管配合普通的 I/O 口来控制背光的亮灭。当然也可以用 DA 输出电压控制，其对亮度的改变更加明显，不过电路的成本会增加。

2. 调试中将会遇到的各种问题及解决方法

1）无任何显示

（1）硬件问题。硬件问题是新手最常碰到的问题。

① 遇到这种情况应首先检查硬件电路图，确定接线没有任何问题。如果使用的是51系列单片机，P0口在使用时一定要加10 kΩ的上拉电阻，不然程序即使是正确的也显示不出来。

② 注意引脚VO的连接方式，它是对比度电位引脚，实际中常采用10 kΩ的可变电阻滑动端连接VO引脚，固定端的一端接VCC，另外一端应根据实际硬件的情况来连接。如果使用的是LCD1602，那么可变电阻的另一端直接接地（GND）就可以了。但是对于LCD12864就应该看其18引脚的标记了，如果18引脚是NC，那么可变电阻的另一端直接接地；如果18引脚是VEE，那么可变电阻的另一端就应该接到18引脚，因为这时的18引脚是负压输出端。根据这点来确定对比度调节电路的接法是否正确。

③ 关于串并行选择的问题。串并行选择对于有字库的LCD12864适用，如果液晶显示器有PSB引脚，那么它支持串并行。串并行的选择由PSB引脚的电位来决定，一般是低电平为串行模式，高电平为并行模式。如果在使用的时候对PSB进行了电位定义但是没有任何显示，那么应该注意一下LCD板上的焊点，尤其是与PSB引脚相连的那些起跳线作用的焊点。因为大多厂家在出厂的时候就预先设置其为并行模式，也就是接到高电位上（VCC）。碰到这种情况时把焊点跳线重新焊接一下，焊接到低电位上就可以了。

（2）软件问题。软件问题一般也就是定义的引脚不对，这种情况常见于初学者，这是由于他们编写程序过程中在参考模板程序时没有修改引脚的定义造成的。这种情况处理起来比较简单，只需要把引脚对应的端口重新定义一下就可以了。

2）显示不清楚

（1）液晶显示器的VO引脚（3脚）的电位不对。如果已按照上面的方法连接了对比度电路，这时只需要调节电位器的旋钮就可以了，最终可以得到满意的对比度。

（2）电源问题。很多人在现成的实验板上做试验时，电源连接计算机的USB口，这种情况容易出现显示不清楚的情况，原因是供电电流不够，因为计算机的USB口为500 mA供电。碰到此类情况，应使用外接电源来解决。

3. LCD12864液晶显示器实物制作图

LCD12864液晶显示器实物如图2-83所示。

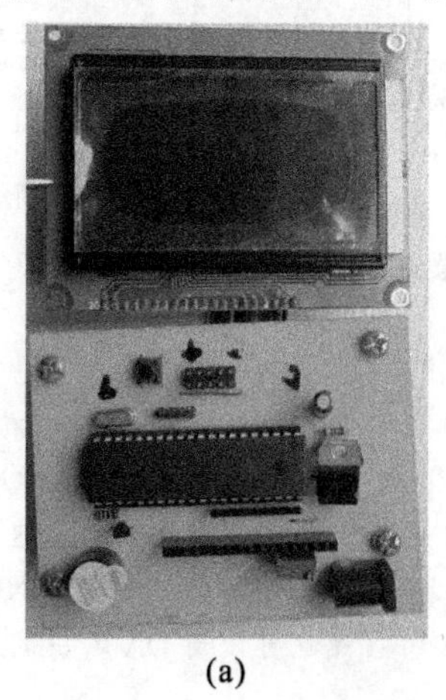

(a)

(b)

图2-83 实物制作图

四、程序代码

根据硬件电路接口方式的不同，程序设计也有所不同，主要是底层驱动模块的设计有区别。为了方便程序的移植及使用，本设计采用模块化设计的方法进行程序编写，把液晶显示功能分成几个功能函数来设计，如液晶初始化、底层读数据和写数据子程序、显示单个字符、显示字符串、显示整型数据、显示浮点型数据等。

以下列出的是使用C51语言编写的基于LCD12864并行接口的显示程序，主要由三个文件组成，即液晶显示模块头文件LCD12864.h、液晶显示器设置文件LCD12864.c、主函数文件main.c等。

1. LCD12864.h

头文件定义了单片机与液晶模块连接的控制管脚，为了方便程序移植，声明了可调用的函数模块。

```
#ifndef _LCD12864_H
#define _LCD12864_H
#include<reg52.h>
#define DAT 1                      //发送数据标志
#define CMD 0                      //发送命令标志
sbit RS_LCD=P2^5;                  //数据或指令选择,高电平为写数据,低电平为写指令
sbit RW_LCD=P2^6;                  //读或写,高电平为读,低电平为写
sbit E_LCD=P2^7;                   //读/写使能
sbit PSB_LCD=P2^3;                 //并行接口控制,连接高电平
sbit backLight_LCD=P2^0;           //背光控制
#define DB_LCD  P0                 //用 P0 口输出数据或指令
/*----Interface Function Prototype-------------------------- */
void  InitLCD(void);
void  DispStr(unsigned char * );
void  DispStrAt(unsigned char * , unsigned char, unsigned char);
void  DispFloatNum(unsigned long ,unsigned char);
void  DispFloatNumAt(unsigned long , unsigned char, unsigned char, unsigned char);
void  DispIntNum(unsigned long ,unsigned char);
void  DispIntNumAt(unsigned long , unsigned char, unsigned char, unsigned char);
void  DispChar(unsigned char);
void  DispCharAt(unsigned char, unsigned char, unsigned char);
unsigned char LCDInfo(void);
unsigned char LCDaddr(void);
void  SetCursorPos(unsigned char x,unsigned char y);
void  SetCursorOn(unsigned char);
void  EraseLCD(void);
unsigned char LCDisBusy(void) ;
void PHO_DISP(const unsigned char *s);
#endif
```

2. LCD12864.c

LCD12864.c程序是对头文件声明函数的实现，按照显示内容的不同进行模块化设计，

主要包括字符串显示、整型数据显示、浮点型数据等，并设计有较好的形参接口，方便函数模块调用。例如，只需要将其中的 SetCursorPos 函数内地址设置修改为 1602 液晶的地址，就可以作为 1602 液晶的驱动程序。

```
#include "LCD12864.h"
void DispStr(unsigned char *pStr)
{
    while(*pStr ! ='\0')
    {
        SendToLCD(*pStr++,DAT);
    }
}
void DispStrAt(unsigned char *pStr, unsigned char x, unsigned char y)
{
    SetCursorPos(x,y);
    DispStr(pStr);
}
void DispIntNum(unsigned long Num,unsigned char Len)
{
    unsigned char i=9;
    unsigned char vec[10]={' ', ' ', ' ', ' ', ' ', ' ', ' ',' ', ' ', ' '};
    vec[9]= '\0';
    do
    {
        vec[--i]=Num% 10+'0';
        Num /=10;
    }
    while(Num);
    Len=9-Len;
    DispStr(vec+Len);
}
void DispIntNumAt(unsigned long Num, unsigned char x, unsigned char y,unsigned
char Len)
{
    SetCursorPos(x,y);
    DispIntNum(Num,Len);
}
void DispFloatNum(unsigned long Num, unsigned char DotPos)
{
    unsigned char i=9;
    unsigned char vec[10];
    vec[9]='\0';
    do
    {
        if (i==9-DotPos && DotPos)
        {
```

```
            vec[--i]='.';
          }
          vec[--i]=Num% 10+'0';
          Num /=10;
      }
      while(Num);
      while(DotPos> =9-i)
      {
          if (DotPos==9-i)
          {
            vec[--i]   ='.';
          }
          vec[--i] ='0';
      }
      DispStr(vec+i);
  }
  void DispFloatNumAt(unsigned long Num, unsigned char x, unsigned char y,
                        unsigned char DotPos)
  {
      SetCursorPos(x, y);
      DispFloatNum(Num, DotPos);
  }
  void DispChar(unsigned char   ch)
  {
    SendToLCD(ch, DAT);
  }
  void DispCharAt(unsigned char ch,unsigned char x, unsigned char y)
  {
      SetCursorPos(x, y);
      SendToLCD(ch, DAT);
  }
/*显示地址设置,对此函数的地址设置修改为 LCD1602 的地址,就可驱动 LCD1602 显示 */
  void SetCursorPos( unsigned char x,  unsigned char y)
  {
      unsigned char addr;
      //addr=0x80+x+y* 8;x:80-87, 90-97, 88-8f, 98-9f
      switch(y) {
        case 0: addr=0x80+x;break;
        case 1: addr=0x90+x;break;
        case 2: addr=0x88+x;break;
        case 3: addr=0x98+x;break;
        default: addr=addr;break;
      }
      SendToLCD(addr, CMD);
    }
```

```
void SetCursorOn(unsigned char On)
{
    if (On)
    {
        SendToLCD(0x0E,CMD);
    }
    else
    {
        SendToLCD(0x0C,CMD);
    }
}
void EraseLCD(void)
{
    SendToLCD(0x01,CMD);
}
/*-------send  data to LCM-------------------------*/
void SendToLCD( unsigned char val, unsigned char flag)
{
    //unsigned char timeout=0x50;
    //while(--timeout);
    while(LCDisBusy());
    RS_LCD=flag;
    RW_LCD=0;
    DB_LCD=val;
    E_LCD=1;
    E_LCD=0;
}
/*-------Intilize LCM-------------------------*/
void InitLCD(void)
{
   SendToLCD(0x30, CMD);  //基本指令动作,8位并行传输模式
   SendToLCD(0x0c, CMD);  //开显示,关游标
   SendToLCD(0x14, CMD);  //光标右移
   SendToLCD(0x06, CMD);  //光标的移动方向
   SendToLCD(0x01,CMD);   //清屏,地址指针指向00H
    EraseLCD();
}
/*-------Get LCM Info-------------------------*/
unsigned char LCDInfo(void)
{
    unsigned char info=0;
    DB_LCD=0xff;
    RS_LCD=0;
    RW_LCD=1;
    E_LCD=1;
```

```
    info=DB_LCD;
    E_LCD=0;
    return info;
}
/*-------return LCM info--------------------------*/
unsigned char LCDisBusy(void)  //返回忙标志
{
    return LCDInfo()&0x80 ;
}
/*-------return cursor's current position----------------*/
unsigned char LCDaddr(void)//返回光标地址
{
    return LCDInfo()|0x80;
}
/*=====================================================
函数功能:向 LCD12864 中写入一幅图片
函数参数:*p 为指向图片数据的指针,LCD_X 为水平显示位置,LCD_Y 为垂直显示位置,
函数将 LCD12864 屏分成上下两屏写入,上半屏 LCD_X= 0x80,下半屏 LCD_X= 0x88
=====================================================*/
    void PHO_DISP(const unsigned char *s)
    {
      unsigned char COUNT3= 0X0,COUNT2=0,COUNT1=0;
      unsigned char  LCD_X=0X80;
      unsigned char LCD_Y;
       for (COUNT3=0;COUNT3<2;COUNT3++)
       {
         LCD_Y=0X80;
         for (COUNT2=0;COUNT2<32;COUNT2++)
         {
          SendToLCD(0x34,CMD);              //扩充指令操作,关闭绘图功能
          SendToLCD(LCD_Y,CMD);             //设定绘图 RAM 地址
          SendToLCD(LCD_X,CMD);
          SendToLCD(0x30,CMD);              //基本指令操作
         for (COUNT1=0;COUNT1<16;COUNT1++)
          {
            SendToLCD(*s++, DAT);//write_dat(*s++);
          }
         LCD_Y+=1;
        }
       LCD_X=0X88;                          //将 x 指向下半屏
       }
    SendToLCD(0x36, CMD);                   //打开绘图功能
    SendToLCD(0x30, CMD);                   //恢复基本指令
    }
```

3. main. c

```
#include<reg52.h>
#include<LCD12864psb.h>
unsigned char code tab[]={ };   //图像数据较多,在此不便贴出,可由 LCD 图形生成工具得到
void Delayms(unsigned int t)
{
    unsigned int i,j;
    for(i=t;i>0;i--)
      for(j=100;j>0;j--);
}
void main(void)
{
  PSB_LCD=1;                                  //并行接口控制
  InitLCD();                                  //液晶初始化
  Delayms(100);                               //初始化后要延时一段时间
  DispStrAt("桂林电子科技大学", 0,0);          //在第二行第一个位置开始显示字符串
  DispStrAt("www.guet.edu.cn", 0,1);          //在第二行第一个位置开始显示字符串
  DispIntNumAt(987654321, 0, 2, 9);           //在第三行显示 9 位整型数
  DispFloatNumAt(6452 , 0, 3, 4);             //在第四行显示浮点型数据,小数点后保留 4 位
  DispStrAt("①②§Ⅲ", 4,3);                   //显示特殊字符
  //SetCursorOn(1);                           //显示光标位置
  //Delayms(1000);
  //SetCursorPos(5,3);                        //设置显示位置
  //DispChar( 'A');                           //显示单个字符
   Delayms(1000);
   EraseLCD();
   PHO_DISP(tab);                             //显示图像
  while(1)
  {}
}
```

由以上 C 语言程序实现的 LCD12864 显示实物效果如图 2-84 所示,图像用 Windows 系统自带的画图工具制作,像素为 128×64,然后由 LCD 图形生成工具(见图 2-85)得到 C 语言格式的图像数据,放入数组 unsigned char code tab[]={}中,调用图像显示函数 PHO_DISP(tab)即可。

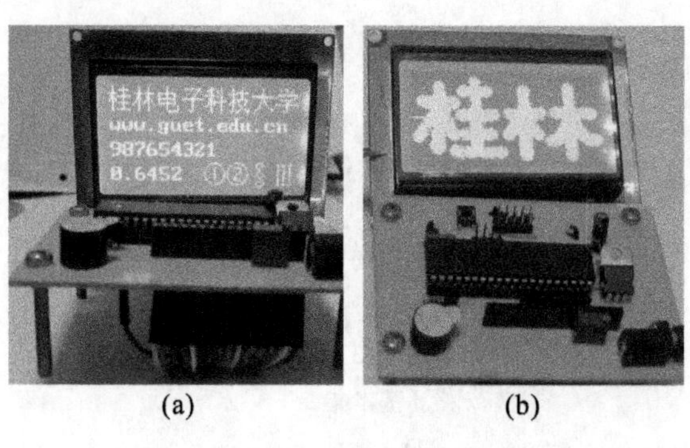

(a) (b)

图 2-84 LCD12864 显示实物图

图 2-85 LCD 图形生成工具

4. LCD12864 串行接口显示程序

采用串行接口最大的好处是减少单片机 I/O 口，最少只需要两个 I/O 口即可控制 LCD12864 液晶显示器，但是其读/写速度比并行接口要慢一些。控制时序可参考图 2-78、图 2-79 中相关内容。串行接口与并行接口程序大部分是相同的，不同的只是与 I/O 口控制相关的底层驱动程序。当采用串行接口控制液晶显示时，只需要把并行接口程序中的发送数据函数 void SendToLCD(unsigned char val, unsigned char flag)用以下两个函数替换掉即可，同时根据实际硬件连接把 LCD12864.h 文件中的 I/O 口定义修改好。

需要修改的程序如下。

```
    sbit CS_LCD=P2^5;                    //片选,高电平有效,平常可以输入高电平
    sbit LCM_SID=P2^6;                   //串行数据口
    sbit LCM_CLK=P2^7;                   //同步时钟口
    sbit PSB_LCD=P2^3;                   //串行接口控制,输入低电平
void SendByte(unsigned char data)        //串行接口发送字节数据
{
    unsigned char i=0;
    unsigned char j=0;
    unsigned char byte=data;
    for(i=0; i<8; i++)
    {
        if(byte &0x80) LCM_SID=1;
        else LCM_SID=0;
        byte=byte<<1;
        LCM_CLK=1;
        for(j=0;j< 10;j++);
        LCM_CLK=0;
    }
}
//串行接口按时序发送数据,一次需要发送三个字节数据
void SendToLCD(unsigned char  val, unsigned char flag)
{
    unsigned char sendData=val;
    unsigned char oneByte ;
    unsigned char twoByte ;
    unsigned char threeByte;
   if(flag)
    oneByte=0xfa;
   else
    oneByte=0xf8;
    twoByte=sendData & 0xf0;
    threeByte=sendData<<4;
    SendByte(oneByte);
    SendByte(twoByte);
    SendByte(threeByte);
}
```

五、制作体会

使用带中文字库的 128×64 显示模块时应注意以下几点。

(1) 欲在某一个位置显示中文字符时,应先设置显示字符的位置,即先设置显示地址,再写入中文字符编码。

(2) 显示 ASCII 字符的过程与显示中文字符的过程相同。不过在显示连续字符时,只需设定一次显示地址,由模块自动对地址加 1 指向下一个字符位置,否则显示的字符中将会有一个空的 ASCII 字符位置。

(3) 当字符编码为 2 字节时,应先写入高位字节,再写入低位字节。

(4) 模块在接收指令前,处理器必须先确认模块内部处于非忙状态,即读取 BF 标志时 BF 需为“0”,方可接受新的指令。如果在发送一个指令前不检查 BF 标志,则在前一个指令和这个指令中间必须延迟一段较长的时间,即等待前一个指令确定执行完成后才可发送。指令执行的时间可参考指令表中的指令执行时间的说明。

(5) “RE”位为基本指令集与扩充指令集的选择控制位。当变更“RE”位后,以后的指令集将维持在最后的状态,除非再次变更“RE”位,否则使用相同指令集时,无须每次重设“RE”位。

2.11 单片机与 D/A 接口电路

一、目的要求

本实验实训要求利用单片机和 DAC0832 芯片实现信号发生器的功能。

二、基本知识

1. D/A 转换器 DAC0832 工作原理

DAC0832 是 8 位双缓冲器结构的 D/A 转换器。芯片内带有资料锁存器,可与数据总线直接相连;其电路具有较好的温度跟随性,由于使用了 CMOS 电流开关和控制逻辑故而获得了低功耗、低输出的特性。芯片采用倒 T 形 R-2R 电阻网络,通过对参考电流进行分流完成 D/A 转换。转换结果以一组差动电流 IOUT1 和 IOUT2 输出。

如图 2-86 所示,DAC0832 由倒 T 形 R-2R 电阻网络、模拟开关、运算放大器和参考电压 V_{REF} 四大部分组成。运算放大器输出的模拟量 V_o 为:

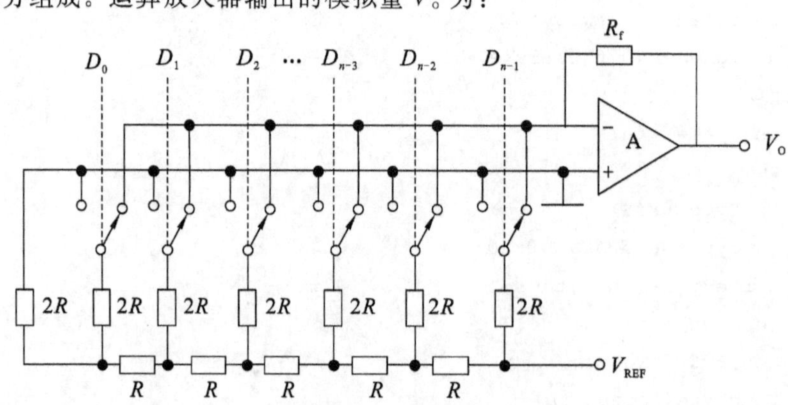

图 2-86 DAC0832 工作原理图

$$V_O = -\frac{V_{REF} \cdot R_f}{2^0 R}(D_{n-1} \cdot 2^{n-1} + D_{n-2} \cdot 2^{n-2} + A + D_0 \cdot 2^0)$$

由上式可见，输出的模拟量与输入的数字量（$D_{n-1} \cdot 2^{n-1} + A + D_0 \cdot 2^0$）成正比，这就实现了从数字量到模拟量的转换。

一个 8 位 D/A 转换器有 8 个输入端(其中每个输入端是 8 位二进制数的一位)，有一个模拟输出端。输入可以有 $2^8=256$ 个不同的二进制组态，输出则为 256 个电压之一，即输出电压不是整个电压范围内的任意值，而只能是 256 个可能值中的一个。

DAC0832 主要性能参数有：①分辨率为 8 位；②转换时间为 1 μs；③参考电压为±10 V；④单电源为+5 V～+15 V；⑤功耗为 20 mW。

2. DAC0832 的结构及管脚图

DAC0832 的内部结构如图 2-87 所示。DAC0832 中有两级锁存器，第一级锁存器称为输入寄存器，它的锁存信号为 ILE；第二级锁存器称为 DAC 寄存器，它的锁存信号为传输控制信号 $\overline{XFER}$。因为有两级锁存器，所以 DAC0832 可以工作在双缓冲器方式，即在输出模拟信号的同时采集下一个数字量，这样能有效地提高转换速度。此外，两级锁存器还可以在多个 D/A 转换器同时工作时，利用第二级锁存信号来实现多个转换器的同步输出。

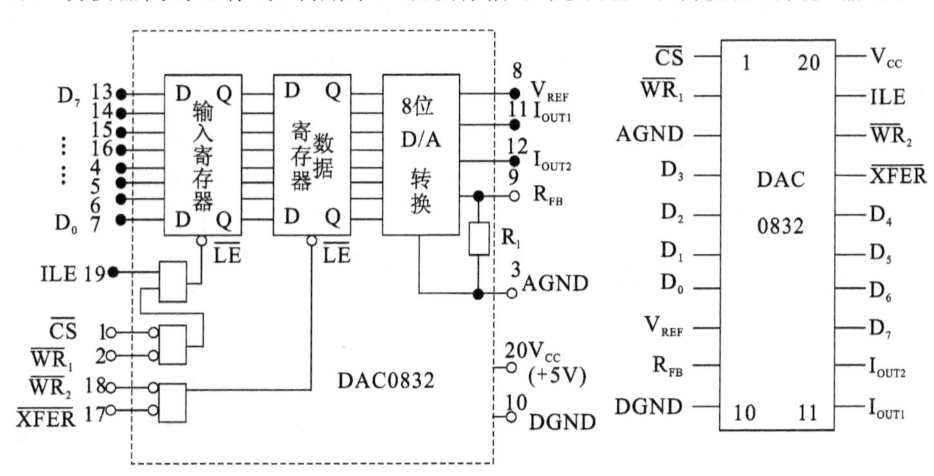

图 2-87　DAC0832 的结构及管脚图

图 2-87 中 ILE 为高电平、$\overline{CS}$和$\overline{WR_1}$ 为低电平时，$\overline{LE_1}$ 为高电平，输入寄存器的输出随着输入的变化而变化；此后，当$\overline{WR_1}$ 由低变高时，$\overline{LE_1}$ 为低电平，数据被锁存在输入寄存器中，这时输入寄存器的输出端不再跟随输入数据的变化而变化。对于第二级锁存器来说，$\overline{XFER}$和$\overline{WR_2}$ 同时为低电平时，$\overline{LE_2}$ 为高电平，DAC 寄存器的输出随着输入的变化而变化；此后，当$\overline{WR_2}$ 由低变高时，$\overline{LE_2}$ 变为低电平，将输入寄存器的数据锁存在 DAC 寄存器中。

3. DAC0832 的引脚特性

DAC0832 是 20 引脚的双列直插式芯片。其各引脚的特性如下。

- $\overline{CS}$——片选信号，其与允许锁存信号 ILE 组合来决定$\overline{WR_1}$ 是否起作用。
- ILE——允许锁存信号。
- $\overline{WR_1}$——写信号 1，作为第一级锁存信号，将输入数据锁存到输入寄存器(此时，$\overline{WR_1}$ 必需与$\overline{CS}$、ILE 同时有效)。
- $\overline{WR_2}$——写信号 2，将锁存在输入寄存器中的数据传输至 DAC 寄存器中进行锁存(此时，传输控制信号$\overline{XFER}$必需有效)。

- $\overline{\text{XFER}}$——传输控制信号，用来控制$\overline{\text{WR}}_2$。
- D7～D0——8 位数据输入端。
- I_{OUT1}——模拟电流输出端 1。当 DAC 寄存器中全为 1 时，输出电流最大，当 DAC 寄存器中全为 0 时，输出电流为 0。
- I_{OUT2}——模拟电流输出端 2。$I_{OUT1}+I_{OUT2}$＝常数。
- R_{FB}——反馈电阻引出端。DAC0832 内部已经有反馈电阻，所以 R_{FB}端可以直接接到外部运算放大器的输出端。相当于将反馈电阻接在运算放大器的输入端和输出端之间。
- V_{REF}——参考电压输入端。可接电压范围为－10～＋10 V。外部标准电压通过 V_{REF}与 T 形电阻网络相连。
- V_{CC}——芯片供电电压端。其范围为＋5 V～＋15 V，最佳工作状态是＋15 V。
- AGND——模拟地，即模拟电路接地端。
- DGND——数字地，即数字电路接地端。

4. DAC0832 的工作方式

DAC0832 进行 D/A 转换，可以采用两种方法对数据进行锁存。

(1) 第一种方法是使输入寄存器工作在锁存状态，而 DAC 寄存器工作在直通状态。具体来说，就是使$\overline{\text{WR}}_2$ 和$\overline{\text{XFER}}$都为低电平，DAC 寄存器的锁存选通端得不到有效电平而直通。此外，使输入寄存器的控制信号 ILE 处于高电平、$\overline{\text{CS}}$处于低电平，这样，当$\overline{\text{WR}}_1$ 端输入一个负脉冲时，就可以完成 1 次转换。

(2) 第二种方法是使输入寄存器工作在直通状态，而 DAC 寄存器工作在锁存状态。具体来说，就是使$\overline{\text{WR}}_1$ 和$\overline{\text{CS}}$为低电平，ILE 为高电平，这样，输入寄存器的锁存选通信号处于无效状态而直通；当$\overline{\text{WR}}_2$ 和$\overline{\text{XFER}}$端输入 1 个负脉冲时，使得 DAC 寄存器工作在锁存状态，提供锁存数据进行转换。

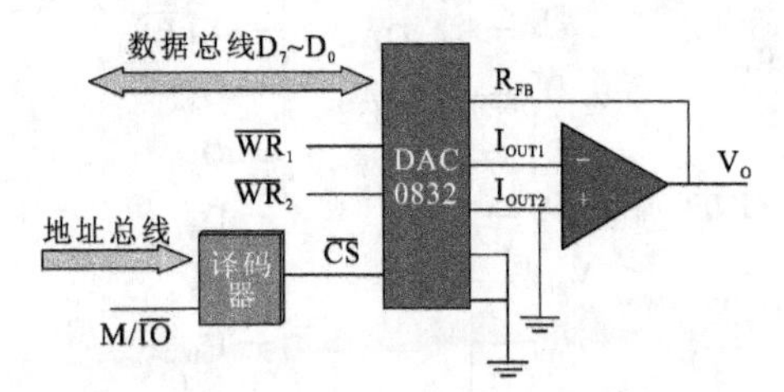

图 2-88 DAC0832 的外部连接线路

5. DAC0832 的外部连接

DAC0832 的外部连接线路如图 2-88 所示。

三、电路原理(电路图、仿真图、实物图)

如图 2-89 所示，单片机的 P0 口与 DAC0832 的 D0～D7 连接，P0 口因为没有上拉电阻，所以要外加一个上拉电阻。编程实现 DAC0832 信号发生器。图 2-90 所示的是 DAC0832 信号发生器的仿真电路图，图 2-91 所示的是 DAC0832 信号发生器实物图。

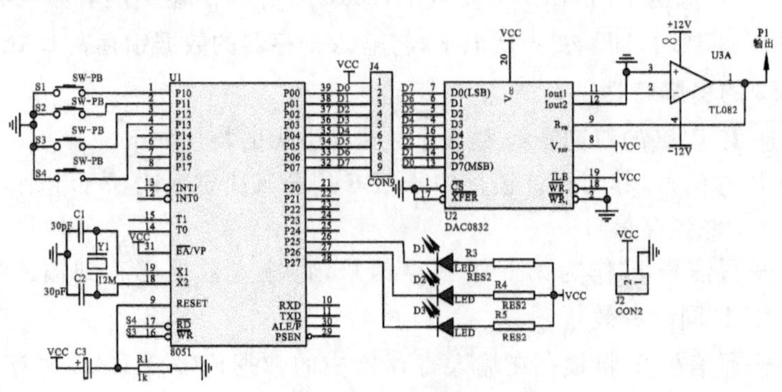

图 2-89 DAC0832 信号发生器电路图

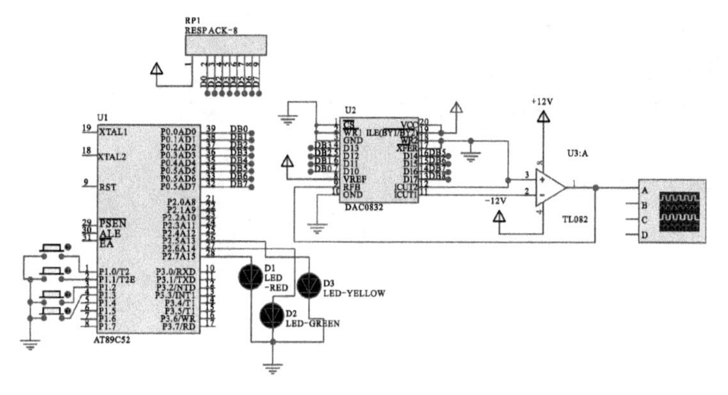

图 2-90　DAC0832 信号发生器仿真图

图 2-91　DAC0832 信号发生器实物图

四、程序代码

```
#include <reg51.h>
#define uchar unsigned char
#define uint unsigned int
uchar code  tab[]= {0x80,0x83,0x86,0x89,0x8d,0x90,0x93,0x96,
                    0x99,0x9c,0x9f,0xa2,0xa5,0xa8,0xab,0xae,
                    0xb1,0xb4,0xb7,0xba,0xbc,0xbf,0xc2,0xc5,
                    0xc7,0xca,0xcc,0xcf,0xd1,0xd4,0xd6,0xd8,
                    0xda,0xdd,0xdf,0xe1,0xe3,0xe5,0xe7,0xe9,
                    0xea,0xec,0xee,0xef,0xf1,0xf2,0xf4,0xf5,
                    0xf6,0xf7,0xf8,0xf9,0xfa,0xfb,0xfc,0xfd,0xfd,0xfe,0xfE,
0xff,0xff,0xff,0xff,0xff,
                    0xff,0xff,0xff,0xff,0xff,0xff,0xfe,0xfe,
                    0xfd,0xfc,0xfb,0xfa,0xf9,0xf8,0xf7,0xf6,
                    0xf5,0xf4,0xf2,0xf1,0xef,0xee,0xec,0xea,
                    0xe9,0xe7,0xe5,0xe3,0xe1,0xde,0xdd,0xda,
                    0xd8,0xd6,0xd4,0xd1,0xcf,0xcc,0xca,0xc9,
                    0xc5,0xc2,0xbf,0xbc,0xba,0xb7,0xb4,0xb1,
                    0xae,0xab,0xa8,0xa5,0xa2,0x9f,0x9c,0x99,
                    0x96,0x93,0x90,0x8d,0x89,0x86,0x83,0x80,
                    0x80,0x7c,0x79,0x76,0x72,0x6f,0x6c,0x69,
                    0x66,0x63,0x60,0x5d,0x5a,0x57,0x55,0x51,
                    0x4e,0x4c,0x48,0x45,0x43,0x40,0x3d,0x3a,
                    0x38,0x35,0x33,0x30,0x2e,0x2b,0x29,0x27,
                    0x25,0x22,0x20,0x1e,0x1c,0x1a,0x18,0x16,
                    0x15,0x13,0x11,0x10,0x0e,0x0d,0x0b,0x0a,
                    0x09,0x08,0x07,0x06,0x05,0x04,0x03,0x02,0x00,0x01,0x01,
                    0x01,0x00,0x00,0x00,0x00,0x00,0x00,0x00,0x00,0x00,0x01,0x01,
                    0x02,0x03,0x04,0x05,0x06,0x07,0x08,0x09,
                    0x0a,0x0b,0x0d,0x0e,0x10,0x11,0x13,0x15,
                    0x16,0x18,0x1a,0x1c,0x1e,0x20,0x22,0x25,
                    0x27,0x29,0x2b,0x2e,0x30,0x33,0x35,0x38,
```

```
                  0x3a,0x3d,0x40,0x43,0x45,0x48,0x4c,0x4e,
0x51,0x55,0x57,0x5a,0x5d,0x60,0x63,0x66,
                  0x69,0x6c,0x6f,0x72,0x76,0x79,0x7c,0x80
                  //0x82,0x86,0x8a,0x8c,0x90,0x93,0x96,0x99,
                  //0x9c,0x9f,0xa2
                  };
void delay(uint x)
{while(x--);
}
void stair(void)                    //三角波
{uchar k=0,j=255;
    for(j=255;j>0;j=j--)
    {P0=j;}
    for(k=0;k<255;k=k++)                //形成锯齿波输出,最大值为 255
    {P0=k;
    }
}
void juchi()
{uchar m=255;
    for(m=255;m> 0;m--)
    {P0=m; }
}
void square()                           //方波
{P0=0x00;
    delay(1000);
    P0=0xff;
    delay(1000);
}
void main(void)
{uchar num;
while(1)
{ if(P1_0==0)
  {square();P2_7=1;}
  if(P1_1==0){juchi();P2_6=1;}
  if(P1_2==0){stair(); P2_5=1;}
  }
}
```


五、制作体会

(1) 本例中 P1.0 按键是控制方波信号,P1.1 是控制锯齿波信号,P1.2 是控制三角波信号。

(2) 设计时每周期波形由 255 个采样点合成,波形不是很光滑。如果增加采样点,则输出的频率会更低,所以在设计时应根据应用特点选择合理的采样点数。

(3) 本例中的 R_{P1} 排阻也是不能去掉的,因为 P0 口没有上拉电阻。

 2.12 单片机与 A/D 接口电路

一、目的要求

本实验实训要求利用单片机和 ADC0809 芯片实现模数转换器。

二、基本知识

ADC0809 是带有 8 位 A/D 转换器、8 路多路开关及微处理器兼容的控制逻辑的 CMOS 组件。它是逐次逼近式 A/D 转换器，可以与单片机直接连接。

1. ADC0809 的内部逻辑结构

如图 2-92 所示，ADC0809 由一个 8 路模拟开关、一个地址锁存与译码器、一个 A/D 转换器和一个三态输出锁存器组成。多路开关可选通 8 个模拟通道，允许 8 路模拟量分时输入，共用 A/D 转换器进行转换。三态输出锁存器用于锁存 A/D 转换完的数字量，当 OE 端为高电平时，才可以从三态输出锁存器中取走转换完的数字量。

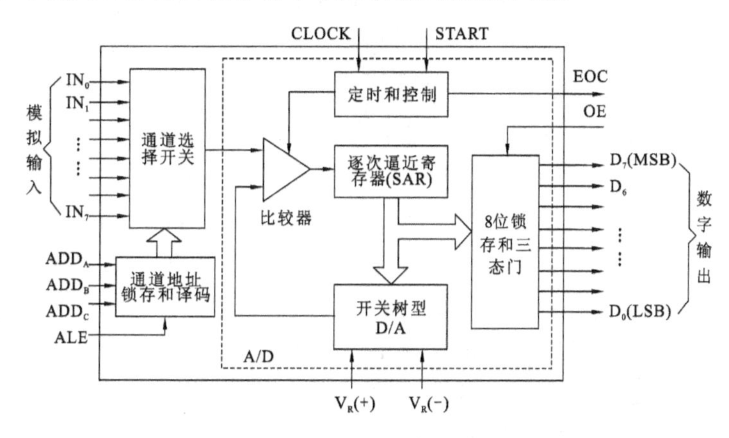

图 2-92　ADC0809 的内部逻辑结构

2. ADC0809 引脚结构

ADC0809 的引脚结构和外形如图 2-93 所示。ADC0809 各引脚的功能如下。

引脚	名称	名称	引脚
1	IN3	IN2	28
2	IN4	IN1	27
3	IN5	IN0	26
4	IN6	A	25
5	IN7	B	24
6	ST	C	23
7	EOC	ALE	22
8	D3	D7	21
9	OE	D6	20
10	CLK	D5	19
11	VCC	D4	18
12	VREF+	D0	17
13	GND	VREF-	16
14	D1	D2	15

(a) 引脚结构

(b) 外形

图 2-93　ADC0809 引脚结构图

- D7～D0:8 位数字量输出引脚。
- IN0～IN7:8 位模拟量输入引脚。
- VCC:+5 V 工作电压。
- GND:地。
- REF(+):参考电压正端。
- REF(−):参考电压负端。
- ST:A/D 转换启动信号输入端。
- ALE:地址锁存允许信号输入端。
- EOC:转换结束信号输出端,开始转换时为低电平,转换结束时为高电平。
- OE:输出允许控制端,用于打开三态数据输出锁存器。
- CLK:时钟信号输入端(一般为 500 kHz)。
- A、B、C:地址输入线。

其中,ST 及 ALE 两种信号用于启动 A/D 转换。

ADC0809 对输入模拟量的要求有:信号为单极性,电压范围为 0～5 V,若信号太小则必须进行放大;输入的模拟量在转换过程中应该保持不变,如若模拟量变化太快,则需在输入前增加采样保持电路。

ALE 为地址锁存允许信号输入端,高电平有效。当 ALE 端为高电平时,地址锁存器与译码器将 A、B 和 C 三条地址线的地址信号进行锁存,经译码后被选中的通道的模拟量进入转换器进行转换。其中,A、B 和 C 为地址输入线,用于选通 IN0～IN7 上的一路模拟量输入。

ST 为转换启动信号输入端。当 ST 为上跳沿时,所有的内部寄存器清零;当 ST 为下跳沿时,开始进行 A/D 转换。在转换期间,ST 应保持低电平。EOC 为转换结束信号输出端,当 EOC 为高电平时,表明转换结束;否则,表明正在进行 A/D 转换。OE 为输出允许控制端,用于控制输出锁存器向单片机输出转换得到的数据。当 OE=1 时,输出转换得到的数据;当 OE=0 时,输出数据线呈高阻状态。D7～D0 为数字量输出端。CLK 为时钟输入信号线端,因为 ADC0809 的内部没有时钟电路,所需时钟信号必须由外界提供,通常使用频率为 500 kHz。VREF+,VREF−为参考电压输入端。

3. ADC0809 应用说明

(1) ADC0809 内部带有输出锁存器,可以与单片机直接相连。

(2) 初始化时,使 ST 和 OE 信号全为低电平。

(3) 将要转换的通道的地址传输到 A、B、C 端口上。

(4) 在 ST 端输入一个至少有 100 ns 宽的正脉冲信号。

(5) 是否转换完毕,可根据 EOC 信号来判断。

(6) 当 EOC 变为高电平时,则令 OE 为高电平,此时转换的数据就输出给单片机了。

三、电路原理(电路图、仿真图、实物图)

如图 2-94 所示的电路原理图中,单片机的 P0 口与 ADC0809 的 D1～D8 连接,在 ADC0809 的 IN3 中输入 0～5 V 之间的模拟量,通过 ADC0809 转换成数字量在数码管上以十进制的形式显示出来。ADC0809 的 V_{REF} 接+5 V 电压。图 2-95 所示的是 ADC0809 仿真电路图,图 2-96 所示的是 ADC0809 电路的实物图。

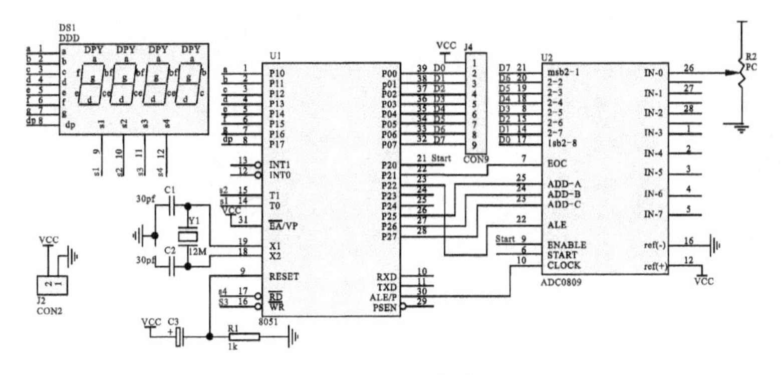

图 2-94　ADC0809 电路原理图

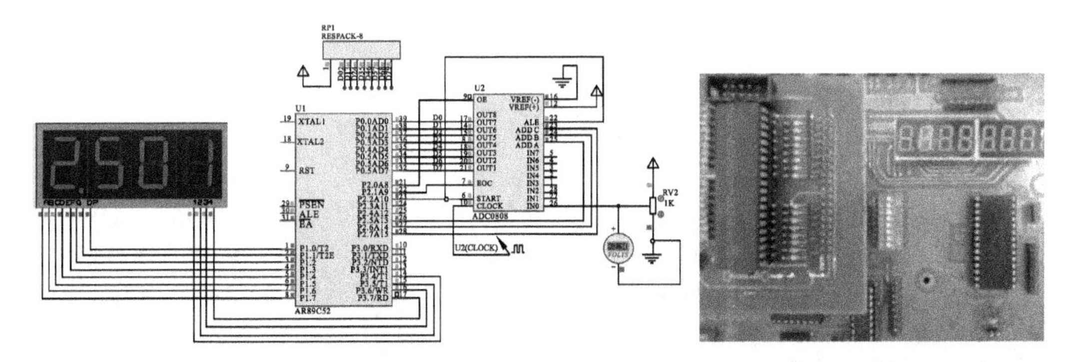

图 2-95　ADC0809 电路仿真电路图　　**图 2-96　ADC0809 电压表电路实物图**

四、程序代码

具体程序代码如下。

```
#include<reg51.h>
sbit led=P1^0;
sbit ADDA=P2^5;
sbit ADDB=P2^6;
sbit ADDC=P2^7;
sbit ALE=P2^3;
sbit START=P2^2;
sbit ENA=P2^0;
sbit EOC=P2^1;
//--********数码管段代码表(共阴且高位接 a 笔段,低位接 h 笔段)**********--
unsigned char code Tab[]= {0xFC,0x60,0xDA,0xF2,0x66,0xB6,0xBE,0xE0,
                           0xFE,0xF6,0xEE,0x3E,0x9C,0x7A,0x9E,0x8E,0x00};
void delayms(unsigned int i) //24 MHz 晶振
{unsigned int j;
  for( ; i> 0; i--)
    { for(j=250; j>0; j--);}
}
void main()
{  unsigned char outcode=0;
  unsigned int addata=0;
```

```
    unsigned char disdata[4];
      ADDA=0;
      ADDB=0;
      ADDC=0;
      ENA=0;
     while(1)
     {  START=0;
        START=1;
        delayms(1);
        START=0;
      while(EOC==0)
      {ENA=1;
      outcode=P0;
      ENA=0;
      addata=outcode* 19.7;
      disdata[3]=addata/1000;
      addata=addata% 1000;
      disdata[2]=addata/100;
      addata=addata% 100;
      disdata[1]=addata/10;
      addata= addata% 10;
      disdata[0]=addata;
      }
         P3=0XEF;  //1111 1110
         P1=Tab[disdata[3]]+ 0x01;
         delayms(1);
         P3=0XDF;  //1111 1101
         P1=Tab[disdata[2]];
         delayms(1);
         P3=0XBF;  //1111 0111
         P1=Tab[disdata[1]];
         delayms(1);
         P3=0X7f;  //1110 1111
         P1= Tab[disdata[0]];
         delayms(1);
      }
  }
```


五、制作体会

(1) 进行 A/D 转换时,采用查询 EOC 的标志信号来检测 A/D 转换是否完毕,若完毕则将数据通过 P0 口读入,经过数据处理之后在数码管上显示。

(2) 进行 A/D 转换开始之前,启动转换的方法如下。

① 令 ABC=110,选择第三通道。

② 令 ST=0,ST=1,ST=0,从而产生启动转换的正脉冲信号。

(3) 本例中的 RP1 排阻也是不能去掉的,因为 P0 口没有上拉电阻。

2.13 单片机与直流电动机

一、目的要求

本实验实训要求利用单片机控制直流电动机正反转，以及控制直流电动机的速度变化。

二、基本知识

输出或输入为直流电的旋转电动机，称为直流电动机，它是能实现直流电能和机械能互相转换的电动机。当其作为电动机运行时是直流电动机，将电能转换为机械能；当其作为发电机运行时是直流发电机，将机械能转换为电能。直流电动机的外形如图 2-97 所示。

(a)

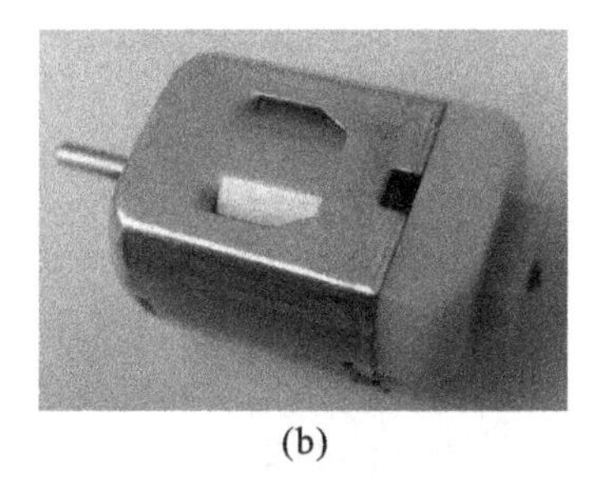

(b)

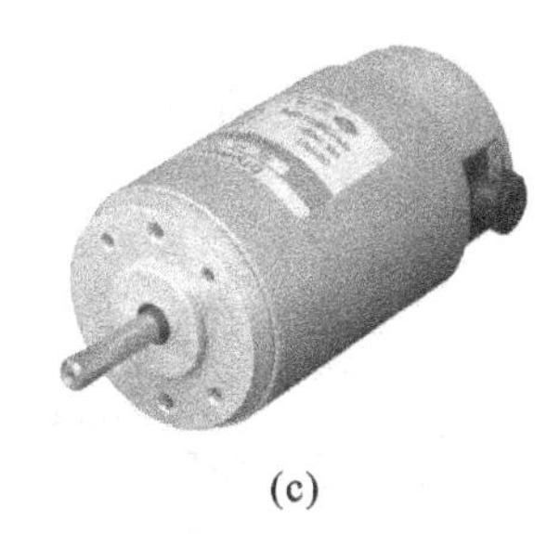

(c)

图 2-97 直流电动机外形

直流电动机因为控制简单、性能优越而被广泛用于位置和速度控制的场合中。例如，剃须刀及电池供电的电动玩具，汽车的门窗控制，电动汽车、电车和自动驾驶装置，工厂自动化和数控机床等。

直流电动机的优点有：调速性能好；调速范围广，易于平滑调节；启动、制动转矩大，易于快速启动、停止；易于控制。

直流电动机接线简单，只有正负极接线，只需交换正负极就可以调节正反转。通过调节电压，可以小范围调节电动机的转速。随着电压的降低，电动机转速降低，但是转矩却降得不多，故可以带动较重负载。在负载变化不大的时候，加在直流电动机两端的电压大小与其速度近似成正比。

1. 直流电动机的工作原理

外部直流电源加于电刷正极和负极上，则线圈 abcd 中流过电流，在导体 ab 中，电流由 a 流向 b，在导体 cd 中，电流由 c 流向 d。导体 ab 和 cd 分别处于 N、S 极磁场中，受到电磁力的作用。用左手定则可知导体 ab 和 cd 均受到电磁力的作用，并且形成的转矩方向一致，这个转矩称为电磁转矩，为逆时针方向。这样，电枢就顺着逆时针方向旋转，如图 2-98 所示。当电枢旋转 180°，导体 cd 转到 N 极下，ab 转到 S 极下，由于电流仍从电刷正极流入，使 cd 中的电流方向变为由 d 流向 c，而 ab 中的电流方向为由 b 流向 a，从电刷的负极流出。用左手定则可知，电磁转矩的方向仍是逆时针方向。

由此可见，加于直流电动机的直流电源，借助于换向器和电刷的作用，使直流电动机电枢线圈中流过的电流的方向是交变的，从而使电枢产生的电磁转矩的方向恒定不变，确保了直流电动机朝确定的方向连续旋转。这就是直流电动机的基本工作原理。

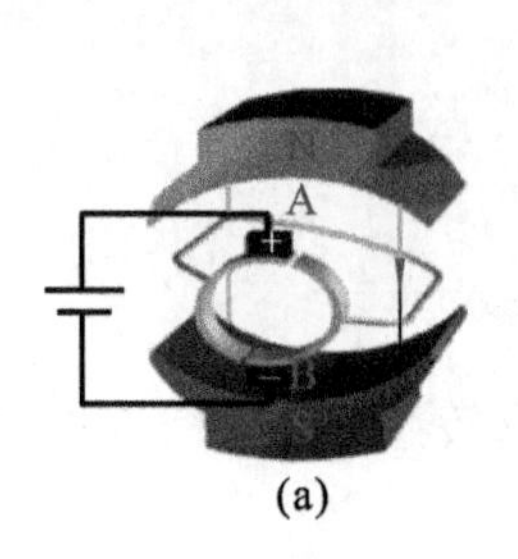

(a)

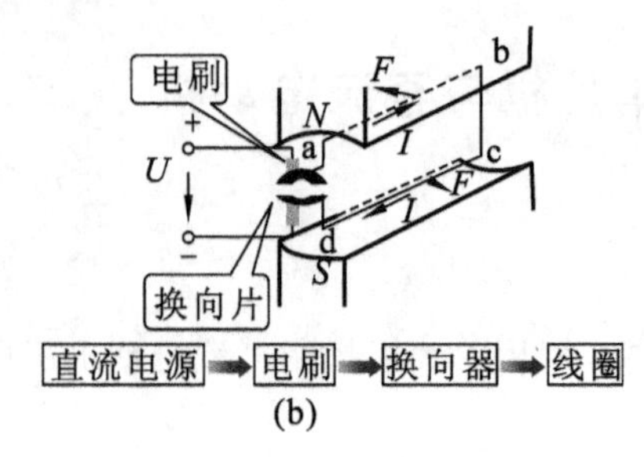

(b)

图 2-98　直流电动机工作原理图

注意：①换向片应与电源固定连接；②无论线圈怎样转动，总是上半边的电流向里，下半边的电流向外；③电刷应压在换向片上。

2. 直流电动机的构成

直流电动机由定子、转子两部分构成，如图 2-99 所示。

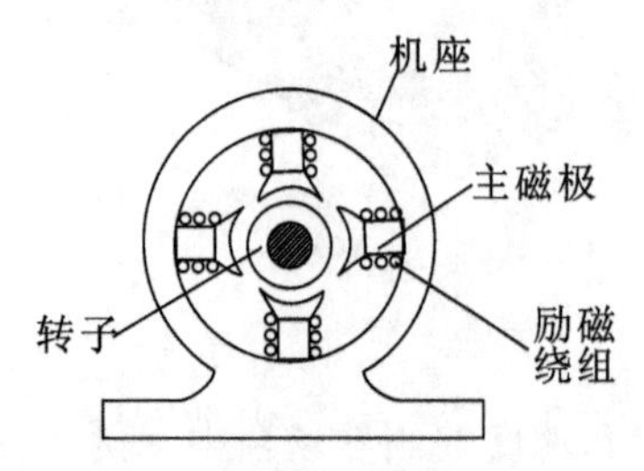

图 2-99　直流电动机结构

直流电动机运行时静止不动的部分称为定子，定子的主要作用是产生磁场、支撑电动机。定子由机座、主磁极、换向极、端盖、轴承和电刷装置等组成。

定子的分类主要有以下几种。

(1) 永磁式：由永久磁铁做成。

(2) 励磁式：主磁极上绕线圈，然后在线圈中通以直流电，形成电磁铁。其中，磁极上的线圈通以直流电产生的磁通，称为励磁。

直流电动机运行时转动的部分称为转子，其主要作用是产生电磁转矩和感应电动势，是直流电动机进行能量转换的枢纽，所以通常又称为电枢。转子由转轴、电枢铁芯、电枢绕组、换向器和风扇等组成。

3. 直流电动机的控制

随着计算机进入控制领域，以及新型电力电子功率元器件的不断出现，采用全控型的开关功率元件进行脉宽调制的 PWM 控制方式已成为主流。这种控制方式为直流电动机的数字化提供了良好的支持。直流电动机转速 n 的表达式为：

$$n=\frac{U-IR}{K\Phi}$$

式中：U——电枢端电压，单位为 V；

I——电枢电流，单位为 A；

R——电枢电路总电阻，单位为 Ω；

Φ——每极磁通量，单位为 Wb；

K——电动机结构参数。

由上式可知，直流电动机的转速控制方法可分为两类，包括对励磁磁通进行控制的励磁控制法和对电枢电压进行控制的电枢控制法。其中，励磁控制法在低速时受磁极饱和的限制，在高速时受换向火花和换向器结构强度的限制，并且励磁线圈的电感较大，动态响应较差，所以这种控制方法用得很少。现在，大多数应用场合都使用电枢控制法。

对电动机的驱动离不开半导体功率器件。在对直流电动机电枢电压的控制和驱动中，在半导体器件的使用上又分为两种方式，即线性放大驱动方式和开关驱动方式。

绝大多数直流电动机的驱动采用开关驱动方式。开关驱动方式是使半导体功率器件工作在开关状态，通过脉宽调制（PWM）来控制电动机的电枢电压，实现调速。

4. 脉宽调制(PWM)信号的机理

PWM 信号是一个周期固定而脉冲宽度可变的脉冲序列。在每个固定长度的周期中有一个脉冲出现，该固定长度的周期称为 PWM 周期，其倒数称为 PWM 频率。通常在一个电动机控制系统中，通过功率器件将所需的电流和能量传输到电动机绕组中来控制电动机的速度和转矩，而 PWM 信号即是用来控制功率器件的开启和关闭时间的。

图 2-100 所示为利用开关对直流电动机进行 PWM 调速控制的原理图。当开关 S 接通时，供电电源 U_s 通过开关 S 连接到电动机两端，电源向电动机提供能量，电动机储能；当开关 S 断开时，供电电源 U_s 中断向电动机提供能量，但在开关 S 断开期间，电枢电感中所储存的能量，此时通过续流二极管使电动机继续转动。这样在直流电动机电枢绕组两端得到的电压波形如图 2-101 所示。

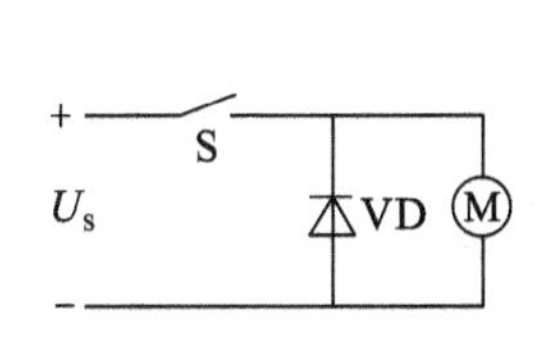

图 2-100　PWM 控制原理图

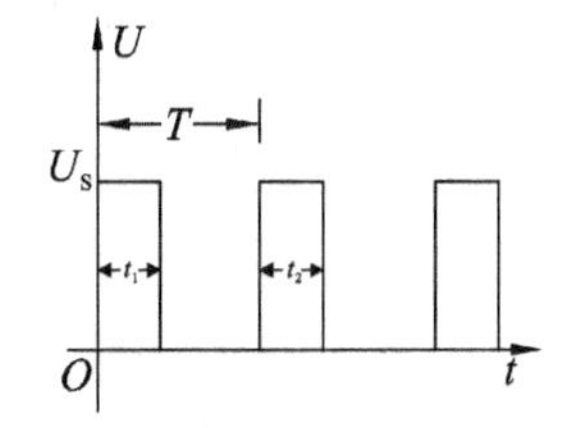

图 2-101　输出电压波形图

电动机的电枢绕组两端的电压平均值 U 为：

$$U=(t_1\times U_s)/(t_1+t_2)=(t_1\times U_s)/T=D\times U_s$$

其中，D 为 PWM 信号的占空比，$D=t_1/T$。

占空比 D 表示在一个周期 T 中开关管导通的时间与周期的比值，其变化范围为 $0\leqslant D\leqslant 1$。由上述公式可知，当电源电压 U_s 不变的情况下，电枢的端电压的平均值 U 取决于占空比 D 的大小，即改变 D 值就可以改变端电压的平均值，从而达到调速的目的。这就是 PWM 调速的工作原理。

在 PWM 调速时，占空比 D 是一个重要参数，有如下三种方法可以改变占空比的值。

(1) 定宽调频法　保持 t_1 不变，只改变 t_2，这样使周期 T(或频率)也随之改变。

(2) 调频调宽法　保持 t_2 不变，只改变 t_1，这样使周期 T(或频率)也随之改变。

(3) 定频调宽法　保持 T 不变，通过同时改变 t_1 和 t_2 来改变 D。

前两种方法由于在调速时改变了控制脉冲的周期（或频率），当控制脉冲与系统的时钟频率接近时，将会产生振荡，因此这两种方式用得很少。

目前，在直流电动机的控制中，主要采用定频调宽法进行 PWM 控制。

5. L293D 驱动电路

对于直流电动机，常用的驱动电路有如下 4 套方案：①使用专用的集成驱动电路；②使用分立功率元件与驱动芯片组成的驱动电路；③使用 MOSFET 和继电器组成的驱动电路；④完全使用继电器组成的驱动电路。由于专用集成驱动电路集成了完善的短路、过流、超温保护电路，具有接口简单、使用方便等特点，故在应用中常采用专用集成驱动电路作为直流电动机的驱动电路。本小节中采用专用集成驱动电路 L293D 作为直流电动机的驱动电路。

美国德州仪器公司（Texas Instruments）生产的微型电动机驱动集成电路芯片 L293D，

支持控制逻辑电压和电动机驱动电压为 4.5～36 V，最大输出电流为 600 mA。由于其驱动能力有限，故多应用于小型机器。

L293D 是四通道高电流半 H 桥输出驱动电路。L293D 提供双向驱动电流高达 600 mA，兼容所有的 TTL 输入。驱动电路内置 ESD 保护，并且内有过热关断保护，每个输出都是推拉式驱动电路，可以驱动感性负载，如小型直流电动机、继电器、步进电机、电磁阀和开关电源晶体管等。L293D 的工作温度范围为 0～70 ℃。L293D 有两个电压输入，一个是提供给电动机的电压，另一个是用于芯片工作与控制逻辑的参考电压。L293D 有四个驱动门，每个输入端 A，对应一个输出端 Y。

L293D 中，驱动 1A、2A 输入有效使能由引脚 1、2EN 控制，驱动 3A、4A 输入有效使能由引脚 3、4EN 控制。当 EN 输入是高电平时，其同组输入对应的输出驱动有效；当 EN 输入是低电平时，其同组输入对应的驱动无效，输出处于高阻状态。L293D 引脚及使能控制组如图 2-102 所示。

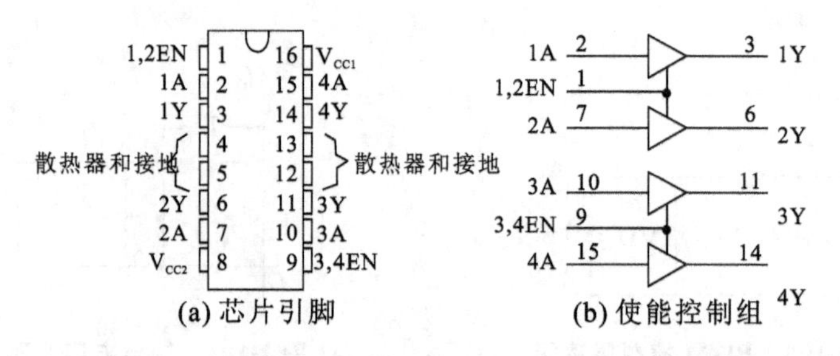

图 2-102　L293 驱动电路芯片引脚及使能控制组图

L293D 中，每一驱动的功能真值表如表 2-22 所示。

表 2-22　L293D 功能真值表

输　入①		输　出
A	EN	Y
H	H	H
L	H	L
X	L	Z

注：①在热关断模式下，不管输入是高电平还是低电平，输出都处于高阻状态。

表 2-22 中，H＝高电平，L＝低电平，X＝不定，Z＝高阻。

三、电路原理(电路图、仿真图、实物图)

单片机控制直流电动机转速的仿真电路图如图 2-103 所示。图中由单片机产生方波，然后通过控制其占空比来控制转速。占空比越高则转速越快，占空比越低转速越慢。本设计中将一个方波周期分为 10 个部分，高电平(即速度最大的时间)最多占 9/10，而占空比的大小调节由外部按键来控制。最后由一个数码管显示其速度(即占空比)。启动时默认占空比为 1/2。

单片机 P0 口接上拉电阻，然后连接到 LED 数码管上。P2.0 接电动机反转指示灯。P2.1～P2.3接电动机驱动电路的输入端和使能端。P2.4～P2.7 四个引脚接四个按键，用于对电动机转速及方向的控制。

图 2-104 所示为实物制作图。

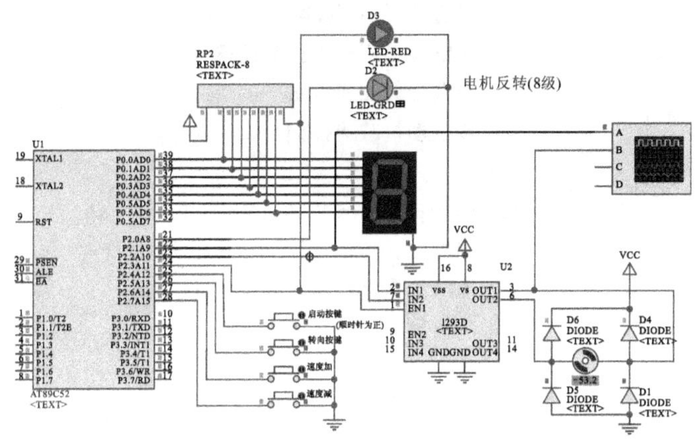

图 2-103 单片机控制直流电动机电路仿真图

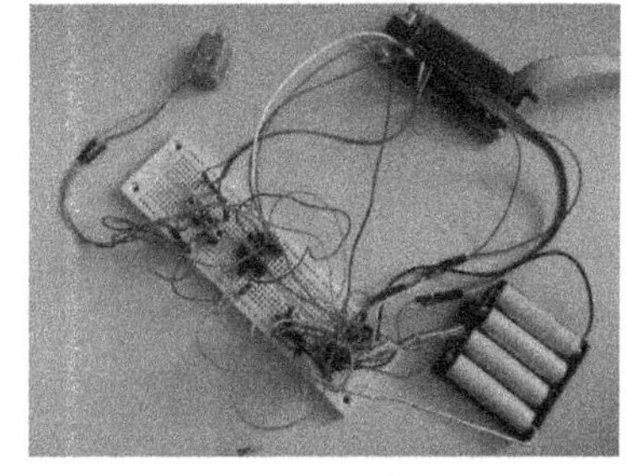

图 2-104 实物制作图

四、程序代码

本程序通过定时器 T0 工作在方式 2 下产生中断，一次中断为 10 μs，十次中断为一个 PWM 周期，通过调节占空比产生高低电平，其刻度值为 10 μs。通过调用 L293D 使能端来启动或停止电动机。软件流程图设计如图2-105、图 2-106、图 2-107 所示。

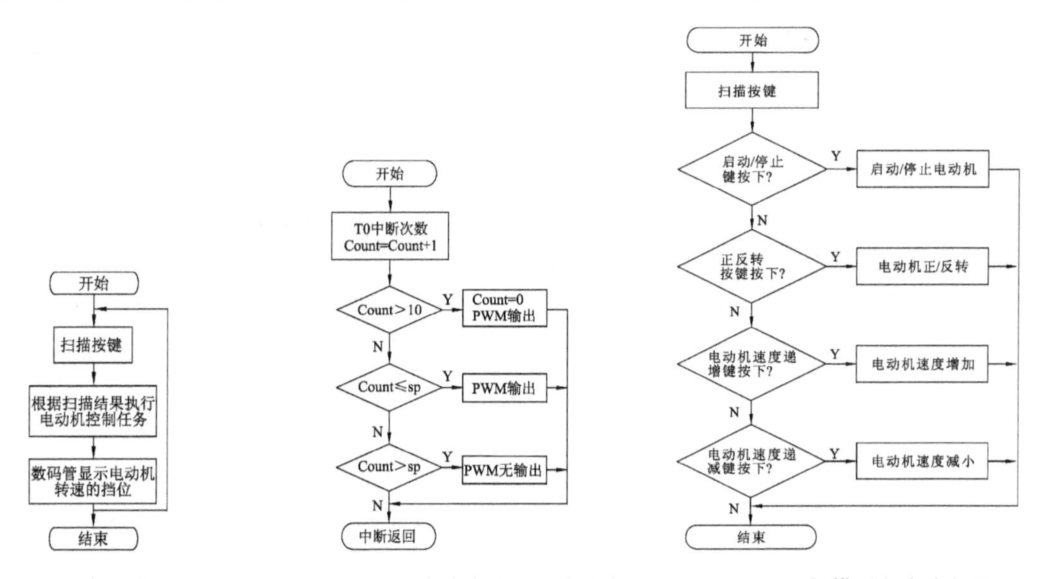

图 2-105 主程序流程图 图 2-106 PWM 脉冲产生子程序流程图 图 2-107 扫描子程序流程图

具体程序代码如下。

```
/*直流电动机控制系统*/
#include<reg51.h>
#include<intrins.h>
#define uchar unsigned char
#define uint unsigned int
sbit P2_0=P2^0;                    //连接正反转指示灯
sbit motor=P2^1;                   //控制电动机 PWM 脉冲信号——IN1
sbit motor_re=P2^2;                //控制电动机正反转——IN2
```

```
sbit motor_stop=P2^3;                   //启动/停止电动机——EN
sbit stop=P2^4;                         //连接启动/停止按键
sbit reversal=P2^5;                     //连接电动机正反转控制按键
sbit add=P2^6;                          //连接电动机加速按键
sbit sub=P2^7;                          //连接电动机减速按键
/*七段共阴极管显示定义 */
uchar code D[]={0x3f,0x06,0x5b,0x4f,0x66,0x6d,0x7d,0x07,0x7f,0x6f,0x40};
                                        //共阴极 0~9
uchar sp=5;                             //速度等级常量初始化为占空比 1/2
uchar Count=0;                          //中断次数
/*us 延时子函数*/
void delayus(uint n)
{
  while(n--){_nop_(); }
}
  /*ms 延时子函数*/
void delayms(uint n)
{
    uint i,j;
    for(j=n;j>0;j-- )
    for(i=112;i>0;i-- );
}
/*按键扫描*/
void keyscan()
{
  if(stop==0)                           //判断电动机启动按键是否按下
  {
    delayms(10);
    if(stop==0)
      {
        motor_stop =! motor_stop;
        motor_re=0;                     //电动机启动正转
      }
      while(! stop);                    //等待按键退出
    }
 if(reversal==0)                        //判断反转按键是否按下
 {
   delayms(10);
   if(reversal==0)
   {
    motor_re =! motor_re;               //改变电动机旋转方向为反转
    P2_0=motor_re;                      //电动机反转指示灯亮
   }
   while(! reversal);
 }
```

```
    if(add==0)                      //判断加速按键是否按下
    {
      delayms(10);
      if(add==0)
        {
          sp++;
          if(sp>9)sp=9;             //电动机速度递增
        }
      while(!add);                  //等待按键退出
    }
    if(sub==0)                      //判断减速按键是否按下
    {
      delayms(10);
      if(sub==0)
        {
          sp--;
          if(sp<0)sp=1;             //电动机速度递减
        }
      while(!sub);                  //等待按键退出
    }
  }

    /*显示速度等级*/
      void display(uchar n){
      P0=D[n];
    }

   void main()
    {
      motor_stop=0;                 //默认停止电动机
      motor_re=0;                   //正转电动机
      P2_0=motor_re;                //正反转信号指示灯

      TMOD=0x02;                    //计数器 T0 的方式 2
      TL0 =256-10;
      TH0 =256-10;                  //10us@ 12MHz
      TCON =0X40;
      IE=0x82;
      TR0=1;                        //启动 T0
      while(1)
        {
          keyscan();                //判断是否有功能键按下并完成相应的按键功能
          display(sp);              //显示电动机转速挡位
        }
      }
```

```
  /*T0 中断函数*/
void  time0() interrupt 1 using 0
{
  if(++Count ==10)
   {
     Count=0;
     motor=! motor_re;                    //PWM 输出有效电平
   }
  else if(Count<sp)
   {
     motor=! motor_re;                    //PWM 输出有效电平
   }
  else
   {
     motor=motor_re;                      //PWM 输出无效电平
   }
}
```

五、制作体会

(1) 直流电动机的驱动方法很多，应根据实际情况灵活选择驱动。

(2) L293D 驱动芯片中有两个电源接入端，其中一个是逻辑电源，另一个是动力电源，在实际使用中要求动力电源大于或等于逻辑电源。

(3) 本例中的控制按键可以采用扫描法实现，也可以采用中断方法来实现。

 2.14 单片机与步进电机

一、目的要求

本实验实训要求利用单片机控制步进电机正反转，以及控制步进电机的速度变化。

二、基本知识

步进电机是广泛应用于工业生产、汽车电子、精密仪器和数字设备等领域的设备，如在工业控制的切割机中，汽车电子的数字仪表中，医疗设备中的核磁共振机中，计算机硬盘中的定位部分等设备中都可以看到各种类型和功率的步进电机的身影。利用步进电机收到一个脉冲就运行一个固定角度的特点可以非常方便地实现精确的位置控制，同时也可以实现准确的转速控制。由此可见，步进电机在工业生产、汽车电子、医疗设备和消费电子等领域有着重要的作用。步进电机的外形如图 2-108 所示。

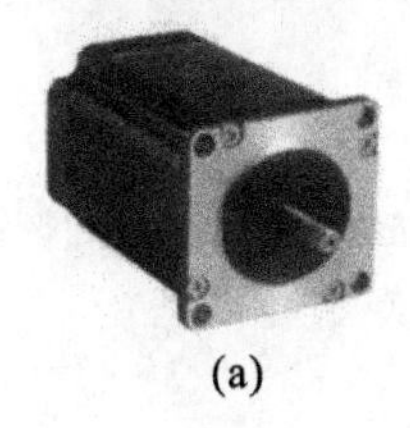
(a)

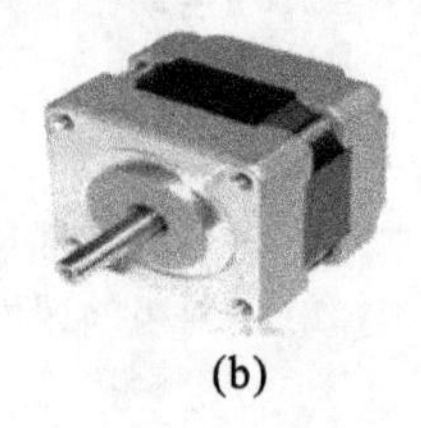
(b)

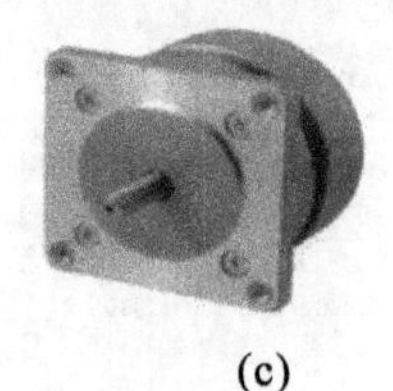
(c)

图 2-108　步进电机的外形

1. 步进电机的特点

步进电机是将电脉冲信号转变为角位移或线位移的开环控制元件。在非超载的情况下，步进电机的转速、停止的位置只取决于脉冲信号的频率和脉冲数，而不受负载变化的影响，即给步进电机加一个脉冲信号，步进电机则转过一个步距角。

步进电机区别于其他控制电动机的最大特点是：它是通过输入脉冲信号来进行控制的，即步进电机的总转动角度由输入脉冲数决定，而步进电机的转速由脉冲信号的频率决定。步进电机是一种将一定功率的脉冲信号转化为角位移的执行机构，它具有以下特点。

(1) 当步进电机接收到一定顺序的脉冲时，它就会根据脉冲的控制时序进行顺时针和逆时针的转动，脉冲的顺序决定了步进电机旋转的方向，脉冲的个数决定了步进电机转动的角度，脉冲的频率决定了步进电机的转速。

(2) 有脉冲时步进电机就会转动一定角度，没有脉冲时它就会保持当前的位置。

(3) 步进电机具有快速启动和快速停止的特性。

(4) 当负载在一定范围内时，步进电机的转速与负载无关。

(5) 步进电机的转动方向可以很容易地通过输入反方向的脉冲时序来改变。

2. 步进电机的分类

步进电机大体上可以分为以下3类：反应式步进电机(VR)、永磁式步进电机(PM)和混合式步进电机(HB)等。

大部分永磁式步进电机都是两相的，步进角一般是7.5°或15°，其体积和转矩相对于反应式步进电机来说都要小一些。反应式步进电机一般具有三相，步进角一般为1.5°，转矩较大，但是由于其震动和噪声较大，现在已经很少使用。而混合式步进电机集合了反应式步进电机和永磁式步进电机的优点，所以应用较广泛。混合式步进电机一般具有两相和五相，两相的步进角一般为1.8°，五相的步进角一般为0.72°。其中，两相式混合式步进电机可以分为单极性和双极性两类。

3. 步进电机的结构

步进机主要由定子和转子两部分构成，它们均由磁性材料构成，其上分别有六个和四个磁极。定子的六个磁极上有控制绕组，两个相对的磁极组成一相，如图2-109所示。

注意：这里的所说的“相”和三相交流电中的“相”的概念不同。通过步进电机的是直流电脉冲，这里的“相”主要是指线圈的连接和组数的区别。

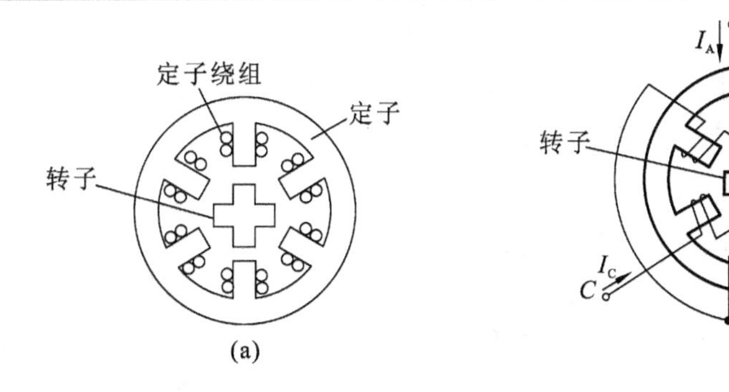

图 2-109　步进电机结构图

4. 步进电机的主要参数

1）步距角

步距角表示步进电机每接收到一个脉冲信号，所转动的角位移，步距角也称为步进电机的固有步距角。转子的齿数越多，步进角越小；定子的相数越多，步距角越小；通电方式的节拍越多，步距角越小。它不一定是步进电机实际工作时的真正步距角，真正的步距角与控制方法和驱动器有关。

2）拍数

拍数是指完成一个磁场周期性变化所需的脉冲数或导电状态，用 m 表示，或者指电机转过一个齿距角所需的脉冲数。

3）定位转矩

电机在不通电的状态下，电机转子自身的锁定力矩。

4）相数

相数是指步进电机内部的线圈组数，常用的有二相、三相、四相、五相步进电机。步进电机的相数不同，其步进角也不同，一般二相混合式步进电机的步进角为 1.8°，三相的步进角为 1.5°，五相的步进角为 0.72°等。

5）保持转矩

保持转矩是指步进电机通电但没有转动时，定子锁住转子的力矩。保持转矩是步进电机最重要的参数之一，通常步进电机在低速时的力矩接近保持转矩。由于步进电机的输出力矩随速度的增大而不断衰减，输出功率也随速度的增大而变化，所以保持转矩就成了衡量步进电机最重要的参数之一。例如，5 N·m 的步进电机，在没有特殊说明的情况下是指保持转矩为 5 N·m的步进电机。

6）静态转矩

静态转矩是指步进电机没有通电时，定子锁住转子的力矩。显然反应式步进电机的静态转矩为零。

7）失步

失步是指步进电机运转时运转的步数，不等于理论上的步数。

8）失调角

失调角是指转子齿轴线偏移定子齿轴线的角度，电机运转必然存在失调角，由失调角产生的误差，采用细分驱动是不能解决的。

9）精度

一般混合式步进电机的步进角具有 3%～5%的精度，并且没有累计误差。

10）最大允许温度

永磁式和混合式步进电机的温度不能太高，比如在 130 ℃左右永磁体就会退磁，所以永磁式和混合式步进电机的最高工作温度一般为 90 ℃以下。

5. 两相步进电机的工作方式

无论是单极性两相步进电机还是双极性两相步进电机，也不管是永磁式步进电机还是混合式步进电机，它们都可以用相同的控制方法来控制。其控制方法有 3 种，即单相控制、双相控制和单双相混合控制，只要对步进电机的各相绕组按合适的时序通电，就能使步进电机步进转动。下面简单介绍一下 3 种控制方法对应的步进电机的工作方式，包括三相单三拍、三相单双六拍和三相双三拍等。

1）三相单三拍

（1）三相绕组连接方式：Y 型。

（2）三相绕组中的通电顺序为：A 相→B 相→C 相。

（3）通电顺序也可以为：A 相→B 相→C 相。

三相单三拍的工作过程如图 2-110 所示，具体过程如下。

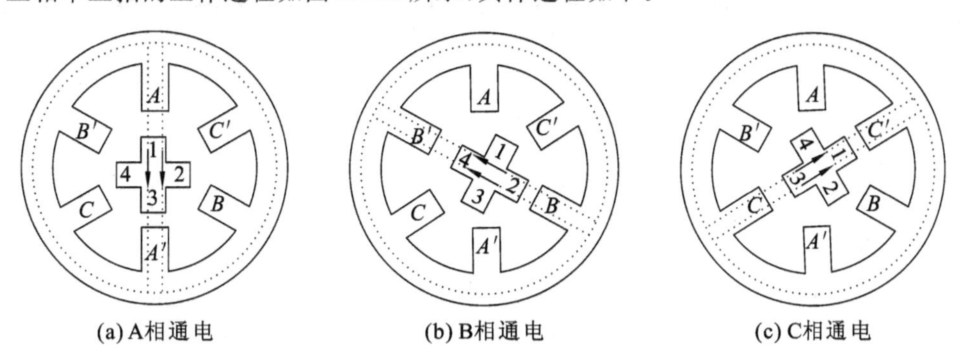

图 2-110　三相单三拍各相通电工作示意图

（1）A 相通电，A 方向的磁通经转子形成闭合回路。若转子和磁场轴线方向原有一定角度，则在磁场的作用下，转子被磁化，定子吸引转子使转子的位置改变致使通电相磁路的磁阻最小，使转、定子的齿对齐并停止转动。故 A 相通电使转子的 1、3 齿与 AA′对齐。

（2）B 相通电，转子的 2、4 齿和 B 相轴线对齐，相对于 A 相通电位置转 30°。

（3）C 相通电后再相对于 B 相通电位置转 30°。

采用这种工作方式时，由于三相绕组中每次只有一相通电，而且一个循环周期共包括三个脉冲，所以称之为三相单三拍。

三相单三拍的特点为：①每收到一个电脉冲，转子转过 30°，故此角称为步距角；②转子的旋转方向取决于三相线圈通电的顺序，改变通电顺序即可改变转向。

2）三相单双六拍

三相单双六拍的三相绕组的通电顺序为：A 相→AB 相→B 相→BC 相→C 相→CA 相→A 相，共六拍。

三相单双六拍的工作过程如图 2-111 所示，具体过程如下。

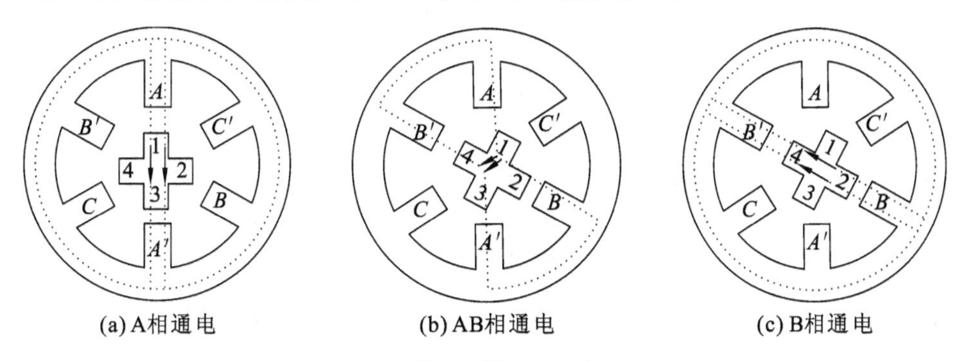

图 2-111　三相单双六拍各相通电工作示意图

（1）A 相通电，转子的 1、3 齿与 A 相对齐。

（2）A、B 相同时通电，则有：①BB′磁场对 2、4 齿有磁拉力，该拉力使转子顺时针方向转动；②AA′磁场继续对 1、3 齿有拉力，所以转子转到两个磁拉力平衡的位置上，相对于 A 相通电，转子转了 15°。

(3) B相通电,转子的2、4齿和B相对齐,相对于AB相通电转子又转了15°。

总之,每个循环周期,都有六种通电状态,所以称为三相六拍,其步距角为15°。

3) 三相双三拍

三相双三拍的三相绕组的通电顺序为:AB相→BC相→CA相→AB相,共三拍。

三相双三拍的工作过程如图2-112所示。当步进电机的工作方式为三相双三拍时,每通入一个电脉冲,转子转30°。

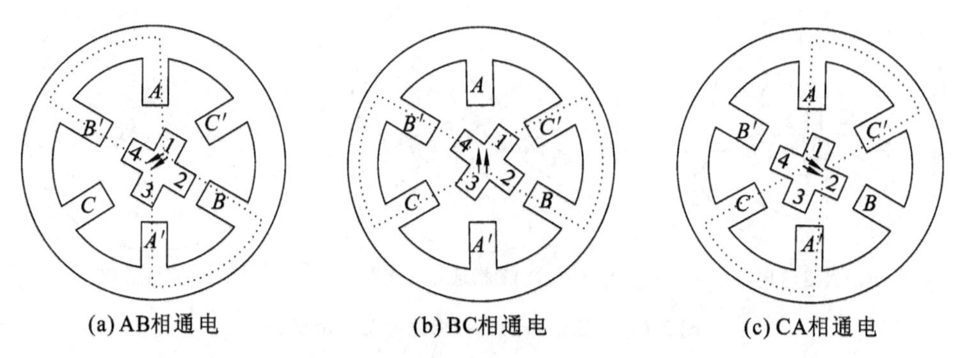

图2-112 三相双三拍各相通电工作示意图

以上三种工作方式,三相双三拍和三相单双六拍较三相单三拍稳定,因此较常采用。

6. 步进电机的驱动设计

1) 单极性两相步进电机的驱动电路

单极性两相步进电机的控制驱动电路如图2-113所示。图中两相绕组的中心端都连在了电源的正极,其他四个引出端分别接在了四个开关驱动电路上,图中以方框来表示这四个开关驱动电路。应用中,单片机发出四个开关驱动电路的导通和关断信号,使得步进电机的四个引出端与电源负极接通和断开,最终在步进电机的两相绕组上得到正向和反向的电压,使得其按照设定的方向旋转。一般对于小功率的步进电机,其开关器件可以选择为大电流三极管、小功率MOSFET等。而对于中大功率的步进电机,其开关器件则要采用中大功率MOSFET、IGBT等功率型开关器件。

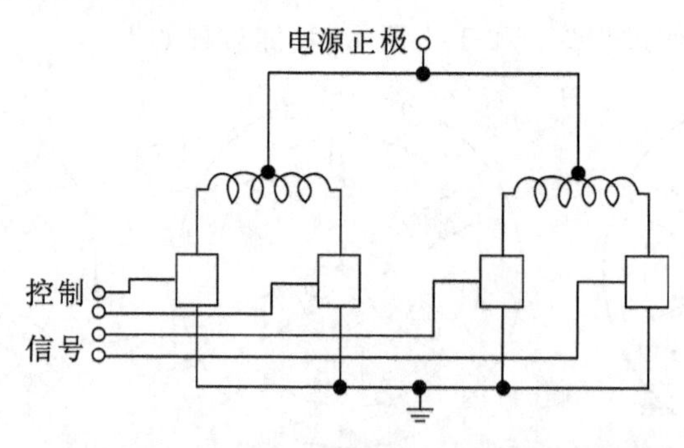

图2-113 单极性两相步进电机的控制驱动电路

2) 双极性两相步进电机的驱动电路

双极性两相步进电机的驱动要比单极性的驱动要复杂一些,因为没有线圈的中心端,所以需要使用驱动电路来对两组线圈施加正反向电压。例如,可以采用两组控制直流电动机正反向运转的H桥型控制电路来控制步进电机的两组线圈,如图2-114所示。这样只要在应用中根据步进电机的控制时序,由单片机输出相应的H桥控制信号就能使步进电机的两组线圈得到所需的正反向电压，从而实现步进电机按设定的方向旋转。与单极性步进电机的驱动电路一样，一般对于小功率的步进电机，其开关器件可以选择为大电流三极管、小功率 MOSFET 等。而对于中大功率的步进电机，其开关器件则要采用中大功率 MOSFET、IGBT 等功率型开关器件。

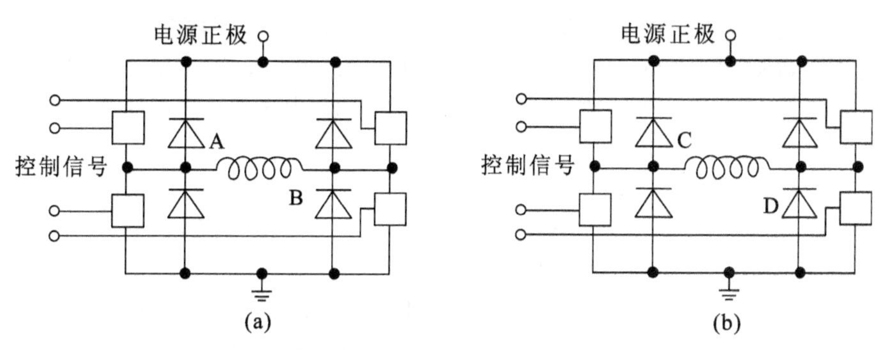

图 2-114　双极性两相步进电机的控制驱动电路

3）采用集成控制驱动芯片的步进电机驱动电路

目前，实际应用中在成本不是很敏感的情况下都采用集成控制芯片来控制和驱动步进电机。采用集成控制芯片的优点是显而易见的，它简化了控制逻辑，省去了驱动电路，缩减了 CPU 的负荷。控制器只需要输出步进电机的旋转方向和速度信号给集成驱动芯片即可。集成驱动芯片有两种：一种是将控制和驱动集于一身的单个芯片，另一种是将控制和驱动分为两个芯片。L297、L298 和 L6208 都是意法半导体（ST）公司非常有名的步进电机驱动芯片，在行业内使用非常广泛，而 ST 公司则是功率驱动芯片行业内非常有名的芯片制造商。其中，L297 是步进电机的控制逻辑芯片，L298 是步进电机的驱动芯片，而 L6208 是集控制逻辑和功率驱动于一体的智能功率芯片。

7. L298N 步进电机驱动芯片

工程中比较常见的是有 15 个引脚、Multiwatt 封装的 L298N 芯片，其内部同样包含 4 通道逻辑驱动电路。它是一种二相和四相电机的专用驱动器，即内含两个 H 桥的高电压大电流双全桥式驱动器，接收标准 TTL 逻辑电平信号，可用于驱动感性负载。H 桥可承受 46 V电压，相电流高达 2.5 A。L298N 的逻辑电路使用+5 V 电源，功放级使用 5～46 V 电压，发射极均单独引出，以便接入电流取样电阻。L298N 采用 15 脚双列直插 Multiwatt 式封装，为工业品等级。H 桥驱动的主要特点是能够对电机绕组进行正、反两个方向通电。L298N 芯片的实物及引脚如图 2-115 和图 2-116 所示。

图 2-115　L298N 实物图

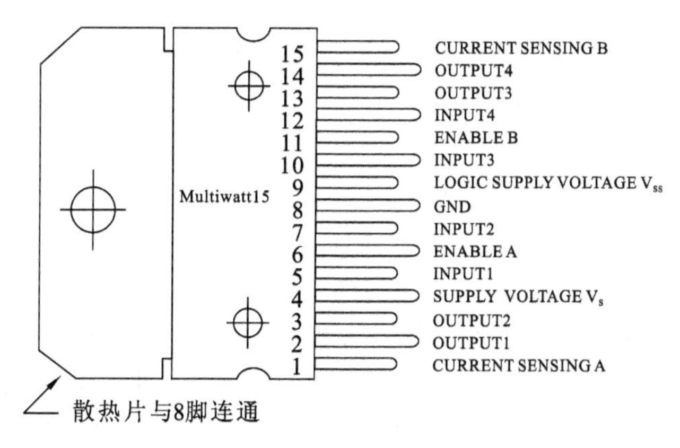

图 2-116　L298N 引脚图

L298 各引脚的功能如下。

(1) 引脚 1 (CURRENT SENSING A)和引脚 15 (CURRENT SENSING B)是电流监测端,分别为两个 H 桥的电流反馈脚,不用时可以直接接地。

(2) 引脚 2(OUTPUT1)和引脚 3(OUTPUT2)为电动机驱动输出端 。

(3) 引脚 4 (SUPPLY VOLTAGE V_S)为功率电源电压,此引脚需并接 100 nF 电容器。

(4) 引脚 5(INPUT1)和引脚 7 (INPUT2)为电动机控制信号输入端,TTL 电平兼容。

(5) 引脚 6(ENABLE A)和引脚 11(ENABLE B)为 TTL 电平兼容输入使能端,低电平禁止输出。

(6) 引脚 8(GND)为接地端。

(7) 引脚 9(V_{SS})为逻辑电源电压端,此引脚须并接 100 nF 电容器。

(8) 引脚 10(INPUT3)和引脚 12(INPUT4)为电动机控制信号输入端,TTL 电平兼容。

(9) 引脚 13(OUTPUT3)和引脚 14(OUTPUT4)为电动机驱动输出端。

L298 的内部结构如图 2-117 所示。L298 的逻辑功能如表 2-23 所示。

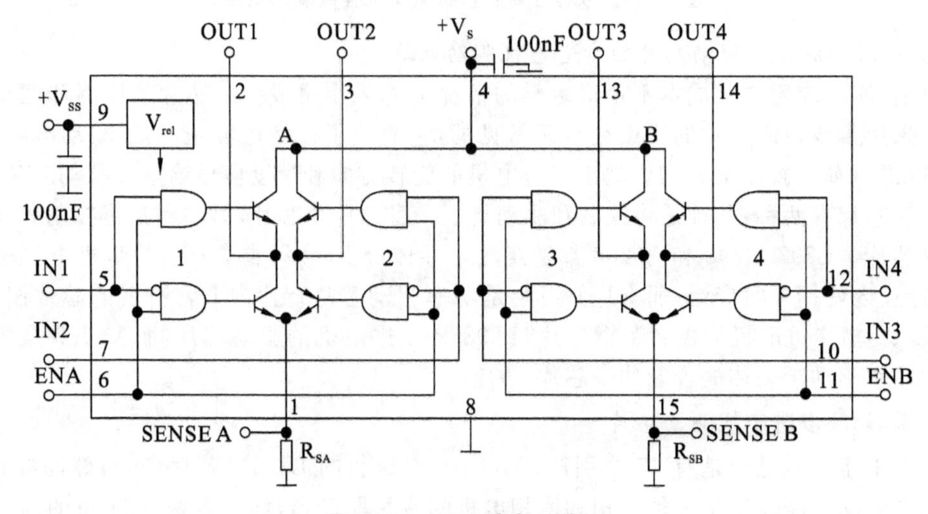

图 2-117 L298 内部结构图

表 2-23 L298 逻辑功能表

IN1	IN2	ENA	电动机状态
×	×	0	停止
1	0	1	顺时针转动
0	1	1	逆时针转动
0	0	1	停止
1	1	1	刹停

IN3,IN4 的逻辑功能与表 2-23 相同。由表 2-23 可知 ENA 为低电平时,输入电平对步进电机控制起作用;当 ENA 为高电平时,输入电平为一高一低,步进电机正转或反转。同为低电平步进电机停止,同为高电平步进电机刹停。由表 2-23 可以看出,只要控制好 ENA、IN1 和 IN2 这三个引脚的电平就能控制好步进电机的运行。步进电机的启动和停止可通过 ENA 引脚来控制,正向和反向的转动可通过 IN1 和 IN2 分别输入 1、0 和 0、1 来控制。步进电机的转速可通过 PWM 来实现。

8. 单片机控制步进电机的设计

本设计选用一个28BYJ-48E型带减速器的小功率单极性四相混合步进电机，采用L298N作为该步进电机的驱动芯片，这样使得硬件设计得以简化，同时使硬件的驱动方法变得灵活。28BYJ-48型四相混合步进电机的外形如图2-118所示。

28BYJ-48型四相混合步进电机的主要参数如表2-24所示。

表2-24 28BYJ-48型步进电机的主要参数

电压/V	相电阻/Ω	步进角/(°)	减速比	启动转矩/(mN·m)	启动频率/Hz
5	200	5.625/64	1∶64	≥32.2	≤500

如图2-119所示的是四相步进电机工作原理示意图，四相步进电机中心抽头接地(或电源)，对四相线圈分别加以控制信号，就可以使之步进旋转。其控制方法有四步法和八步法两种。四步法，即根据电平变化在A、B、C、D引脚上产生控制信号：1001、1100、0110、0011，然后循环。如果要使步进电机反向的旋转，则在A、B、C、D引脚上逆序输入上述控制信号即可。如果采用四步法，则走完四步后，步进电机才转动一个齿距(以每转200步的步进电机为例，转子具有50个齿，因此转动一周需要4×50步=200步)。八步法是四步法的分解，其每步是四步法步进角的一半。其控制信号是：1001、1000、1100、0100、0110、0010、0011、0001。Proteus仿真中步进电机模型的步进角的初始值为90°，仿真时应该根据步进电机的实际要求设置该值。如果给步进电机发送一个控制脉冲，它就转一步，再发送一个控制脉冲，它会再转一步。两个脉冲的时间间隔越短，步进电机就转得越快。调整该脉冲的频率，就可以对步进电机进行调速。

实现步进电机控制的单片机程序也很简单，只需将相应的时序信号输出给驱动芯片的输入端，这样步进电机就会在程序的控制下运行。单片机P2口通过连接L298来控制步进电机的转动；单片机在P3口的外部中断端口连接转速加速按键和转动方向换向按键，从而实现对步进电机的速度和转向的控制。整个设计方框图如图2-120所示。

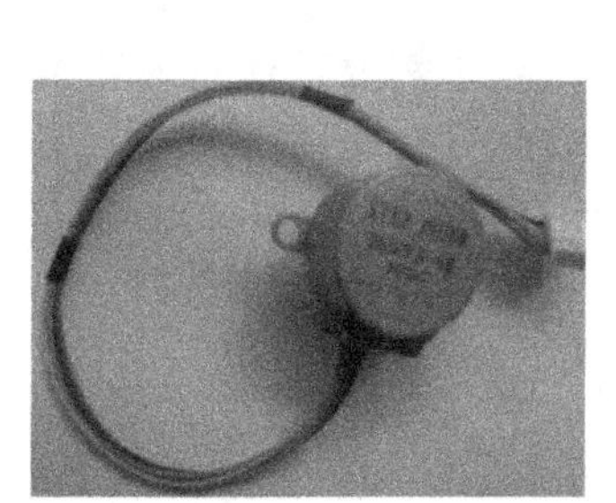

图2-118 28BYJ-48型四相混合步进电机的外形

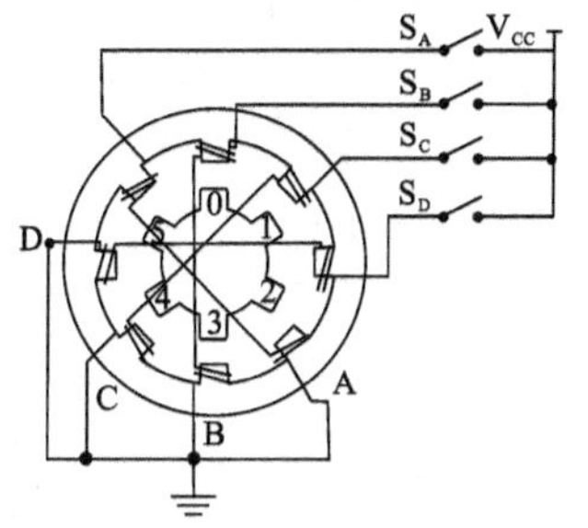

图2-119 四相步进电机工作原理示意图

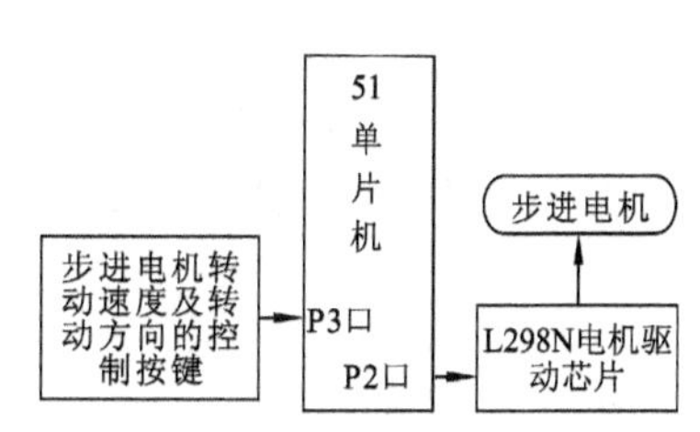

图2-120 单片机控制步进电机方框图

三、电路原理(电路图、仿真图、实物图)

如图2-121所示，51系列单片机通过P2口的P2.0，P2.1，P2.2和P2.3分别连接L298的输入端IN1、IN2、IN3和IN4，L298的ENA和ENB端接高电平则一直有效，通过L298的输出端OUT1、OUT2、OUT3和OUT4来控制步进电机的转动。

51系列单片机通过P3口的中断0和中断1端口分别连接控制步进电机的加速按键和控制步进电机转向转换的按键，以完成对步进电机转速和转向的控制。编程实现单片机对步进电机的转速和转向的控制。

图2-122所示为单片机控制步进电机转动的实物制作图。

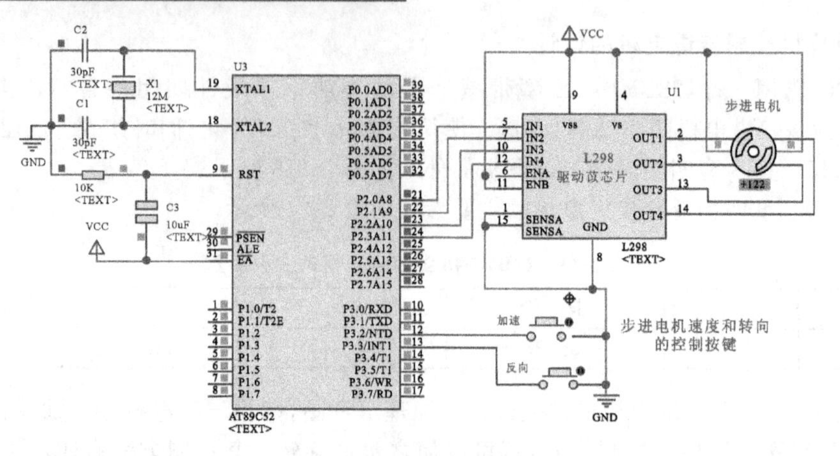

图 2-121　单片机控制步进电机仿真图

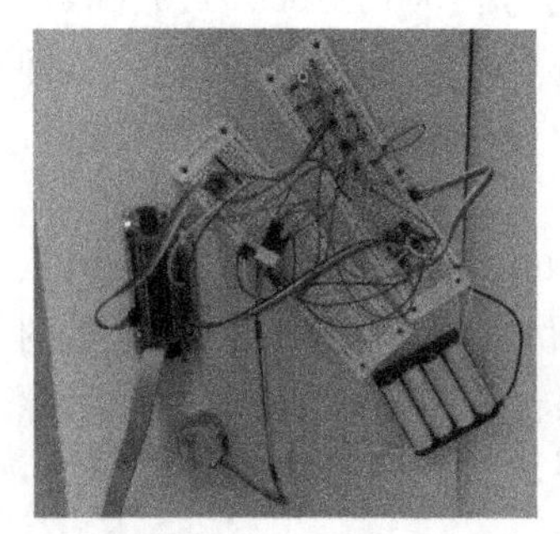

图 2-122　实物制作图

四、程序代码

该程序代码主要包括三部分，即主程序、改变转向和加速的子程序，以及定时器中断服务程序。主程序主要完成中断和定时器的初始化工作。改变电动机转向和加速的子程序，先改变某个标志变量，而真正实现改变转向和加速则是在定时器中断服务程序中。所以，定时器中断服务程序的实现是关键。

在定时器中断服务程序中，每次定时器溢出，都需要先改变P2 口的值，这些值事先存放在一个名字为 step 的数组中，这个数组中存放着八步法中每一步对应的需要向步进电机输入的值，每次定时器溢出，就将下一步的值送入步进电机，这样步进电机就会旋转，反转时的控制方法与正向转动时相似，只是采用逆序来控制每一步。这里正序和逆序的实现是通过对 step_i 变量的控制来实现的。每一次定时器溢出后，都需要重新装入定时初值，而这些初值事先通过计算存放在两个名为 th_0 和 tl_0 的数组里。其中，前者存放高 8 位，后者存放低 8 位。至于需要重新装入数组里的哪个数据，则由当前 speedcount 变量的值来决定，而 speedcount 变量是在加速函数中实现的，每加速一次就加 1，直到转速增加到最大值，然后再从最小的转速开始，依次循环。

软件流程图的设计如图 2-123、图 2-124 所示。

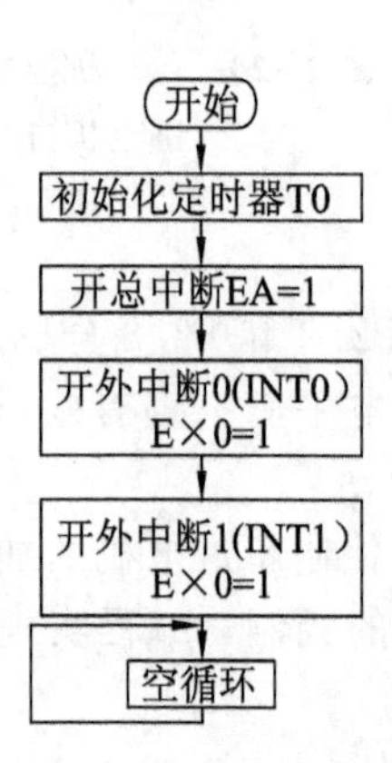

图 2-123　主程序流程图

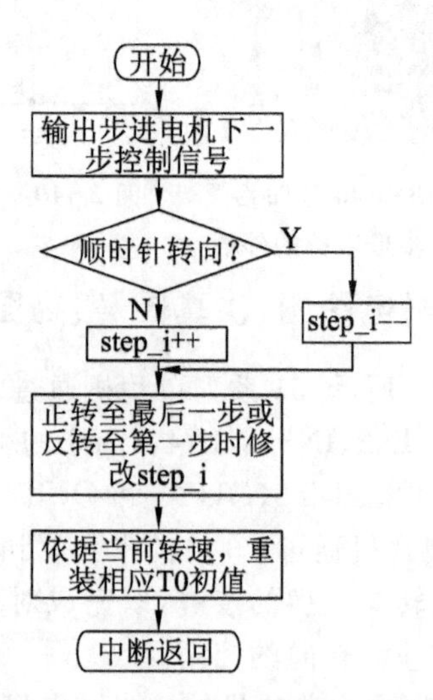

图 2-124　定时器 T0 中断服务程序流程图

具体程序代码如下。

```
#include<REG52.H>
#define uehar unsigned char
#define uint unsigned int
#define ulong unsigned long
#define CLK WISE 0;                        //顺时针方向转动
#define INVERSE 1;                         //逆时针方向转动
bit direction=CLK_WISE;                    //方向标志,取值为 CLK_WISE 或 INVERSE
static uchar speedcount=0;                 //加速标志,其值越大转速越快,最大值为 7,然后回归到 0,
                                           //循环程序中可以依据它来改变占空比
uchar step[8]={0x01,0x09,0x08,0xoc,0x04,0x06,0x02,0x03};      //8 个步
uchar th_0[8]={0x5D,0x85,0x9E,0xAE,0xBA,0xC2,0xC9,0xCF}; //8 个定时器值,高 8 位
uchar tl_o[8]={0x3D,0xEE,0x58,0x9E,0x3E,0xF7,0xBF,0x2C}; //8 个定时器值,低 8 位
int step_i=0;                              //当前处于哪一步
/*定时器 T0 中断服务程序*/
void time0(void) interrupt 1 using 1
{
  P2=step[step_i];                         //输出电动机控制信号
  if(direction==CLK_WISE)                  //顺时针转
    step_i++;
  else
    step_i--;                              //逆时针转
  if(step i> 7)                            //顺时针到最后一步,需要调整到第一步
    step_i=0;
  if(step_i< 0)                            //顺时针到第一步,需要调整到最后一步
    step_i=7;
  TH0=th_0[speedcount];                    //根据当前速度设定定时器初值
  TL0=tl_0[speedcount];
}
/****改变转向标志*****/
void intl_srv(void) interrupt 2 using 2   //外部中断 1 服务程序,改变转向标志
(
  if(INT1==0)
  {
    while(! INT1);
    direction=! direction;
  }
}
/*******加速********/
void change(void) interrupt 0 using 0      //外部中断 0 服务程序,记录加速次数
  {
    if(INT0==0)
      {
        while(! INT0);
        Speedcount++;                      //记录加速次数
```

```
        if(speedcount>7)//最大值为 7,然后从 0 开始循环
            speedcount=0;
    }
Void main( )
{
  EA=1;
  TMOD=0x01;            //定时器 0 初始化
  ET0=1;
  TR0=1;
  EX0=1;                //允许外部中断 0
  IT0=1;
  EX1=1;                //允许外部中断 1
  IT1=1;
  TH0=th_0[0];          //定时器 0 初始值
  TL0=th_0[0];
  while(1)
    {
     ;
    }
}
```

五、制作体会

(1) 合理利用 INT0 和 INT1 中断端口作为步进电机的控制端口,这样就把速度开关与总开关和转向开关分开来。

(2) 步进电机进行精确运转时对编程中的定时中断的要求较高,应加强精确定时的概念应用于此类编程中。

2.15 温度传感器 DS18B20

一、目的要求

本实验实训要求利用数字温度传感器 DS18B20 采集环境温度,通过单片机控制将采集到的温度显示在双数码管上。

二、基本知识

温度测量与控制是工业控制中最常碰到的问题之一,而对于温度的测量可以采用模拟温度传感器加上模数转换的方式获取,也可以通过数字式温度传感器的方式获取。数字温度传感器 DS18B20 由于具有电路简单、价廉且采用一线数字式接口等优点而受到广大工程师的喜爱,在各个领域中应用都很广泛。

1. DS18B20 概述

DS18B20 是美国 DALLAS 半导体公司推出的一款智能温度传感器。与传统的热敏电阻相比,它能够直接读出被测温度并且可根据实际要求通过简单的编程实现 9～12 位的数

字值读数方式，在 93.75～750 ms 内即可完成，并且从 DS18B20 读出信息或写入信息仅需一条口线，温度数据来源于数据总线，总线本身也可以向 DS18B20 供电，而无须额外电源。因而使用 DS18B20 可使系统结构更趋简单，可靠性更高。DS18B20 在测温精度、转换时间、传输距离、分辨率等方面都给用户的使用带来了方便，效果也更令人满意。其主要特点如下。

（1）独特的单线接口方式。DS18B20 与微处理器连接时仅需要一条口线即可实现微处理器与 DS18B20 的双向通信。

（2）在使用中不需要任何外部元件。

（3）可用数据线供电，电压范围为＋3.0～＋5.5 V。

（4）测温范围：－55～＋125 ℃。固有测温分辨率为 0.5 ℃。

（5）通过编程可实现 9～12 位的数字读数方式。

（6）用户可自设定非易失性的报警上下限值。

（7）支持多点组网功能，多个 DS18B20 可以并联在唯一的三线上，实现多点测温。

（8）负压特性，电源极性接反时，温度传感器不会因发热而烧毁，但不能正常工作。

DS18B20 的外形、管脚排列及引脚定义如图 2-125 所示。其各个引脚的功能为：①DQ 为数字信号输入/输出端；②GND 为电源地；③V_{DD}为外接供电电源输入端（在寄生电源接线方式时接地）；④NC 为无连接。

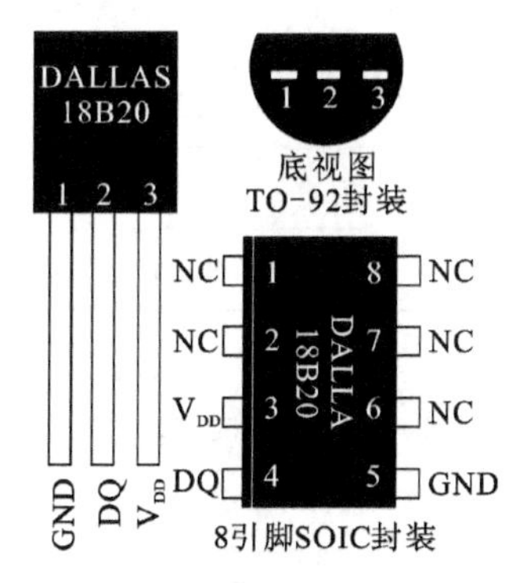

图 2-125 DS18B20 的外形管脚排列及定义

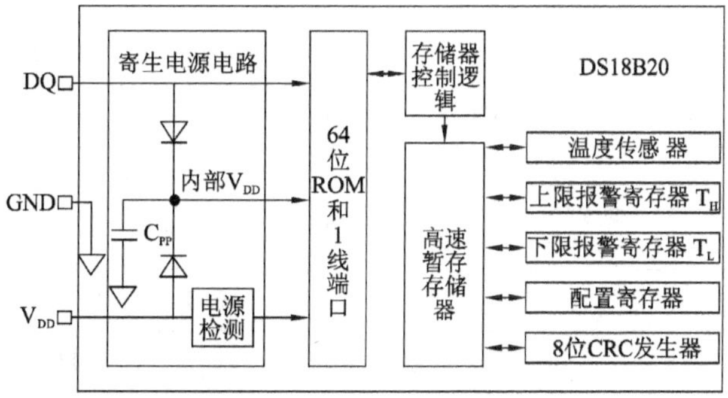

图 2-126 DS18B20 内部结构

2. DS18B20 的内部结构

DS18B20 内部结构主要由 64 位 ROM、温度灵敏元件、内部存储器和配置寄存器四部分组成，如图 2-126 所示。

1）64 位 ROM

64 位 ROM 的内容是 64 位序列号，是出厂前被光刻好的，它可以作为该 DS18B20 的地址序列码，其作用是使每一个 DS18B20 都各不相同，这样就可以实现一根总线上连接多个 DS18B20 的目的。这一特点类似于每一个网卡芯片都有一个属于自己的 MAC 地址。这 64 位序列号的排列顺序为：开始 8 位是产品类型标号，接着的 48 位是该 DS18B20 自身的序列号，最后 8 位是前面 56 位的循环冗余校验码。

2）温度灵敏元件

温度灵敏元件用于完成对温度的测量，测量后的结果存储在两个 8 bit 的温度寄存器中，这两个温度寄存器的定义如图 2-127 所示。温度存储器高位的前 5 位是符号位，当温度大于零时，这 5 位为 0；而当温度小于零时，这 5 位为 1。高位剩下的 3 位和低位的前 4 位是温度的整数位，低位的后 4 位是温度的小数位，当温度大于零时它们以原码的形式存储，而当温度小于零时则都以二进制的补码形式存储。不难看出，当转换位数为 12 位时，温度的精度为 0.0625 ℃；当转换位数为 11 位时，温度的精度为 0.125 ℃，依此类推。

	bit7	bit6	bit5	bit4	bit3	bit2	bit1	bit0
LS Byte	2^3	2^2	2^1	2^0	2^{-1}	2^{-2}	2^{-3}	2^{-4}
	bit15	bit14	bit13	bit12	bit11	bit10	bit9	bit8
MS Byte	S	S	S	S	S	2^6	2^5	2^4

图 2-127　DS18B20 温度值存储器格式

对于温度的计算，以 12 位转换位数为例，对于正的温度值，将测得的数值乘以 0.0625 即可得到实际温度；如果温度小于零，测得的数值需要取反加 1 再乘以 0.0625 即可得到实际温度，从温度值推算到二进制值的方法就是相反的过程。其他位数的转换可依此类推。

例如，当转换的最大值 07D0H 对应的温度是＋125 ℃，则＋25℃的数字输出为 0190H，－55 ℃的数字输出为 FC90H。由此不难推出 DS18B20 的温度转换值和温度的对照表，如表 2-25 所示。

表 2-25　DS18B20 的温度转换值和温度的对照表

温 度 值	数字输出(二进制)	数字输出(十六进制)
＋125 ℃	0000 0111 1101 0000	07D0H
＋85 ℃*	0000 0101 0101 0000	0550H
＋25.0625 ℃	0000 0001 1001 0001	0191H
＋10.125 ℃	0000 0000 1010 0010	00A2H
＋0.5 ℃	0000 0000 0000 1000	0008H
0 ℃	0000 0000 0000 0000	0000H
－0.5 ℃	1111 1111 1111 1000	FFF8H
－10.125 ℃	1111 1111 0101 1110	FF5EH
－25.0625 ℃	1111 1110 0110 1111	FE6FH
－55 ℃	1111 1100 1001 0000	FC90H

注：* 上电复位值＋85 ℃。

3. DS18B20 内部存储器

DS18B20 温度传感器的内部存储器包括 3 种形态的存储器资源，除了一个用于存放 DS18B20 编码的 64 位 ROM 外，还有一个高速暂存 RAM 和一个非易失性的可电擦除的 EEPROM。

高速暂存存储器用于内部计算和数据存取，数据在掉电后丢失，DS18B20 共有 9 个字节 RAM，每个字节为 8 位。其 9 个字节的分配如图 2-128 所示。当温度转换命令发出后，经转换所得的温度值以二字节补码形式存放在高速暂存存储器的第 0 和第 1 个字节。单片机可通过单线接口读到该数据，读取时低位在前，高位在后。第 2 和 3 个字节是高低温度的报警值，它们是不含小数位的，第 4 个字节是配置寄存器，最后一个字节是冗余检验字节，即 CRC 校验值。

其中，配置寄存器(也即高速暂存 RAM 的第四个字节)其各位的意义如表 2-26 所示。

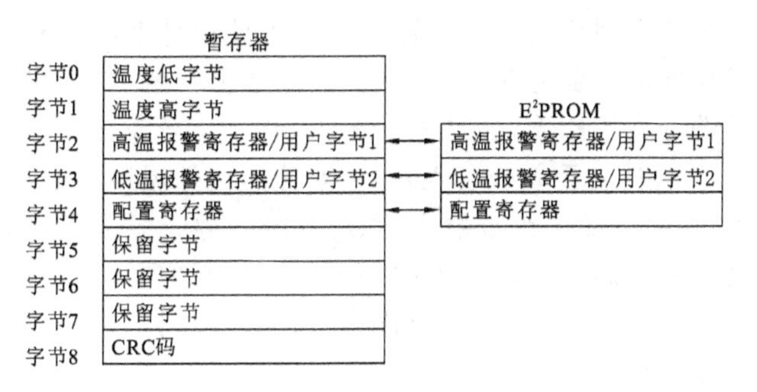

图 2-128　高速暂存存储器 9 字节组成及分配

表 2-26　配置寄存器各位的意义

bit7	bit6	bit5	bit4	bit3	bit2	bit1	bit0
0	R1	R0	1	1	1	1	1

表 2-26 中，低五位读出总是 1，TM 是测试模式位，用于设置 DS18B20 在工作模式还是在测试模式。在 DS18B20 出厂时该位被设置为 0，用户不用去改动。R1 和 R0 用来设置转换精度，如表 2-27 所示。DS18B20 出厂时被设置为 12 位。

表 2-27　温度值分辨率设置表

R1	R0	分 辨 率	最大温度转换时间/ms
0	0	9bit	93.75 ms
0	1	10bit	187.5 ms
1	0	11bit	375 ms
1	1	12bit	750 ms

高速暂存存储器用于存放高温度触发器和低温度触发器 TH、TI，以及配置寄存器等长期需要保存的数据。DS18B20 共有 3 字节的 EEPROM，并在 RAM 都存有镜像，以方便用户操作。

4. DS18B20 测温原理

如图 2-129 所示的图中，低温度系数振荡器的振荡频率受温度的影响很小，它用于产生固定频率的脉冲信号传送给减法计数器 1；高温度系数振荡器随温度变化其振荡频率明显改变，所产生的信号作为减法计数器 2 的脉冲输入。

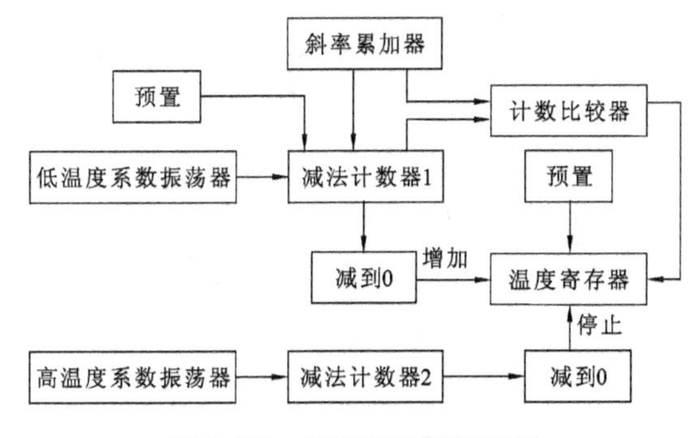

图 2-129　DS18B20 测温原理

图 2-129 中还隐含着计数门。当计数门打开时，DS18B20 就对低温度系数振荡器产生的时钟脉冲进行计数，进而完成温度测量。计数门的开启时间由高温度系数振荡器来决定，

每次测量前，首先将 55 ℃所对应的一个基数分别置入减法计数器 1 和温度寄存器中，即减法计数器 1 和温度寄存器被预置为 55 ℃所对应的基数值。减法计数器 1 对低温度系数振荡器产生的脉冲信号进行减法计数，当减法计数器 1 的预置值减到 0 时，温度寄存器的值将加 1，减法计数器 1 的预置值将重新被装入，并重新开始对低温度系数振荡器产生的脉冲信号进行计数。如此循环，直到减法计数器 2 计数到 0 时，停止温度寄存器值的累加，此时温度寄存器中的数值就是所测温度值。图 2-129 中的斜率累加器用于补偿和修正测温过程中的非线性，其输出用于修正减法计数器的预置值，只要计数门仍未关闭就重复上述过程，直到温度寄存器值达到被测温度值。

另外，由于 DS18B20 单线通信功能是分时完成的，有严格的时隙概念，因此其读/写时序很重要。系统对 DS18B20 的各种操作必须按协议进行，其操作协议为：初始化 DS18B20（发复位脉冲）→发 ROM 功能命令→发存储器操作命令→处理数据。

5. DS18B20 控制流程

根据 DS18B20 的通信协议，主机控制 DS18B20 完成一次温度转换必须经过如下 3 个步骤：①每次读/写之前都要对 DS18B20 进行复位操作；②复位成功后发送一条 ROM 指令；③发送 RAM 指令，这样才能对 DS18B20 进行预定的操作。复位要求 MCU 将数据线下拉最少 480 μs 后释放，当 DS18B20 收到信号后等待 15～60 μs，然后把总线拉低 60～240 μs，主机收到此信号表示复位成功。ROM 指令表明了主机寻址一个或多个 DS18B20，或者读取某个 DS18B20 的 64 位地址。RAM 指令用于主机对 DS18B20 内部 RAM 的操作。这些 ROM 和 RAM 指令集如表 2-28 所示。

表 2-28　DS18B20 内部操作指令集

ROM 指令集		
指令	代码	功　能
搜索 ROM	0F0H	搜索挂接在总线上 DS18B20 的个数，识别所有 64 位 ROM 地址
读 ROM	33H	总线上仅有一个节点时，读取该节点 ROM 中的 64 位地址
匹配 ROM	55H	该命令后跟 64 位 ROM 地址，总线上有与此 ROM 地址相同的 DS18B20 才会作出响应，地址不匹配的 DS18B20 被忽略。该命令先选择 DS18B20，然后对该选中的 DS18B20 做读/写准备
跳过 ROM	0CCH	忽略 64 位 ROM 地址，直接向 DS18B20 发出温度转换命令，该命令仅适用于总线上只有一个节点的情况
报警搜索 ROM	0ECH	该命令与搜索 ROM 命令基本相同，只有温度超出设定值上限或下限的 DS18B20 才会响应
RAM 指令集		
温度变换	44H	启动 DS18B20 温度转换，结果存于内部 RAM 中
读暂存器	0BEH	读内部 RAM 中 9 字节的内容
写暂存器	4EH	写入上、下限温度报警数据和配置数据到内部 RAM 的 2、3、4 字节，指令后跟上面 3 个数据
复制暂存器	48H	将 RAM 中第 2、3、4 字节的内容复制到 EEPROM 中
恢复 EEPROM	0B8H	将 EEPROM 中上、下限温度报警数据和配置数据恢复到 RAM 中的第 2、3、4 字节

对 DS18B20 的操作流程如图 2-130 和图 2-131 所示。

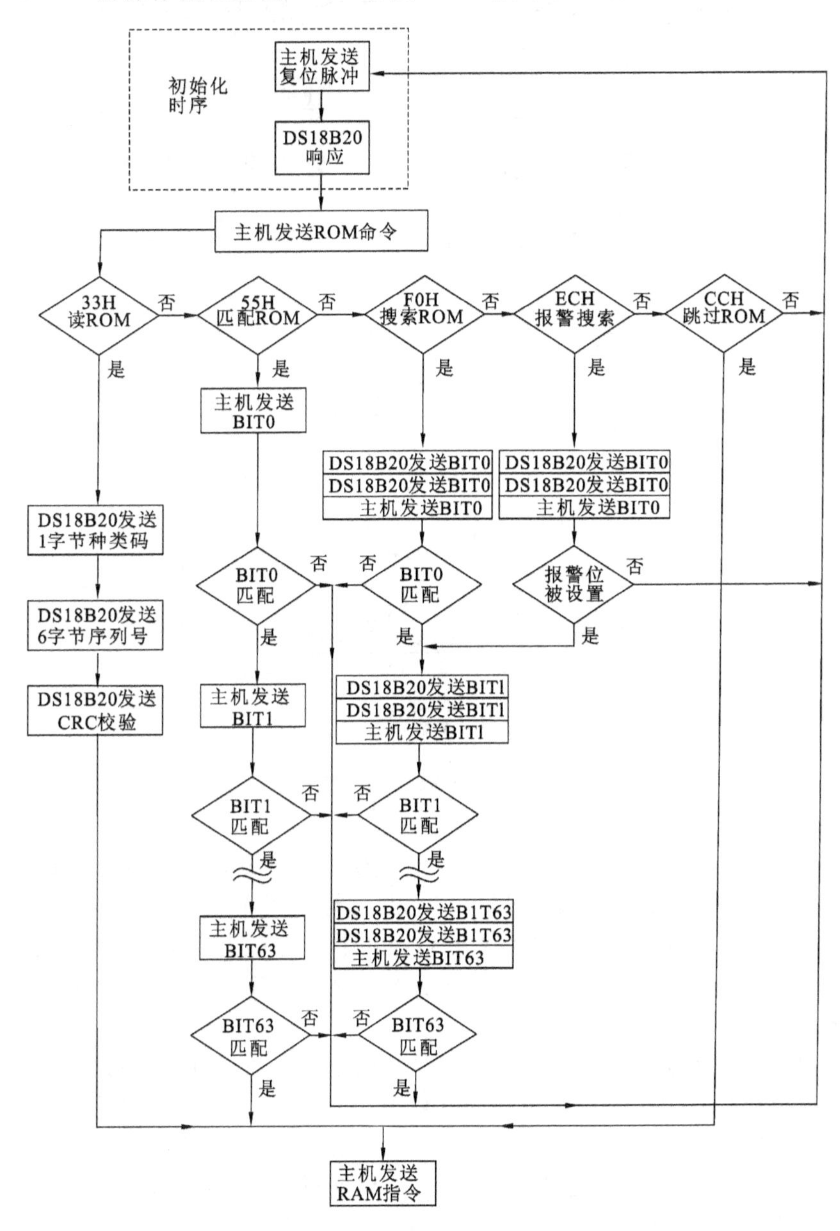

图 2-130　DS18B20 操作流程 1

上面两个操作流程图说明了任何操作 DS18B20 所应遵循的流程。例如，先发送报警上下限值，并写入 EEPROM，然后让 DS18B20 做温度转换，最后读取温度值。

6. DS18B20 寄生电源供电方式电路的连接和操作时序

1) DS18B20 寄生电源供电方式电路连接的几种情况

DS18B20 最基本电路连接如图 2-132 所示，图中的 DS18B20 工作在寄生电源供电方式下，它可以从数据信号线上获取能量。图中所示的电路在信号线 DQ 处于高电平期间把能量储存在内部电容里，在信号线处于低电平期间消耗电容上储存的电能来工作，直到数据线变为高电平再给电容充电。

寄生电源供电方式主要有如下两个优点：① 进行远距离测温时，无须本地电源；② 电路

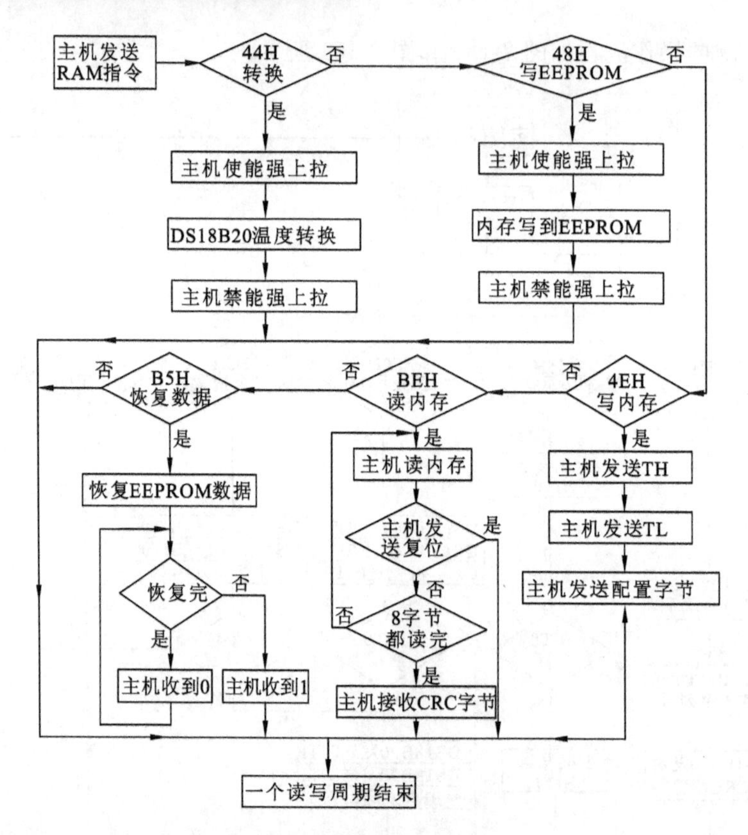

图 2-131　DS18B20 操作流程 2

更加简捷，仅用一根 I/O 口线即可实现测温。

上面的电路一般情况下都能满足测温要求，但是要想使用 DS18B20 进行精确的温度转换，或者要在总线上连接多个 DS18B20 时，以上电路就不能满足要求了。因为每个 DS18B20 在温度转换期间工作电流达到 1 mA，当几个温度传感器同时连接在同一根 I/O 口线上进行多点测温时，仅靠 4.7 kΩ 的上拉电阻无法提供足够的能量，故会造成无法转换温度或温度误差极大等问题。

为了使 DS18B20 在温度转换周期中获得足够的电源供应，可以采用如下两种方法。第一种方法是在每个 DS18B20 节点都单独为其供电，如图 2-133 所示。但是这种方法需要每个节点处都有单独的电源，使得寄生电源的优势荡然无存，实际应用中当节点处没有单独电源时基本不采用。另一种方法是当进行温度转换或复制到存储器操作时，用低导通电阻三极管或 MOSFET 把数据线直接上拉电压至 V_{CC} 就可以提供足够的电流，在发出任何涉及复制到存储器或启动温度转换的指令后，必须在最多 3 μs 内把 I/O 口线转换到强上拉状态。在强上拉方式下可以解决电流供应不足的问题，因此也适合于多点测温应用，其缺点是要多占用一条 I/O 口线进行强上拉切换。这种使用低导通电阻三极管或 MOSFET 进行强上拉的电路在实际中应用非常广泛，其电路如图 2-134 所示。

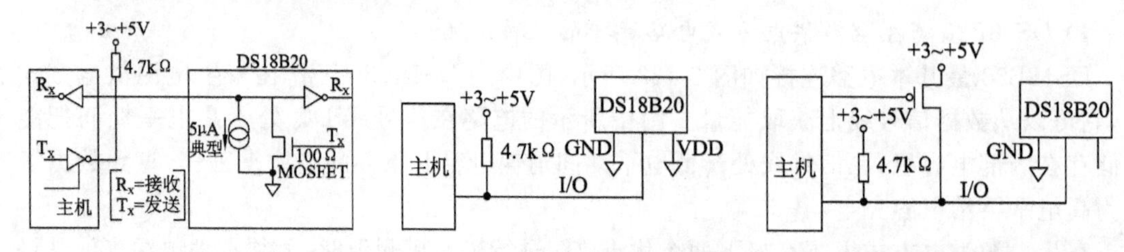

图 2-132　DS18B20 基本电路连接　图 2-133　节点单独供电电路连接　图 2-134　使用强上拉的电路连接

2）DS18B20 的操作时序

由于采用单总线数据传输方式，DS18B20 的数据 I/O 均由同一条线完成，因此其对读写的操作时序要求比较严格。它的各种时序如图 2-135 和图 2-136 所示。

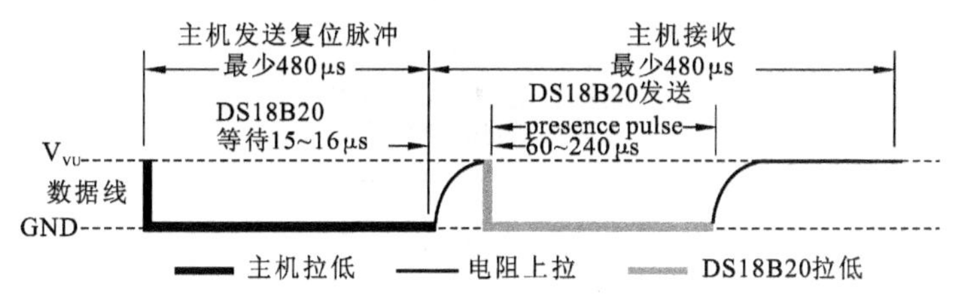

图 2-135　复位电路

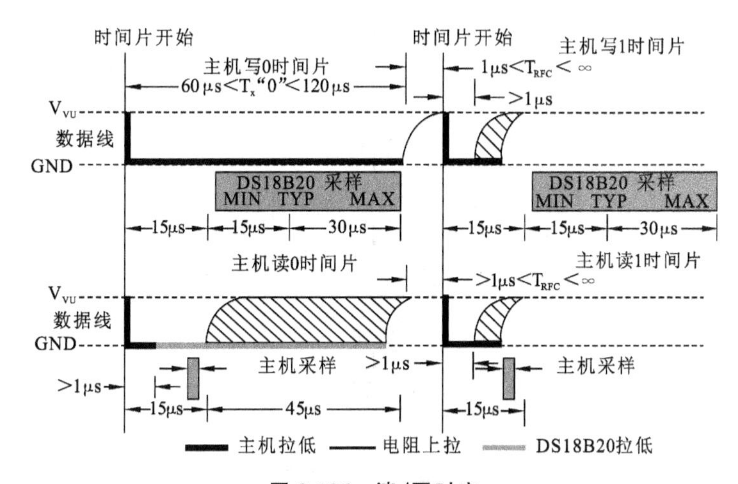

图 2-136　读/写时序

为了保证 DS18B20 的严格的 I/O 时序，需要进行较精确的延时。在 DS18B20 操作中，常用到的延时有 15 μs，90 μs，270 μs，540 μs 等。因这些延时均为 15 μs 的整数倍，因此在程序中可以编写一个以 15 μs 为基准的延时函数。

三、电路原理(电路图、仿真图、实物图)

如图 2-137 所示，单片机的 P1.0 引脚接 DS18B20 数字温度传感器，P2 口接双数码管用于显示采集到的温度值。编程实现使用 DS18B20 采集环境温度的功能，用单片机控制双数码管显示温度值。

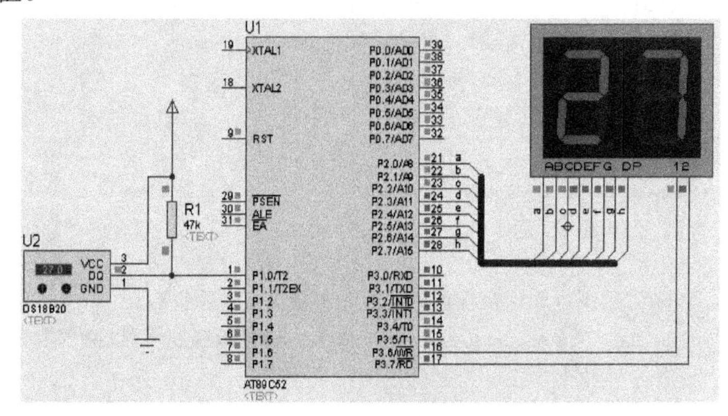

图 2-137　单片机控制 DS18B20 的温度采集及显示电路仿真图

四、程序代码

程序设计流程图如图 2-138 所示。

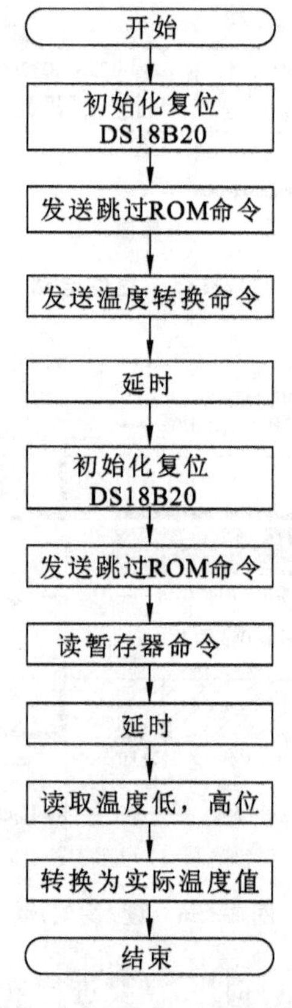

图 2-138　程序设计流程图

具体的程序代码如下。

```
    #include<reg52.h>
    unsigned char temp1,temp2,temp;
    unsigned char A;
    unsigned char code dispcode[]={0x3f,0x06,0x5b,0x4f,
0x66,0x6d,0x7d,0x07,0x7f,0x6f};                    //共阴极 0~9
    sbit DQ =P1^0;            //DS18B20 传感器数据输入/输出线
    /*延时,此延时不用于做精确延时,可采用双层循环*/
    void delay(unsigned int x)//最小 1ms
    {
      unsigned int i,j;
      for(i=x;i>0;i--)
      for(j=125;j>0;j--);
    }
    /*显示温度子程序,十位和个位分别用求商和求余函数计算得到*/
    void display_1820(unsigned char x)          //显示温度值,以两位数为准
    {
      P3=0x80;
      P2=dispcode[x/10];              //显示温度值的十位
```

```
      delay(5);
      P3=0x70;
      P2=dispcode[x% 10];                   //显示温度值的个位
      delay(5);
    }
    /*精确延时,每次减一则占用一个机器周期*/
    void delay_18B20(unsigned int i)
    {
    for(;i> 0;i- - );
    }
    /*初始化复位 DS18B20 程序,注意此程序中延时的时长取决于初始化时的时序图*/
    void Init_DS18B20(void)
    {
      unsigned char x=0;
      DQ =1;                  //DQ 复位
      delay_18B20(8);         //稍做延时
      DQ =0;                  //单片机将 DQ 拉低
      delay_18B20(80);        //精确延时大于 480us
      DQ =1;                  //单片机拉高总线
      delay_18B20(14);
      x=DQ;                   //稍做延时后,如果 x=0 则初始化成功,如果 x=1 则初始化失败
      delay_18B20(20);
    }
    /*读取一个字节,根据读数据的时序图,将数据线等于 1 的数据赋予 dat,dat 左移并且与 0x80
进行与运算,已得到全部八位数据*/
    unsigned char ReadOneChar(void)
    {
    unsigned char i=0;
    unsigned char dat =0;
    for (i=8;i> 0;i- - )
      {
        DQ =0;                      //发送脉冲信号 0,单片机将 DQ 拉低
        dat> > =1;
        DQ =1;                      //发送脉冲信号 1,拉高总线
        if(DQ)
        dat|=0x80;
        delay_18B20(4);
      }
      return(dat);
    }
    /*写入一个字节,参考写数据时的时序图,将要写的数据逐位赋值给 DQ*/
    void WriteOneChar(unsigned char dat)
    {
      unsigned char i=0;
      for (i=8; i>0; i- - )
      {
        DQ =0;                      //发送脉冲信号 0,单片机将 DQ 拉低
```

```
        DQ =dat&0x01;
        delay_18B20(5);
        DQ =1;                          //发送脉冲信号 1,拉高总线
        dat> > =1;
      }
    }
    /*读温度子程序*/
    unsigned char ReadTemperature(void)
    {
      unsigned char a=0;
      unsigned char b=0;
      unsigned char t=0;
      Init_DS18B20();                   //初始化复位 DS18B20
      WriteOneChar(0xCC);               //跳过读 ROM 序列号的操作
      WriteOneChar(0x44);               //启动温度转换
      delay_18B20(100);
      Init_DS18B20();                   //初始化复位 DS18B20
      WriteOneChar(0xCC);               //跳过读 ROM 序列号的操作
      WriteOneChar(0xBE);               //读取温度寄存器等(共可读 9 个字节)前两个就是
温度
      delay_18B20(100);
      a=ReadOneChar();                  //读取温度值低位
      b=ReadOneChar();                  //读取温度值高位
      temp1=b<<4;
      temp1+=(a&0xf0)>> 4;
      temp2=a&0x0f;
      temp=((b* 256+a)>> 4);            //当前采集温度值除以 16 得实际温度值
      return(temp);
    }
    void main(void)
    {
      while(1)
      {
        A=ReadTemperature();            //读温度子程序
        display_1820(A);                //显示温度子程序
      }
    }
```


五、制作体会

（1）由于 DS18B20 与微处理器间采用无时钟同步的串行数据传输，因此在对 DS18B20 进行读/写编程时，必须严格地保证读/写时序，否则将无法读取测温结果。

（2）总线上的 DS18B20 数量较少时，典型的应用连接就能胜任。但是当单总线上连接的 DS18B20 超过 8 个时，就需要解决微处理器的总线驱动问题。

（3）连接 DS18B20 的总线电缆是有长度限制的。对于普通信号电缆传输长度不宜超过 50 m；对于双绞线带屏蔽电缆的传输长度也不能超过 150 m，因此在用 DS18B20 进行长距离测温系统设计时要充分考虑总线分布电容和阻抗匹配等问题。

(4) 在 DS18B20 测温程序设计中，向 DS18B20 发出温度转换命令后，程序总要等待 DS18B20 的返回信号，一旦某个 DS18B20 接触不好或断线，在程序读该 DS18B20 时，将没有返回信号，此时程序进入死循环。所以程序设计中一定要对此进行相应的处理，比如可以加入超时退出等可靠性设计。

第 3 部分　单片机课程设计

3.1　基于单片机的交通灯控制系统

在城市中，十字路口的交通红绿灯控制是保证交通安全和道路畅通的关键。当前，国内大多数城市正在采用“自动”红绿交通灯，它具有固定的“红灯-绿灯”转换时间间隔，并自动切换。它们一般由通行与禁止时间控制显示、红绿灯三色信号灯和方向指示灯三部分组成。

一、课题背景

在交通灯的通行与禁止时间控制显示中，通常是东西、南北方向各 50 秒，或者根据交通规律，东西方向 60 秒，南北方向 40 秒，其时间控制都是固定的。交通灯的时间控制显示，以固定时间值预先“固化”在单片机中，每次只是以一定的周期交替变化。但是，实际上不同时刻的车辆流通状况是十分复杂的，是高度非线性的、随机的。采用定时控制经常会造成道路有效使用时间的浪费，出现绿灯方向车辆较少，红灯方向车辆积压的现象。其最大的缺陷就在于当路况发生变化时，不能满足司机与路人的实际需要，轻则造成时间上的浪费，重则直接导致交通堵塞。所以，如何采用合适的控制方法，最大限度地利用好耗费巨资修建的城市高速道路，缓解主干道与匝道、城区与周边地区的交通拥堵状况，越来越成为交通运输管理和城市规划部门亟待解决的主要问题。

综合考虑各种情况后，最终采用单片机作为本设计的控制方案。因为相比于 ARM 这类性能更为强大的控制器，单片机简单实用，具有成本低廉和易学易用的特性。如何充分利用单片机已有的功能进行最大化的开发是本设计的重点。

总的来说，本设计具有如下 4 个方面的特点。

(1) 对单片机这一成熟的解决方案在交通灯领域的应用进行研究和开发。

(2) 探究分时管理系统在交通灯系统中的应用，对分时管理系统的 C 语言算法进行开发。同时举一反三，将其应用延伸到类似领域。

(3) 探究全新的交通灯管理系统。

(4) 建立不间断电源在实际应用领域的具体模型和电路结构。

二、总体设计

本设计的交通灯以十字路口为模型，利用单片机最小系统来实现基本的电路功能。通过 I/O 口的输入和输出，实现对数码管和 LED 灯的控制。在实现基本功能的前提下增加了“时间加”和“时间减”的人工调位机制和人工干预东西方向或南北方向通行机制，通过 P3 口的第二功能来实现。

单片机最小系统即通过单片机的 P0 口实现对数码管的计时显示及 LED 灯的控制。数码管计时显示是把控制各个 LED 灯的时间显示在数码管上，分为东西方向和南北方向的时间显示两部分。LED 灯显示是用红黄绿灯显示车行道的通行情况，用红绿灯显示人行道的通行状况。驱动芯片采用 74HC573 锁存器，用来加强 P0 口的驱动电流从而提高数码管的显示亮度。系统电源向单片机、LED 灯、74HC573 驱动芯片进行供电。

为了方便说明交通灯状态，交通灯系统的示意图如图 3-1 所示。交通道路系统是由常见的双车道加人行道组成，由南向北行驶的车辆遵守北路口的车行道交通灯，由北向南的车辆遵守南路口的车行道交通灯，由西向东行驶的车辆遵守东路口的车行道交通灯，由东向西行驶的车辆遵守西路口的车行道交通灯。

现规定如下两个状态。

（1）S1：南北方向车辆通行、东西方向禁行，南北方向人行道通行、东西方向人行道禁行。S1 状态如图 3-2 所示。

（2）S2：东西方向车辆通行、南北方向禁行，东西方向人行道通行、南北方向人行道禁行。S2 状态如图 3-3 所示。

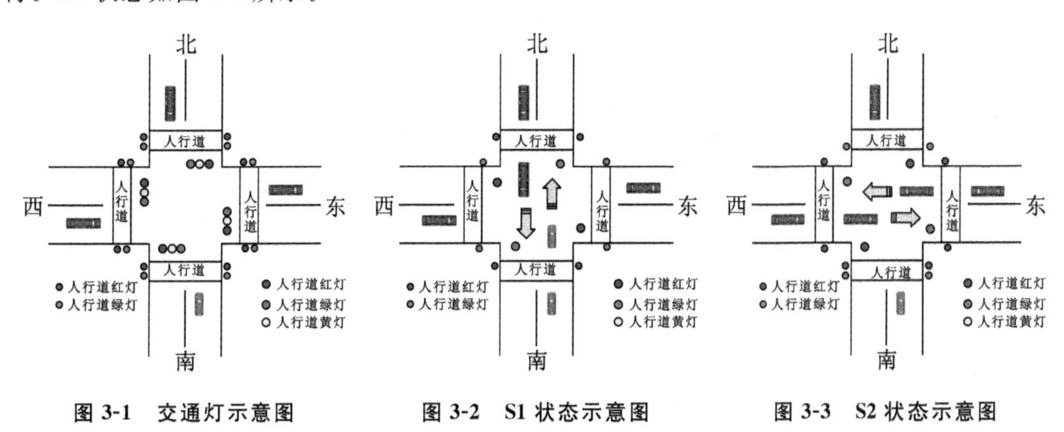

图 3-1　交通灯示意图　　图 3-2　S1 状态示意图　　图 3-3　S2 状态示意图

三、硬件设计

本设计中单片机主要是用于控制交通灯的演示系统，故只需要单片机最小系统即可完成。本设计专门设置了手动干预通行模块，是为了在发生突发事件的时候启动紧急状态，采用手动方式设置东西方向通行或南北方向通行。这种状态主要适用于救护车、军车执行任务时候使用。

根据功能，交通灯的演示系统从功能上可分为倒计时电路、红绿灯功能电路两部分。倒计时电路主要是由双位共阴数码管和 74LS373 驱动模块组成，其控制信号通过单片机的 P1 口传输。倒计时电路用于显示红绿灯持续显示的时间。当绿灯或红灯持续显示时，数码管可显示该状态的持续时间，在黄灯闪烁显示时，可起到倒计时秒数的作用。红绿灯功能电路主要是由各色的发光二极管和 74LS373 驱动模块组成，控制信号与数码管显示信号都通过 P1 口进行传输。红绿灯电路用于各个车行道和人行道通行状态的显示。整体仿真电路图如图 3-4 所示。

系统主程序控制单片机系统按预定的操作方式运行，它是单片机系统程序的框架。系统上电后，对系统进行初始化。初始化程序主要完成对单片机内的专用寄存器、定时器的工作方式及各端口的工作状态的设定。系统初始化之后，再进行定时器中断、外部中断、显示等工作，不同的外部硬件控制不同的子程序。

图 3-4 整体仿真电路图

四、制作过程

为了安全起见，防止硬件烧坏，首先应进行断电调试，用万用表检测系统是否有短路现象，再检查原理是否正确，各个线路的电平是否正常。同时还应检查系统时钟是否能正常工作，用万用表直流电压挡测量 XTAL1 与 XTAL2 两端间的电压，检测到电压若为 2.5 V 左右，则视为正常工作。检查复位电路是否正常工作，以及检查数码管显示和 LED 灯是否正常。

系统上电后，显示交通灯的基本状态。按下调位按键，时间加减调制正常；按复位按键，整个系统复位成功。按东西通行按键，系统即时切换到东西通行，南北禁止通行状态；再按下南北通行按键，系统即时切换到南北通行，东西禁止通行状态。在未进行任何的调位和复位操作时，交通灯应按照预定流程进行，在东西和南北两个设定的方向内轮流变化。

系统上电后等待测试的状态，如图 3-5 所示。

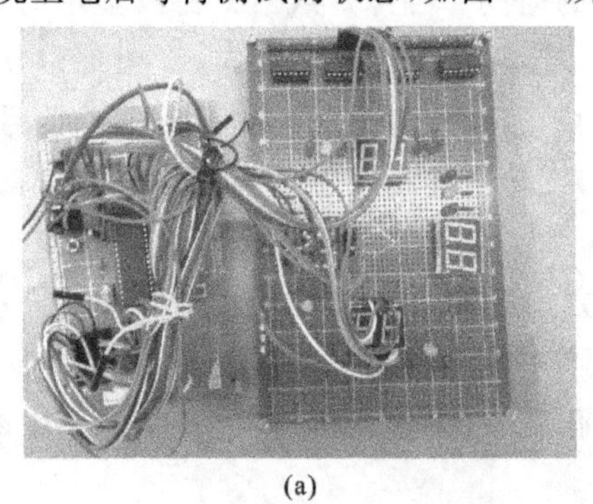

(a)

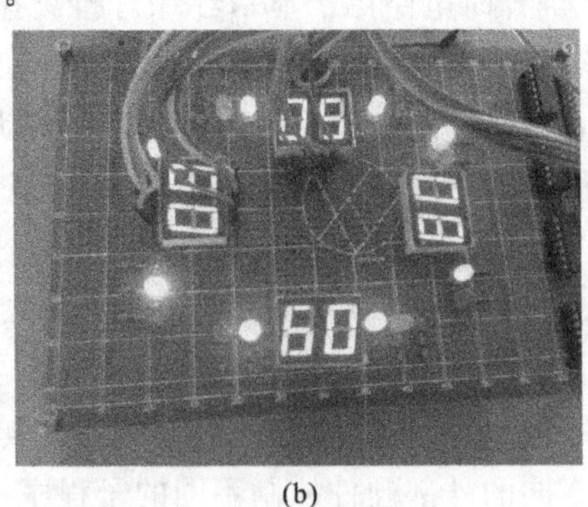

(b)

图 3-5 实物制作图

本设计的元器件清单表如表 3-1 所示。

表 3-1　元器件清单

元　器　件	数　　量
AT89C51 单片机	1
两位共阴数码管	4
红色 LED	8
黄色 LED	4
绿色 LED	8
12 MHz 晶振	1
100 Ω 电阻	20
1 kΩ 电阻	1
22 pF 电容	2
10 μF 电解电容	1
10 kΩ 排阻	1
点触开关	4
带锁开关	2

五、程序代码

具体程序代码如下。

```
#include<reg51.h>
#define uchar unsigned char
#define uint unsigned  int
sbit sw1=P3^0;          //定义一个调位按键
sbit sw2=P3^1;          //定义一个时间加按键
sbit sw3=P3^2;          //定义一个时间减按键
sbit key_ew=P3^3;                 //定义一个东西通行的按键
sbit key_sn=P3^4;                 //定义一个南北通行的按键
uchar TH,TL;
uchar SN=30,EW=25,NN=60;
uint tt,ii,jj,kk;
uchar code DisCode[]
={0x3f,0x06,0x5b,0x4f,0x66,0x6d,0x7d,0x07,0x7f,0x6f};
uchar Disbuff0[2];
uchar Disbuff1[2];
void Delay(uint x)                //ms 延时
{
  uchar i;
  while(x--)for(i=0;i<123;i++);
}
void init()                       //定时器初始化
{
```

```
    TMOD=0x01;
    TH=(65536-4000)/256,
    TL=(65536-4000)% 256;
    TH0=TH;
    TL0=TL;
    EA=1;
    ET0=1;
    TR0=1;
}
void fenli0()
{
    Disbuff0[0]=SN/10;
    Disbuff0[1]=SN% 10;
}
void fenli1()
{
    Disbuff1[0]=EW/10;
    Disbuff1[1]=EW% 10;
}
void Display()
{
    uchar ii;
    if(ii==0)
      {
        P0=0x80;
        P2=0x80;
        P2=DisCode[Disbuff0[0]]|0x80;          //南北数码管十位
        P0=DisCode[Disbuff1[0]]&0x7f;          //东西数码管个位
      }
  else
    {
      P0=0x80;
      P2=0x80;
      P2=DisCode[Disbuff0[1]]&0x7f;            //南北数码管十位
      P0=DisCode[Disbuff1[1]]|0x80;            //东西数码管个位
    }
  ii=~ii;
}
void fuzhi()                                   //赋值
{
    if(NN==60)
    {
      SN=30;
      EW=25;
      P1=0x5E;
```

```
    }
  if(EW==0&&NN==35)
    {
      EW=5;
      P1=0x6E;
    }
      if(NN==30)
     {
      SN=25;
      EW=30;
      P1=0xB3;
    }
  if(SN==0&&NN==5)
    {
      SN=5;
      P1=0xB5;
    }
  }
  void LED()          //LED
  {
    if(NN<=40&&NN>35)
      {
        if(kk)
          {
          P1=0x5E;
          }
        else P1=0xfE;
      }
    if(NN<=35&&NN>30)
    {
      if(kk)
        {
          P1=0x6E;
        }
    else P1=0xEE;
    }
  if(NN<=10&&NN>5)
    {
      if(kk)
        {
          P1=0xB3;
        }
        else P1=0xF7;
    }
  if(NN<=5)
```

```
  {
    if(kk)
      {
        P1=0xB5;
      }
else P1=0xF5;
  }
}
void qiangzhi_sw()           //强制通行
  {
      if(key_ew==0)
        {
          TR0=0;
          P0=0x3f;
          P2=0x3f;
          P1=0x5e;
          while(! key_ew);
          TR0=1;
        }
  if(key_sn==0)
  {
    TR0=0;
    P0=0x3f;
    P2=0x3f;
    P1=0xb3;
    while(! key_sn);
    TR0=1;
  }
}
void key1()                //调时
{
   uchar m=0,num=0,n=0;
   uchar sw11,sw22=1,sw33=1;
   if(sw1==0)
     {
       Delay(10);
       if(sw1==0)
       {
         while(! sw1);
           num++;
           TR0=0;
         while(! m)
          {
         if(n==1)
     {
```

```
    if(sw11==1&&sw1==0)
     {
       Delay(10);
       if(sw11==1&&sw1==0)
   {
     num++;
   }
}
    if(num==3)
     {
        while(! sw1);
     }
    sw11=sw1;
     }
n=1;
Delay(3);
switch (num)
     {
     case 1:
          {
               if(sw22==1&&sw2==0)
                 {
                    SN++;
                    EW++;
                    if(EW==100)
                      {
                        EW=5;
                        SN=0;
                      }
                      if(SN==100)
                      {
                        SN=5;
                        EW=0;
                      }
                      fenli0();
                      fenli1();
                   }
                  sw22=sw2;
                  if(sw33==1&&sw3==0)
                  {
                    SN--;
                    EW--;
                    if(EW==255)
                      {
                        EW=94;
```

```
                SN=99;
              }
              if(SN==255)
              {
                SN=94;
                EW=99;
              }
              fenli0();
              fenli1();
            }
            sw33=sw3;
            Display();
            } break;
        case 2:
            {
              TR0=1;
              m=1;
              while(! sw1);
              Delay(5);
              while(! sw1);

            } break;
        }
      }
    }
  }
}
void main()
{
  init();
  fenli0();
  fenli1();
  while(1)
    {
      qiangzhi_sw();
      key1();
    }

}
void timer0() interrupt 1
{
  TH0=TH;
  TL0=TL;
   tt++;
   jj++;
```

```
  if(tt==250)
   {
     tt=0;

     fuzhi();
     EW--;
     SN--;
     if(SN==30)
       {
         NN=61;
       }
if(EW==30)
{
  NN=30;
}
if(EW<30||SN<30)
   {

     NN-- ;
     if(NN==0)
        NN=60;
   }
   fenli0();
   fenli1();
   }
   Display();
   LED();
   if(jj==50)
   {
     jj=0;
     kk=~kk;
   }
}
```

3.2 出租车计费系统的设计与实现

随着出租车行业的迅速发展，出租车计价器的市场需求量也大大增加。从加强出租车行业管理及服务质量，以及节约成本的目的出发，设计一个简单实用的出租车计费系统是非常有必要的。本设计以 AT89C51 单片机为中心，附加 A44E 霍尔传感器测距，实现对出租车费用的统计，采用芯片 L298N 控制直流电动机模拟出租车的行驶，输出采用液晶 LCD1602 进行各参数的显示。本电路设计的计价器不但能实现基本的计价，而且还能根据用户的需求自行调整起步价、运行单价、中途等待单价、等待时间计费等。

一、课题背景

凡是乘坐过出租车的人都知道，随着行驶里程的增加，出租车中计价器的行驶里程的数字显示的读数从零开始逐渐增大，而当行驶到某一值（如 2.3 km）时，计费数字开始从起步价（如 7 元）增加。当出租车到达某地需要在那里等候时，司机只要按一下"计时"键，则每等候一定时间，计费显示就增加一定的等候费用。出租车再次行驶时，停止计算等候费，继续进行里程计费。到达目的地，便可按显示的数字收费。出租车计价器是乘客与司机双方的交易准则，它是出租车中重要的工具，关系着交易双方的利益。具有良好性能的计价器无论是对广大出租车司机朋友还是乘客来说都是很有必要的，因此出租车计价器的研究是非常有应用价值的。目前市面所使用的计价器大都功能较少，这给出租车行业的服务质量及运营管理带来一定的影响；而功能齐全的计价器又大都采用双 CPU 结构，其生产成本也较高。

二、总体设计

出租车计价器是出租车营运收费的专用智能化仪表，随着电子技术的发展，出租车计价器技术也在不断进步和提高。国内出租车计价器已经经历了几个发展阶段，完成了从传统的全部由机械元器件组成的机械式，到半电子式即用电子线路代替部分机械元器件的转变。

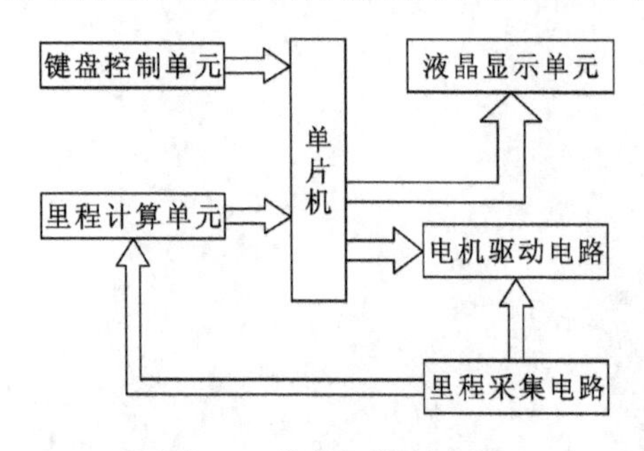

图 3-6　单片机控制方案

出租车计价器的计费是否正确、出租车司机是否超速是乘客最关心的问题，而计价器营运数据的管理是否方便则是出租车司机最关注的问题。

本设计采用单片机控制，利用单片机丰富的 I/O 端口，及其控制的灵活性，实现基本的里程计价功能和价格调节功能。其原理如图 3-6 所示。

由于单片机的控制功能强大，用较少的硬件和适当的软件相互配合可以很容易地实现设计要求，并且灵活性强，可以通过软件编程来完成更多的附加功能。因此，不但能实现所要求的功能，还能在很大的程度上扩展功能，而且还可以方便地对系统进行升级。以前，出租车采用机械式的计价器，用齿轮比的方式来计算出租车行驶的里程数，并由里程数来换算车费；由于机械齿轮的体积比较大，计算出来不是很准确，而且容易磨损。现在采用传感器的方式，利用传感器接收车的行驶信息，再来计算里程数和车费，这样计价就会非常准确。完成此装置所需的器件简单，成本也非常低，技术上也容易实现。

单片机采集并判断空车灯信号及路程检测传感器信号，当出租车启动时，单片机检测到霍尔传感器的脉冲信号并进行里程计算。当无乘客时，系统处于等待状态，液晶显示当前起步价、每公里单价、等待时间计费、等待每分钟计费单价；当乘客上车时，通过设定好的费用参数，直接按键进入系统，出租车开动时便开始计价并显示里程和金额等信息；当打开等待灯，乘客下车寻人等情况下，出租车处于等待状态时，开始等待计费，并显示等待时长；当乘客到达目的地下车，按下暂停键，液晶显示器显示本次行驶路程，等待时长，以及总费用；按复位键再次启动后单次金额与里程等信息被清零复位。

L298N 芯片特别适用于驱动二相或四相步进电动机。与 L298N 类似的电路还有 TER 公司的 3717，SGS 公司的 SG3635，IR 公司的 IR2130，Allegro 公司则有 A2916、A3953 等小功率驱动模块。L298N 的外形如图 3-7 所示。

图 3-7　L298N 外形图

A44E 霍尔传感器如图 3-8 所示。其中,引脚 1 为 V_{CC}(电源脚),接+5V 电源;引脚 2 为 GND(接地),直接接地;引脚 3 为 OUT(输出),为电平输出。

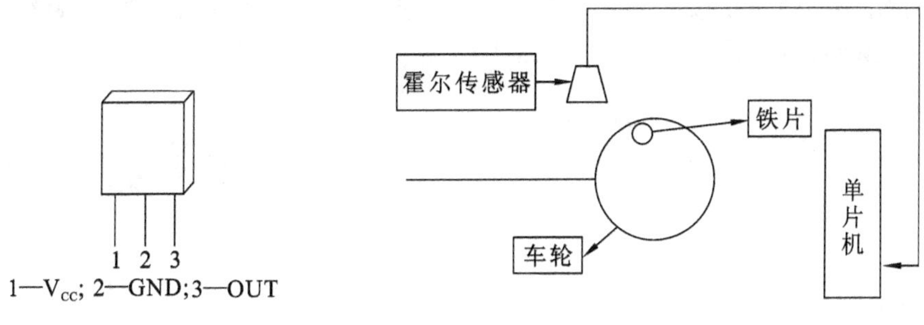

图 3-8 A44E 霍尔传感器

图 3-9 A44E 传感器工作原理图

三、硬件设计

里程计算是通过将安装在车轮上的霍尔传感器 A44E 检测到的信号,传输至单片机,经计算处理,再将结果输出至显示单元。其原理如图 3-9 所示。

按键单元设计电路共采用了五个按键:K0、K1、K2、K3、K4。其功能分别是:K0 用于在各个模式之间选择切换,K1 用于调整各费用,K2 用于进入计费系统,K3 用于进行出租车运行的切换,K4 是复位键,用于恢复系统的初始化参数。

在定时中断服务程序中,每 10 ms 产生一次中断,当产生 100 次中断的时候,其时间就为 1 s,按秒累积 60 次后恰好为 1 min,这样就可完成定时 1 min 的功能。每当霍尔传感器输出一个低电平信号就使单片机中断一次,里程计数器中的 T0 对里程脉冲的计数满 100 次时,就完成当前行驶里程数的累加操作,并将结果存入里程寄存器中。其流程图如图 3-10 和图 3-11 所示。

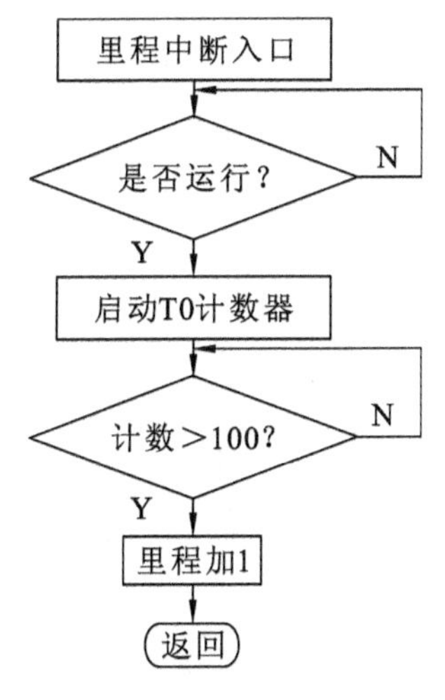

图 3-10 里程计数流程图

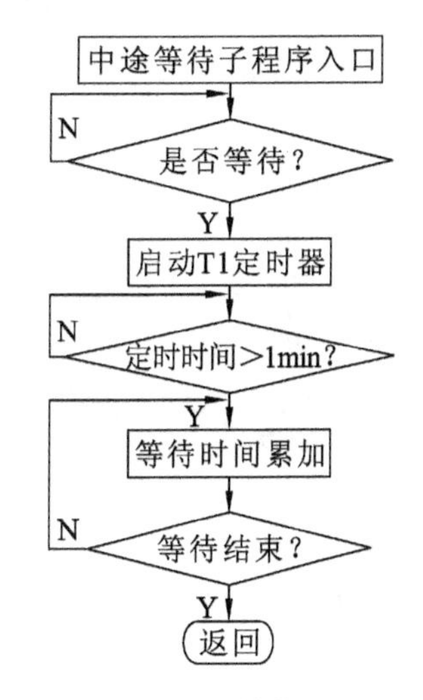

图 3-11 中途等待流程图

四、制作过程

在调试前,先对电路板进行细致的检查,通过万用表的测量,观察有无短路或断路的情况,或者查看电路焊接是否正确。加电后如果发现有些芯片迅速发热,则应立即断电检查电路，保证系统各芯片不会被烧坏。为此，应仔细测量电源板的各电压输出，检验其是否满足系统的设计要求。硬件调试离不开软件的配合，通常需要做一些简单的测试程序来确定电路的工作情况，以判断问题所在。各模块焊接完成后应及时用万用表进行测量，测量应连接的点是否正确短接。其硬件原理图如图 3-12 所示。

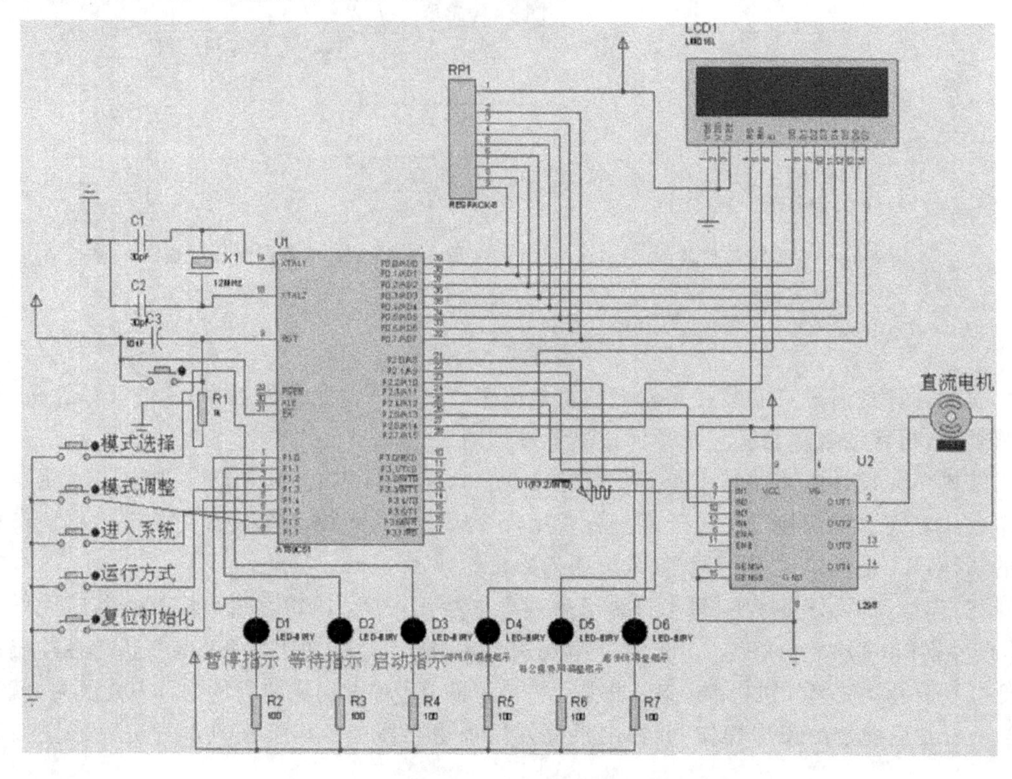

图 3-12　硬件原理图

五、程序代码

具体程序代码如下。

```
#include<reg52.h>
#define uchar unsigned char
#define uint unsigned int
/**************LCD1602引脚说明**************/
#define LCD_Data P0                  //液晶数据 D7~D0
sbit rw=P2^6;                        //读或写
sbit rs=P2^5;                        //数据命令
sbit en=P2^7;                        //读/写使能控制端
sbit b=P0^7;                         //液晶判断忙标志位
/*************各子函数声明*****************/
void lcd_init();                     //液晶初始化
void wr_com(uchar command);          //液晶写命令
void wr_data(uchar data0);           //写数据
void lcd_clear();                    //液晶清屏
void lcd_set();                      //设置液晶的起始位置
void busy();                         //液晶判忙函数
```

```
void display();                     //数据显示
void display1();                    //数据显示
void printstring(uchar *s);         //直接写字符
void set(uchar x);                  //写第零行数据
void set1(uchar y);                 //写第一行数据
void init();                        //定时器初始化
void chuli();                       //数值处理
void chuli1();                      //费用处理
void delay(uchar t);                //延时程序
void clear();                       //初始值处理
void key();
void key1();                        //按键处理
/**************按键定义***********************/
sbit K0=P1^7;                       //模式选择
sbit K1=P1^6;                       //模式调整
sbit K2=P1^5;                       //进入系统
sbit K3=P1^3;                       //运行方式
sbit K4=P1^4;                       //复位初始化
/*********L298控制脚定义*********************/
sbit aa=P2^0;                                         //IN1脚
sbit bb=P2^1;                                         //IN2脚
//直流电动机两端接OUT1脚和OUT2脚
/**********LED指示灯定义说明****************/
sbit led_run=P1^2;                                    //运行指示
sbit led_await=P1^1;                                  //等待指示
sbit led_stop=P1^0;                                   //停止指示
sbit led_qibu=P2^4;
sbit led_danjia=P2^3;
sbit led_dengdai=P2^2;
/***********标志位说明********************/
bit f_start;                                          /*开始标志位*/
bit jump_in;                                          /*跳入开始标志位*/
bit jump_out;                                         /*跳出标志位*/
/************各数组变量声明***************/
uchar code table[]={0x30,0x31,0x32,0x33,0x34,0x35,0x36,0x37,0x38,0x39,0x70};
uchar dispbuf[]={0,0,0,0,0,0,0,0,0,0,0,0,0,0,0,0};
uchar dispbuf1[]={0,0,0,0,0,0,0,0,0,0,0,0,0,0,0,0};
uchar v,v1;                                           //按键次数累加变量
uchar i,command;                                      //定义变量
uchar count,count1;                                   //定义计数变量
uchar second,minite,second1,minite1;                  //定义分秒变量
uint tt,tt1;                                          //定义时间中间变量
uchar value,value11,value1=70,value2=26,value3=15;    //起始价,运行价,等待价
uint money,money1;                                    //金额变量
/************************主函数**************************/
```

```
void main()
{
  init();
  lcd_init();
  while(1)
    {
      key1();
      chuli();
      display();
      if(jump_in==1)
        {
          jump_in=0;
          lcd_init();
          while(1)
            {
              key();
              chuli1();
              display1();
              if(jump_out==1)
              {
                  lcd_init();
                  jump_out=0;
                  clear();
                  break;
              }
            }
        }
    }
}
```

3.3　八路抢答器的设计与实现

抢答器是为智力竞赛参赛者答题时进行抢答而设计的一种优先判决器电路，广泛应用于各种知识竞赛、文娱活动等场合。能够实现抢答器功能的方式有多种，如可以采用前期的模拟电路、数字电路或模拟与数字电路相结合的方式，但这种方式制作过程复杂，而且准确性与可靠性不高，同时成品面积大，安装、维护困难。本节介绍一种利用单片机作为核心部件进行逻辑控制及信号产生的八路抢答器。

一、课题背景

在抢答过程中，为了知道哪一组或哪一位选手先回答问题，需要设计一个系统来完成这个任务。在抢答过程中，有时候靠视觉是很难判断出哪组先抢答成功，利用单片机系统来设计抢答器，便可以使以上问题得到解决，即使两组的抢答时间仅相差几微秒也可以分辨出应该由哪组优先回答问题。本系统设计为模块形式，采用九针插头进行连接，其控制系统主要由单片机控制电路、存储器接口电路及显示电路组成。具体以 AT89C51 单片机为系统工作核心，负责控制及协调各个部分的工作，在其外部连接了复位电路、上拉电阻、数码管、按钮及扬声器等。

二、总体设计

八路抢答器的具体功能如下。

（1）八路抢答，各用一个抢答按钮。

（2）设置一个控制开关，该开关由主持人控制。

（3）具有数据锁存和显示功能，抢答开始后若有选手按动抢答按钮，编号立即锁存，此外，要封锁输入电路，禁止其他选手抢答。优先抢答选手的编号一直保持到系统清零为止。

（4）当主持人按下“开始”按钮，抢答开始。

（5）当某一路抢答成功时，在数码管上显示成功信息和选手编号。

（6）当某一路抢答违规时，能在数码管上显示违规信息和选手编号。

（7）具有定时抢答的功能，选手在设定的时间内抢答有效，并且一次抢答的时间设定为 30 秒，超时扬声器报警。

（8）定时抢答的时间到，却没有选手抢答时，本次抢答无效，系统短暂报警，并封锁输入电路，禁止选手超时抢答，时间显示器上显示 00。

（9）开始开关未动作，在数码管上显示出选手的编号和抢答时刻，同时扬声器给出音响提示，选手抢答无效，并报警，系统复位，重新开始。

三、硬件设计

本系统的仿真电路原理图如图 3-13 所示。

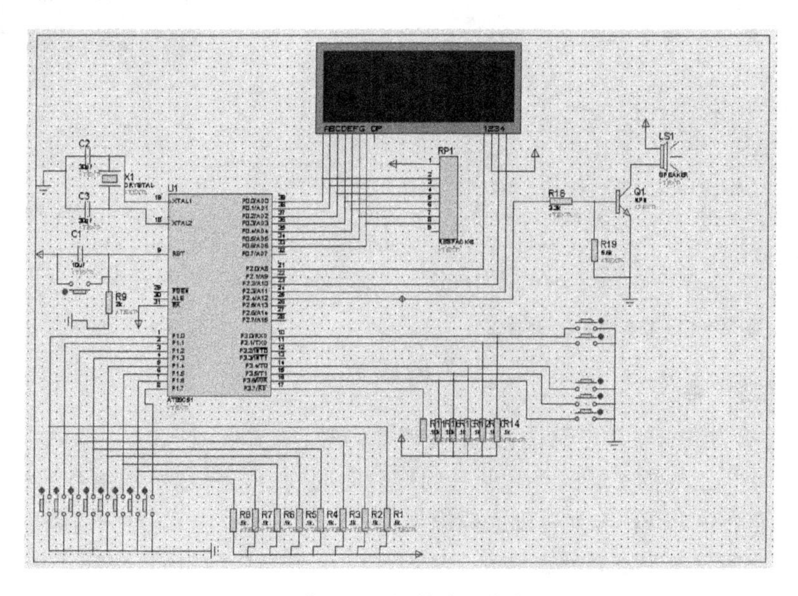

图 3-13　单片机实现抢答的仿真电路原理图

1. 抢答器电路

其参考电路如图 3-13 所示。该电路完成两个功能：①分辨出选手按键的先后，并锁存优先抢答者的编号，同时通过译码显示电路显示编号；②使其他选手按键操作无效。如果再次抢答则需由主持人按下 S 开关，重置相关内容后再进行下一次抢答。

2. 时序控制电路设计

时序控制电路是抢答器设计的关键，它主要完成以下功能。

(1) 主持人将控制开关拨到“开始”位置时，扬声器发声，抢答电路和定时电路进入正常抢答工作状态。

(2) 当参赛选手按动抢答键时，扬声器发声，抢答电路和定时电路停止工作。

3. 报警电路设计

报警电路用于报警，当遇到报警信号时，即发出警报。一般喇叭是一种电感性器件。单片机驱动喇叭的信号为各种频率的脉冲。因此，最简单的喇叭驱动方式就是利用达林顿晶体管，或者以两个常用的小晶体管连接成达林顿晶体管的形式。在图 3-13 中的电阻 R 为限流电阻，在此利用晶体管的高电流增益，以达到电路快速饱和的目的。不过，如果要由 P0 输出到此电路，还需要连接一个 10 kΩ 的上拉电阻。选手在设定的时间内抢答时，系统应能够实现优先判断、编号锁存、编号显示、扬声器提示等功能。当一轮抢答之后，系统应能够实现定时器停止、禁止二次抢答、定时器显示剩余时间等功能。如果再次抢答则必须由主持人再次按下“清除”和“开始”状态开关。

4. 选手抢答键

AT89C51 的 P1 口连接选手抢答的输入按键，P1.0 至 P1.7 轮流输出低电位。将选手编号为 1～8，当选手按下按键时，其电平变化从 P1 口输入，经单片机处理后从 P0 口输出，再由数码管显示抢答者编号。如图 3-14 所示为选手抢答键设计图。

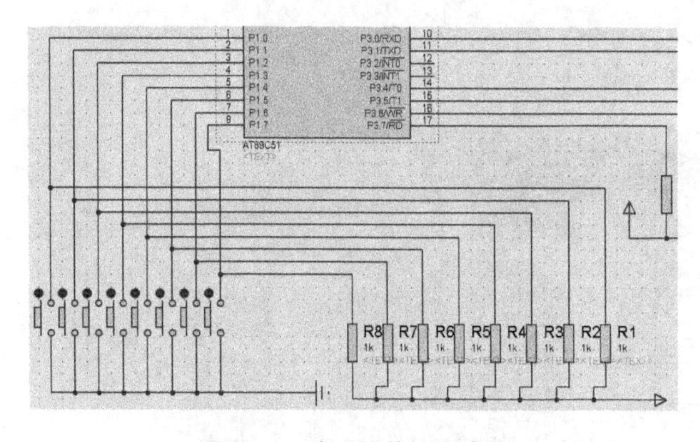

图 3-14 选手抢答键设计图

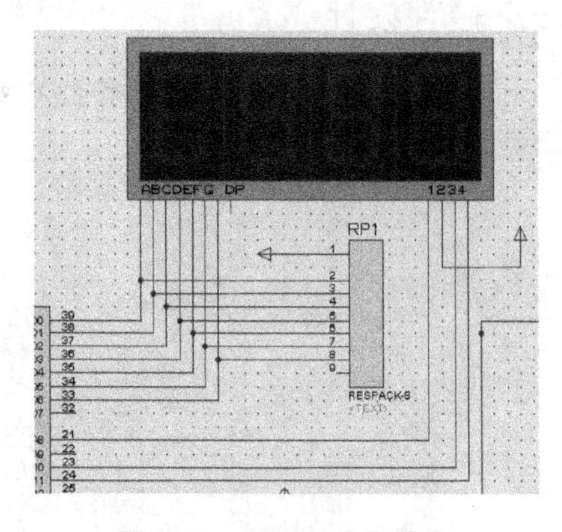

图 3-15 显示驱动电路图

5. 显示驱动电路

图 3-15 所示为显示驱动电路图，显示采用数码管，驱动采用 P2 口。其中，违规者编号、抢答 30 秒倒计时、正常抢答者编号和回答问题时间的 60 秒倒计时，均由数码管采用动态显示。查询显示程序利用 P0 口作为段选码输出，利用 P2 口低 3 位作为位选码输出，当为低电平时能驱动数码管使其显示数字。在＋5 V 电压下接 10 kΩ 的电阻，保证正常压降。

四、制作流程

为了能够达到抢答的公平、公正、合理的目的，在主持人发布抢答命令之前必须先设定抢答的时间，因而在抢答程序前还应编写设定时间的程序。当主持人发布抢答命令（即按下 P1.7 按键）后，程序开始打开定时中断开始倒计时，然后调用键盘扫描子程序，当扫描到有人按下了答题键后，则马上关闭定时中断 T0，同时调用显示程序并封锁键盘。如图 3-16 所

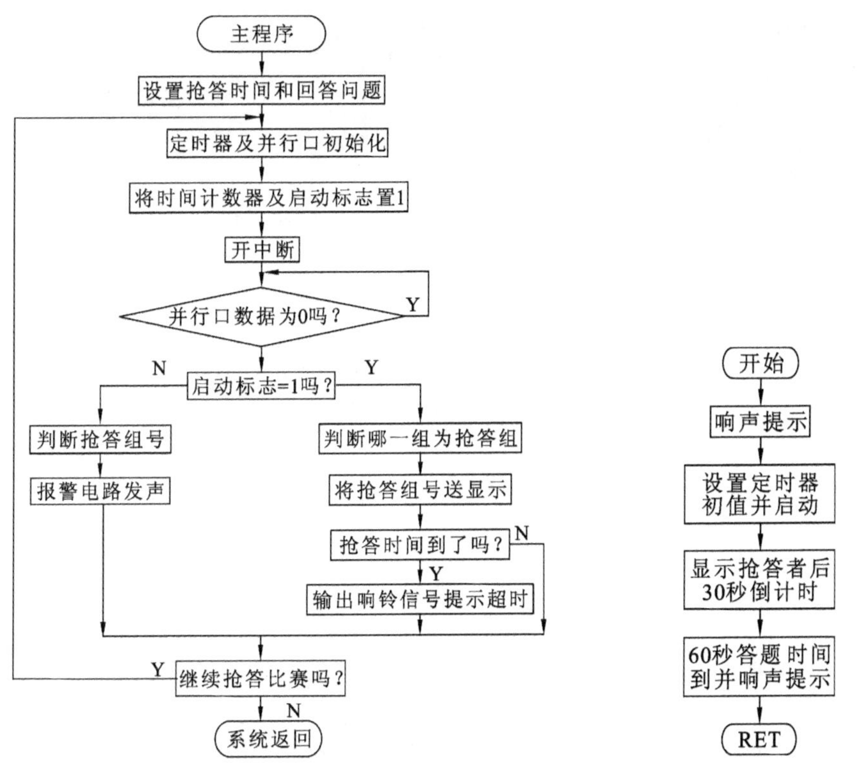

图 3-16　系统主程序流程图

图 3-17　抢答成功流程图

示为系统主程序流程图。

抢答成功程序流程图如图 3-17 所示。

五、程序代码

具体程序代码如下。

```
#include<reg52.h>
#define uchar unsigned char
#define uint unsigned int
sbit k0=P1^0;                    /*数码管段选*/
sbit k1=P1^1;
sbit k2=P1^2;
sbit k3=P1^3;
sbit k4=P1^4;
sbit k5=P1^5;
sbit k6=P1^6;
sbit k7=P1^7;
sbit wela0=P2^0;                 /*数码管位选*/
sbit wela1=P2^2;
sbit wela2=P2^3;
sbit beep=P2^4;                  /*蜂鸣器*/
sbit ks=P3^0;                    /*开始计时*/
```

```
sbit tz=P3^1;                    /*停止计时*/
sbit jiayi=P3^4;                 /*时间加 1s*/
sbit jianyi=P3^5;                /*时间减 1s*/
sbit fw=P3^6;                    /*复位*/
uchar qiangdanum=0xff;
uchar code table[]=
{0x3f,0x06,0x5b,0x4f,0x66,0x6d,0x7d,0x07,0x7f,0x6f};
uchar ge=0,shi=0;
uint num,time=30;
void display();                  /*显示函数*/
void kys();                      /*设置按键函数*/
void kys2();                     /*抢答按键函数*/
void delay(unsigned int z)       /*延迟函数*/
{
  unsigned int x,y;
  for(x=z;x>0;x--)
  for(y=110;y>0;y--);
}
void intial()
{
  TMOD=0X01;                     /*采用方式 1,即十六位计数器*/
  TH0=(65536-50000)/256;         /*设置初始值,50 ms 中断一次*/
  TL0=(65536-50000)% 256;
  EA=1;ET0=1;                    /*开启总中断源,定时器中断*/
}
main()
{
  intial();                      /*初始化*/
  while(1)
  {
   display();                    /*显示函数*/
   kys();
   if(TR0==1)
   {
     kys2();
     }
   }
}
void kys2()                      /*抢答按键函数*/
{
  if(k0==0)                      /*开关 0 按下*/
  {
     delay(5);
     if(k0==0)
       {
```

```
            qiangdanum=1;                          /*1号选手抢答成功,数码管显示 1*/
            beep=1;
            delay(100);
            beep=0;
            TR0=0;
            time=60;
          }
      }
  if(k1==0)                                         /*开关 1 按下*/
  {
      delay(5);
      if(k1==0)
      {
          qiangdanum=2;                            /*2号选手抢答成功,数码管显示 2*/
          beep=1;
          delay(100);
          beep=0;
          TR0=0;                                    /*停止计数*/
          time=60;       }
  }
  if(k2==0)                                         /*开关 2 按下*/
  {
      delay(5);
      if(k2==0)
      {
          qiangdanum=3;                            /*3号选手抢答成功,数码管显示 3*/
          beep=1;
          delay(100);
          beep=0;
          TR0=0;                                    /*停止计数*/
          time=60;
        }
    }
  if(k3==0)                                         /*开关 3 按下*/
  {
      delay(5);
      if(k3==0)
      {
          qiangdanum=4;                            /*4号选手抢答成功,数码管显示 4*/
          beep=1;
          delay(100);
          beep=0;
          TR0=0;                                    /*停止计数*/
          time=60;
        }
```

```
  }
 if(k4==0)                          /*开关 4 按下*/
 {
    delay(5);
    if(k4==0)
    {
        qiangdanum=5;               /*5 号选手抢答成功,数码管显示 5*/
        beep=1;
        delay(100);
        beep=0;
        TR0=0;                      /*停止计数*/
        time=60;
     }
  }
 if(k5==0)                          /*开关 5 按下*/
 {
    delay(5);
    if(k5==0)
    {
        qiangdanum=6;               /*6 号选手抢答成功,数码管显示 6*/
        beep=1;
        delay(100);
        beep=0;
        TR0=0;                      /*停止计数*/
        time=60;
     }
  }
 if(k6==0)                          /*开关 6 按下*/
 {
    delay(5);
    if(k6==0)
    {
        qiangdanum=7;               /*7 号选手抢答成功,数码管显示 7*/
        beep=1;
        delay(100);
        beep=0;
        TR0=0;                      /*停止计数*/
        time=60;
     }
  }
 if(k7==0)                          /*开关 7 按下*/
 {
    delay(5);
    if(k7==0)
     {
```

```
        qiangdanum=8;                /*8号选手抢答成功,数码管显示8*/
        beep=1;
        delay(100);
        beep=0;
        TR0=0;                       /*停止计数*/
        time=60;
      }
    }
  }
  void kys()                         /*设置按键函数*/
  {
    if(ks==0)
    {
      delay(5);
      if(ks==0)
      {
        TR0=1;
      }
    }
  if(tz==0)
  {
    delay(5);
    if(tz==0)
      TR0=0;
  }
  if(jiayi==0)
  {
    delay(5);
    if(jiayi==0)
      time++;
    while(! jiayi);
  }
  if(jianyi==0)
  {
    delay(5);
    if(jianyi==0)
      time--;
    while(! jianyi);
  }
  if(fw==0)
  {
    delay(5);
    if(fw==0)
    {
      time=30;
```

```
            qiangdanum=0xff;
        }
      }
    }
    void time0() interrupt 1                    /*1s 定时函数,采用方式 1 重装*/
    {
        num++;
        TH0=(65536-50000)/256;
        TL0=(65536-50000)%256;
        if(num==20)
        {
            num=0;
            time--;
            if(time==0)                         /*30s 的倒计时*/
            {
                time=30;TR0=0;
            }
        }
    }
    void display(void)                          /*显示函数*/
    {
        shi=time/10;
        ge=time%10;
        P2=0xf7;                                /*显示倒计时*/
        P0=table[ge];
        delay(5);
        P2=0xfb;
        P0=table[shi];
        delay(5);
        P2=0xFe;                                /*显示选手号码*/
        P0=table[qiangdanum];
        delay(5);
    }
```

3.4 基于单片机的语音录放模块

基于单片机的语音录放模块由于其简便性和实用性,被广泛应用于各种语言警示装置、留言装置、高档玩具和电子礼品等领域。本课程设计的目的是基于单片机的语音录放模块来实现一段声音的录放功能。

一、课题背景

基于单片机的语音录放模块的设计任务是实现一段不超过 8 分钟的语音的录制与播放,即通过话筒输入一段语音,然后使用语音芯片模块对其进行录制,再经过音频功放模块对语音进行控制,最后通过扬声器播放语音。

基于单片机的语音录放模块以单片机为控制核心，利用按键的断开和闭合来控制语音芯片的录音和放音。其电路设计采用五个模块，分别是电源转换模块、控制电路模块、语音芯片模块、音频功放模块和液晶显示模块。其中，电源转换模块采用 LM7805 和 LM1117 进行电压转换，分别产生 5 V 和 3.3 V 的电压；语音芯片模块采用 ISD4002 芯片；音频功放模块采用 LM386 实现运放的功能。

二、总体设计

总体设计方案图如图 3-18 所示。ISD4002 芯片的工作电压 3 V，录放时间为 4～8 min，音质好，适用于移动电话及其他便携式电子产品中。该芯片采用 CMOS 技术，内含振荡器、防混淆滤波器、平滑滤波器、音频放大器、自动静噪及高密度多电平闪速存储阵列。同时，芯片采用多电平直接模拟量存储技术，每个采样值直接存储在片内闪速存储器中，因此能够非常真实、自然地再现语音、音乐、音调和效果声，避免了一般固体录音电路因量化和压缩造成的量化噪声和“金属声”。

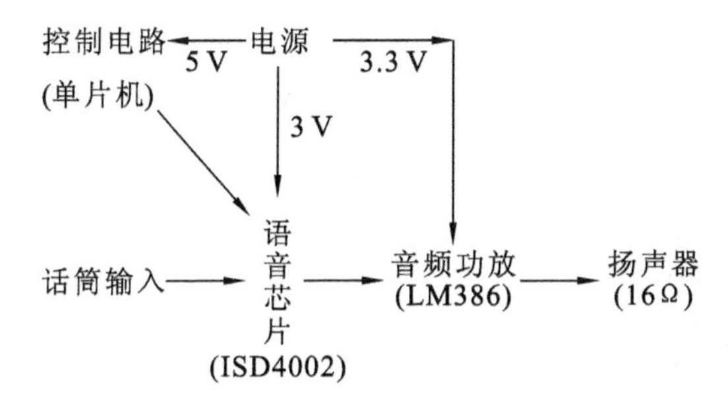

图 3-18　总体设计方案图

电源转换模块的电路原理图如图 3-19 所示。电源转换模块采用 LM1117 来对电压进行转换，分别产生 5 V 和 3.3 V 的电压。

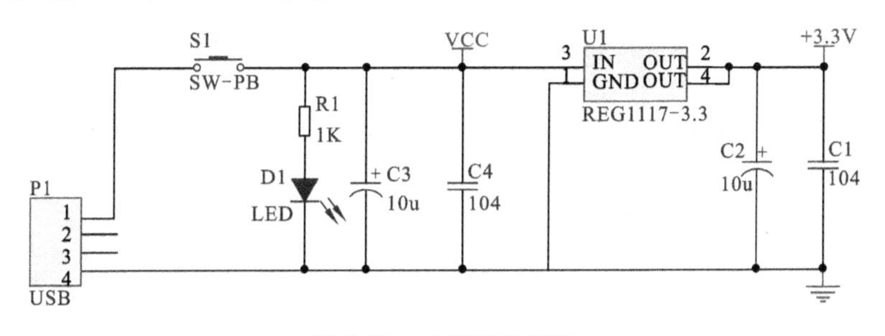

图 3-19　电源转换模块

控制电路模块的电路原理图如图 3-20 所示。控制电路模块是整个语音录放模块的控制中心，通过单片机的编程来实现控制整体电路的运行。

语音芯片模块的电路原理图如图 3-21 所示。语音芯片模块采用 ISD4002 芯片，对外来输入的语音进行录制。

音频功放模块的电路原理图如图 3-22 所示。音频功放模块采用 LM386 芯片对语音信号的功率进行放大。

整个系统的电路原理图如图 3-23 所示。

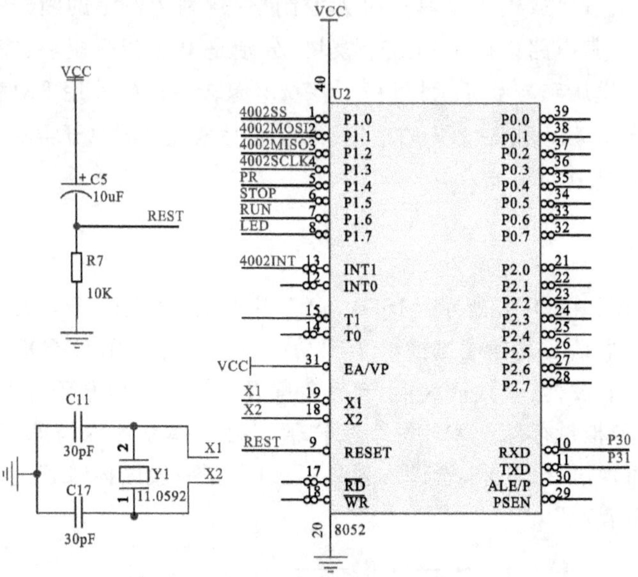

图 3-20 控制电路模块

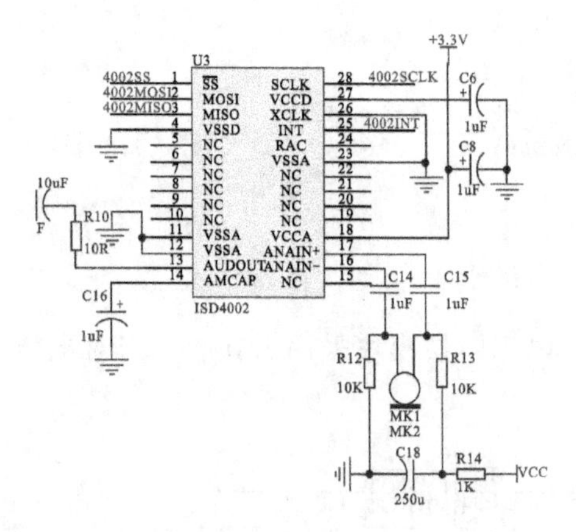

图 3-21 语音芯片模块

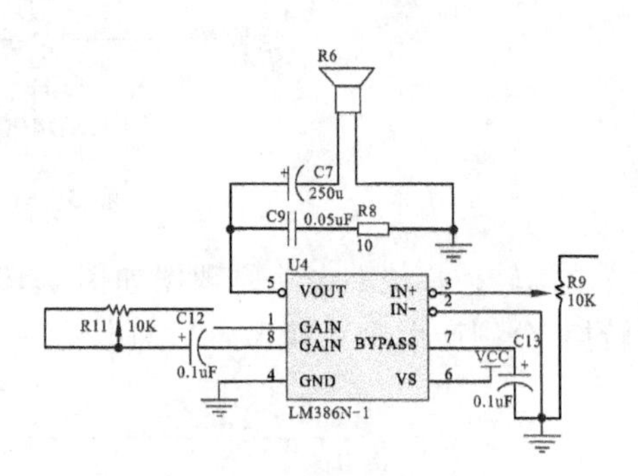

图 3-22 音频功放模块

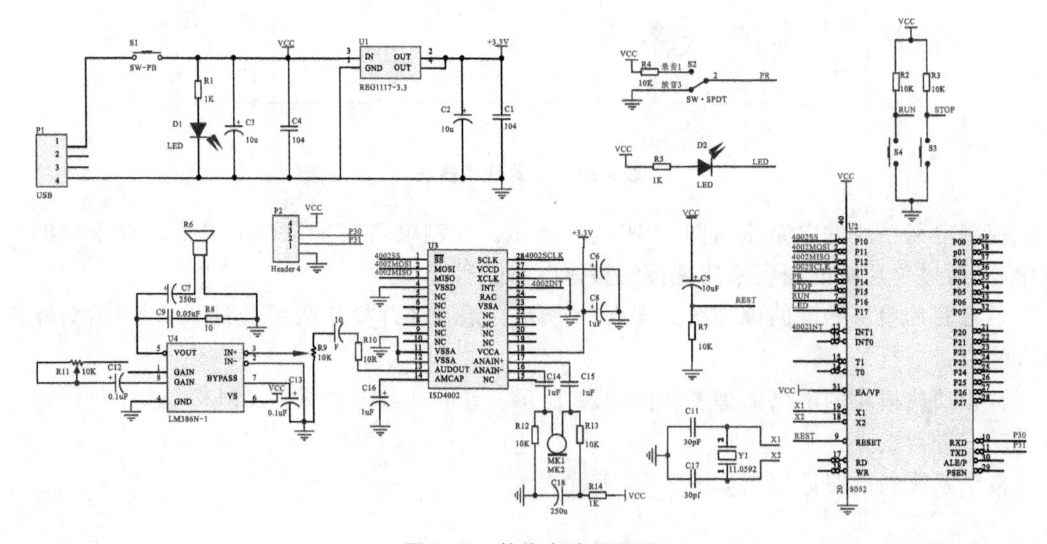

图 3-23 整体电路原理图

元器件清单见表 3-2。

表 3-2　元器件清单表

名　　称	数　　量	名　　称	数　　量
STC89C52	1	0.1 μF 电容	6
轻触开关	4	话筒	1
10 kΩ 排阻	1	2 kΩ 电阻	1
1 kΩ 电阻	5	300 kΩ 电阻	1
10 kΩ 电位	1	2N3904	2
按键开关	1	10 μF	1
LED	3	1.5 kΩ 电阻	1
12 MHz 晶振	1	50 Ω 电位器	1
33 pF	2	47 nF	1
47 μF 电解电容	4	220 μF 电解电容	1
10 kΩ 电阻	3	喇叭	1
40 脚芯片底座	1	单头线	1
ISD4002	1	470 μF 电解电容	2
28 脚芯片底座	1	0.1 μF 电解电容	1
4.7 kΩ 电阻	3	LM1117	1
1 μF 电解电容	1		

三、制作过程

实物图如图 3-24 所示。

图 3-24　实物图

四、程序代码

具体的程序代码如下。

```
#include <reg51.h>
sbit SS      =P1^0;   //片选
sbit SCLK    =P1^3;   //ISD4002时钟
sbit MOSI    =P1^1;   //数据输入
sbit MISO    =P1^2;   //数据输出
sbit LED     =P1^7;   //指示灯
sbit ISD_INT =P3^3;   //中断
sbit AN      =P1^6;   //执行
sbit STOP    =P1^5;   //复位
sbit PR      =P1^4;   //PR=1录音,PR=0放音
void delay(unsigned int time) //延迟 n us
{
  while(time! =0)
  {
    time-- ;
  }
}
void delayms(unsigned int time) //延迟 n ms
{
  TMOD=0x01;
  for(time;time>0;time--)
  {
      TH0=0xfc;
      TL0=0x18;
      TR0=1;
      while(TF0! =1)
      {;}
      TF0=0;
      TR0=0;
  }
}
//************************************
//ISD4002 spi串行发送子程序,8位数据
//************************************
void spi_send(unsigned char isdx)
{
  unsigned char isx_counter;
  SS=0; //ss=0,打开spi通信端
  SCLK=0;
  for(isx_counter=0;isx_counter<8;isx_counter++) //先发低位再发高位,依次发送
  {
      if ((isdx&0x01)==1)
          MOSI=1;
      else
          MOSI=0;
```

```
        isdx=isdx>> 1;
        SCLK=1;
        delay(2);
        SCLK=0;
        delay(2);
    }
}
//**************************************
//发送 stop 指令
//**************************************
void isd_stop(void)
{
    delay(10);
    spi_send(0x30);
    SS=1;
    delayms(50);
}
//**************************************
//发送上电指令,并延迟 50 ms
//**************************************
void isd_pu(void)
{
    delay(10);
    SS=0;
    spi_send(0x20);
    SS=1;
    delayms(50);
}
//**************************************
//发送掉电指令,并延迟 50 ms
//**************************************
void isd_pd(void)
{
    delay(10);
    spi_send(0x10);
    SS=1;
    delayms(50);
}
//**************************************
//发送 play 指令
//**************************************
void isd_play(void)
{
    LED=0;
    spi_send(0xf0);
    SS=1;
```

```
}
//*************************************
//发送 rec 指令
//*************************************
void isd_rec(void)
{
    LED=0;
    spi_send(0xb0);
    SS=1;
}
//*************************************
//发送 setplay 指令
//*************************************
void isd_setplay(unsigned char adl,unsigned char adh)
{
    spi_send(adl); //发送放音起始地址低位
    adh=adh|0xe0;
    spi_send(adh); //发送放音起始地址高位
    SS=1;
}
//*************************************
//发送 setrec 指令
//*************************************
void isd_setrec(unsigned char adl,unsigned char adh)
{
    spi_send(adl); //发送放音起始地址低位
    adh=adh|0xa0;
    spi_send(adh); //发送放音起始地址高位
    SS=1;
}
//*************************************
//芯片溢出,LED 闪烁提醒停止录音
//*************************************
void isd_overflow(void)
{
    while(AN==0)
    {
      LED=1;
      delayms(300);
      LED=0;
      delayms(300);
    }
}
//*************************************
//检查芯片是否溢出(读 OVF,并返回 OVF 值)
//*************************************
```

```
unsigned char chk_isdovf(void)
{
    SS=0;
    delay(2);
    SCLK=0;
    delay(2);
    SCLK=1;
    SCLK=0;
    delay(2);
    if (MISO==1)
    {
      SCLK=0;
      SS =1;              //关闭 spi 通信端
      isd_stop();         //发送 stop 指令
      return 1;           //OVF 为 1,返回 1
    }
    else
    {
      SCLK=0;
      SS =1;              //关闭 spi 通信端
      isd_stop();         //发送 stop 指令
      return 0;           //OVF 为 0,返回 0
    }
}
//*************************************************************
//主程序
//*************************************************************
void main(void)
{
    unsigned char ovflog;
    while(1)
    {
      P0=P1=P2=P3=0xff;               //初始化
      while (AN==1)                   //等待 AN 键按下
          {
            if (AN==0)                //按键去抖动
            {delayms(20);}
          }
      delayms(300);delayms(300);delayms(300);delayms(300);delayms(300);
delayms(300);
      isd_pu();         //AN 键按下,ISD 上电并延迟 50 ms
      isd_pd();
      isd_pu();
      delayms(300);
      if (PR==1)        //如果 PR=1,则转入录音部分
```

```
        {
          delayms(500); //延迟录音
          isd_setrec(0x00,0x00); //发送 0x0000h 地址的 setplay 指令
          do
            {
              isd_rec(); //发送 rec 指令
              delay(20);
              while(AN==0) //等待录音完毕
                {
          if (ISD_INT==0) //如果芯片溢出,进行 LED 闪烁提示
          isd_overflow(); //如果取消录音(松开 AN 键)则停止录音,芯片复位
                }
            if (ISD_INT==0) break;
            LED=1; //录音完毕,LED 熄灭
            isd_stop(); //发送停止命令
        while(AN==1) //如果 AN 再次按下,开始录制下一段语音
              {
                if(STOP==0) //如果按下 STOP 按键,则芯片复位
                break;
                if (AN==0)
                delayms(500);
              }
        }while(AN==0);
      }
  else //如果 PR=0,则转入放音部分
      {
        while(AN==0){;}
        isd_setplay(0x4f,0x00); //发送 setplay 指令,从 0x0000 地址开始放音
                                  //0019  002c     003f
        do
          {
            isd_play(); //发送放音指令
            delay(20);
            while(ISD_INT==1) //等待放音完毕的 ROM 中断信号
            {;}
            LED=1;
            isd_stop(); //放音完毕,发送 stop 指令
    if (ovflog=chk_isdovf())  //检查芯片是否溢出,如溢出则停止放音,芯片复位
            isd_stop();;
        while(AN==1) //等待 AN 键再次按下
          {
              if (STOP==0) delayms(20);
           if (STOP==0)break;
              if (AN==0) delayms(20);
            }
```

```
            LED=0;
        }while(AN==0); // AN 键再次按下,播放下一段语音
    }
  isd_stop();
  isd_pd();
  }
}
```

3.5 机械臂伺服电机驱动的设计与实现

随着机器人技术的不断发展,工业机器人、特种作业机器人、服务机器人等已经在相关领域得到广泛的应用和发展。其中,排险排爆机器人是用于危险、恶劣的环境中的特种作业机器人,它不受任何外界电磁干扰,可以代替人在危险、恶劣的环境中进行观察、检查、搬运、清理、操作及安放特殊装置等工作,用于保证人员的安全。

目前,排险排爆机器人不仅价格昂贵,而且仅仅采用摄像头的二维图像,无法精准快捷地使用机械手抓住物体,同时其操作箱操作复杂,遥控车体及机械手时不如开车那样灵活自如。

一、课题背景

按照操作方法的不同,排爆机器人可以分为如下两种:一种是远程操控型机器人,在可视条件下进行人为排爆,也即由人来操作,排爆机器人负责执行;另一种是自动型排爆机器人,操作时先将程序写入磁盘,再将磁盘插入机器人身体里,让机器人能分辨出什么是危险物品,以便排除险情,由于其成本较高,所以很少使用,一般是在很危急的时候才会使用。按照行进方式的不同,排爆机器人又可分为轮式及履带式两种。

排爆机器人一般体积不大,转向灵活,便于在狭窄的地方工作,操作人员可以在几百米到几千米以外通过无线电或光缆控制其活动。排爆机器人一般装有如下设备:①多台彩色CCD摄像机,可用来对爆炸物进行观察;②一个多自由度机械手,其手爪或夹钳可将爆炸物的引信或雷管拧下来,并把爆炸物运走;③猎枪,利用激光指示器瞄准后,它可以把爆炸物的定时装置及引爆装置击毁;④有的机器人还装有高压水枪,可以用来切割爆炸物。

排爆机器人有如下作用:代替现场安检人员进行实地勘察,实时传输现场图像;搬运、转移爆炸可疑物品及其他有害危险品;代替排爆人员使用爆炸物销毁器销毁炸弹,避免不必要的人员伤亡。

二、总体设计

其系统框图如图3-25所示。本系统以单片机为核心,采用单片机控制机械臂运动。机械臂主要是由六个舵机构成,能多角度运动。单片机通过地址数据总线和FPGA连接,进而控制驱动部分。驱动部分为8个直流电动机(需要4×8个引脚才能驱动),机器人以履带形式行走,驱动部分前端含超声波测距模块(或无线视频采集模块),能够识别前方是否有障碍物。上位机采用PC机进行控制,初步采用串行口控制单片机部分,进一步改用ZigBee无线通信进行远程控制。

三、硬件设计

本系统采用单片机作为控制器,利用单片机的PWM输出通道产生周期性脉冲信号。

机械臂模型采用 6 个伺服电机(舵机)作为关节点,从而能多角度运动。用来控制机械手臂运动的是单片机的 6 路控制器,6 路 PWM 信号控制 6 个舵机。借助计算机的图形化的上位机操作界面,通过 RS-232 串口可对机械手臂的运动进行操作。每个伺服电机有三条输入线:电源线、地线、控制线(信号线)。因为伺服电机的工作电流比较大,所以使用直流稳压电源给 6 个伺服电机供电。电压可由小到大调到 6 V,电流则可以调到 2 A 或更大。单片机控制机械臂的系统框图如图 3-26 所示。

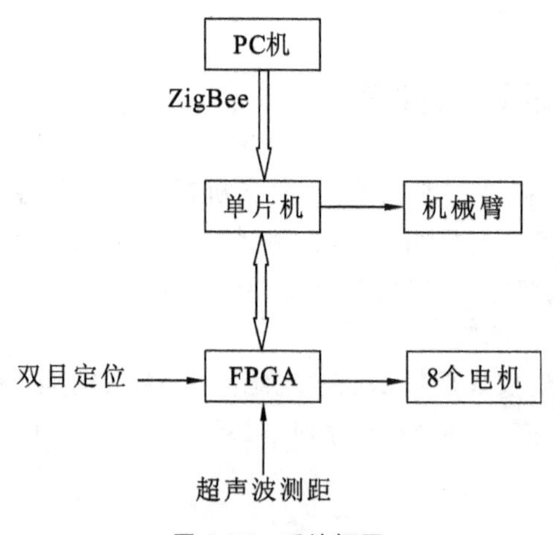

图 3-25　系统框图

图 3-26　单片机控制机械臂的系统框图

图 3-27　伺服电机

伺服电机(servo motor)是指在伺服系统中控制机械元件运转的电动机,是一种间接变速装置。伺服电机可以控制速度,位置精度很高,可以将电压信号转化为转矩和转速以驱动控制对象。伺服电机的转子转速受输入信号控制,并能快速反应,在自动控制系统中,可用做执行元件,并且具有机电时间常数小、线性度高、始动电压小等特性,可把所收到的电信号转换成电动机轴上的角位移或角速度输出。伺服电机可分为直流伺服电机和交流伺服电机两大类。其主要特点是,当信号电压为零时无自转现象,转速随着转矩的增加而匀速下降。

伺服系统(servo mechanism)是使物体的位置、方位、状态等输出被控量能够跟随输入目标(或给定值)任意变化的自动控制系统。伺服电机主要靠脉冲来定位,基本上可以这样理解,伺服电机接收到 1 个脉冲,就会旋转 1 个脉冲对应的角度,从而实现位移。因为伺服电机本身具备发出脉冲的功能,所以伺服电机每旋转一个角度,都会发出对应数量的脉冲,这样系统就可以统计发送了多少脉冲给伺服电机,同时又有多少脉冲返回,因此能够很精确地控制伺服电机的转动,从而实现精确的定位,其精度可以达到 0.001 mm。伺服电机如图 3-27 所示。

直流伺服电机分为有刷直流伺服电机和无刷直流伺服电机两种。有刷直流伺服电机具有成本低、结构简单、启动转矩大、调速范围宽、容易控制、需要维护等优点,但也存在维护不方便(换碳刷)、产生电磁干扰和对环境有要求等缺点。因此,它可以用于对成本较敏感的普通工业和民用场合。无刷直流伺服电机具有体积小、重量轻、出力大、响应快、速度高、惯量小、转动平滑和力矩稳定等优点。虽然控制复杂,但容易实现智能化,其电子换相方式灵活,可采用方波换相或正弦波换相。伺服电机免维护,效率很高,运行温度低,电磁辐射很小,寿命长,可用于各种工作环境。

交流伺服电机也是无刷伺服电机,分为同步和异步两种,目前运动控制中一般都采用同步交流伺服电机,它具有功率范围大、惯量大以及最高转动速度低,并且随着功率增大而快速降低等特点,因而适合于低速平稳运行领域的应用。伺服电机内部的转子是永磁铁,驱动器控制的 U、V、W 三相电形成电磁场,转子在此磁场的作用下转动,同时伺服电机自带的编码器反馈信号给驱动器,驱动器根据反馈值与目标值进行比较,来调整转子转动的角度。伺服电机的精度取决于编码器的精度(线数)。交流伺服电机和无刷直流伺服电机在功能上的区别:交流伺服电机是正弦波控制的,直流伺服是梯形波控制的,故交流伺服电机的转矩脉动小于无刷直流伺服电机;但直流伺服电机比较简单,价格便宜。

步进电机作为一种开环控制的系统,与现代数字控制技术有着紧密的联系。在目前国内的数字控制系统中,步进电机的应用十分广泛。但随着全数字式交流伺服系统的出现,交流伺服电机也越来越多地应用于数字控制系统中。为了适应数字控制的发展趋势,运动控制系统中大多采用步进电机或全数字式交流伺服电机作为执行电动机。虽然两者在控制方式上相似(脉冲串和方向信号),但在使用性能和应用场合上存在着较大的差异。下面对二者的使用性进行详细介绍。

1) 控制精度不同

两相混合式步进电机的步距角一般为 1.8°、0.9°,五相混合式步进电机步距角一般为 0.72°、0.36°。也有一些高性能的步进电机通过细分后步距角更小。例如,日本三洋公司生产的两相混合式步进电机的步距角可通过拨码开关设置为 1.8°、0.9°、0.72°、0.36°、0.18°、0.09°、0.072°、0.036°等,兼容了两相和五相混合式步进电机的步距角。

交流伺服电机的控制精度由伺服电机轴后端的旋转编码器保证。以三洋全数字式交流伺服电机为例,对于带标准 2 000 线编码器的伺服电机而言,由于驱动器内部采用了四倍频技术,故其脉冲当量为 360°/8 000=0.045°。对于带 17 位编码器的伺服电机而言,驱动器每接收 131072 个脉冲电机转一圈,即其脉冲当量为 360°/131 072=0.0027466°,为步距角是 1.8°的步进电机的脉冲当量的 1/655。

2) 低频特性不同

步进电机在低速时易出现低频振动现象。振动频率与负载情况和驱动器性能有关,一般认为振动频率为步进电机空载起跳频率的一半。这种由步进电机的工作原理所决定的低频振动现象对于机器的正常运转非常不利。当步进电机工作在低速时,一般应采用阻尼技术来克服低频振动现象,比如在步进电机上加阻尼器,或者在驱动器上采用细分技术等。

交流伺服电机的运转非常平稳,即使在低速时也不会出现振动现象。交流伺服系统具有共振抑制功能,可涵盖机械的刚性不足,并且系统内部具有频率解析机能(FFT),可检测出机械的共振点,便于系统调整。

3) 矩频特性不同

步进电机的输出力矩随转速的升高而降低,并且在较高转速时还会急剧下降,所以其最高工作转速一般在 300~600 r/min。交流伺服电机为恒力矩输出,即在其额定转速(一般为 2 000 r/min 或 3 000 r/min)以内,都能输出额定转矩,在额定转速以上为恒功率输出。

4) 过载能力不同

步进电机一般不具有过载能力。交流伺服电机具有较强的过载能力。以三洋交流伺服系统为例,它具有速度过载和转矩过载能力。其最大转矩为额定转矩的两到三倍,可用于克服惯性负载在启动瞬间的惯性力矩。步进电机因为没有这种过载能力,在选型时为了克服这种惯性力矩,往往需要选取较大转矩的步进电机,而机器在正常工作期间又不需要那么大的转矩,便出现了力矩浪费的现象。

5) 运行性能不同

步进电机的控制为开环控制,启动频率过高或负载过大易出现丢步或堵转的现象,停止时转速过高易出现过冲的现象,所以为了保证其控制精度,应处理好升、降速的问题。交流伺服驱动系统为闭环控制,驱动器可直接对伺服电机编码器的反馈信号进行采样,在内部构成位置环和速度环,一般不会出现步进电机的丢步或过冲的现象,其控制性能更为可靠。

6）速度响应性能不同

步进电机从静止加速到工作转速(一般为每分钟几百转)需要 200～400 ms。交流伺服系统的加速性能较好，以三洋 400 W 交流伺服电机为例，从静止加速到其额定转速3 000 r/min仅需几毫秒，可用于要求快速启停的控制场合。

综上所述，交流伺服系统的性能在许多方面都优于步进电机。但在一些要求不高的场合也经常用步进电机来做执行电动机。所以，在控制系统的设计过程中要综合考虑控制要求、成本等多方面的因素，选用合适的控制电动机。

直流伺服电机可应用于火花机、机械手等。可同时配置 2 500P/R 高分析度的标准编码器及测速器，更能加配减速箱，从而令机械设备具有可靠的准确性及高扭力。其调速性好，在单位重量和体积下，其输出功率最高，不仅大于交流伺服电机，更远远超过步进电机。当采用多级结构时，其力矩波动小。

一个 R/C 伺服电机内部包括了一个小型直流电动机、一组变速齿轮组、一个反馈可调电位器及一块电子控制板。其中，高速转动的直流电动机提供了原始动力，带动变速(减速)齿轮组，使之产生高扭力的输出，齿轮组的变速比越大，R/C 伺服电机的输出扭力也越大，也即能承受更大的重量，但转动的速度也越低。伺服电机的结构如图 3-28 所示。

标准的 R/C 伺服电机有三条输入线，分别为：电源线、地线、控制线(信号线)。其中，红色的是控制线，接到控制芯片上；中间的是电源线，一般接 4～6 V 电源，电源线用于给内部的直流电动机及控制线路供电；第三条是地线。伺服电机的接线图如图 3-29 所示。

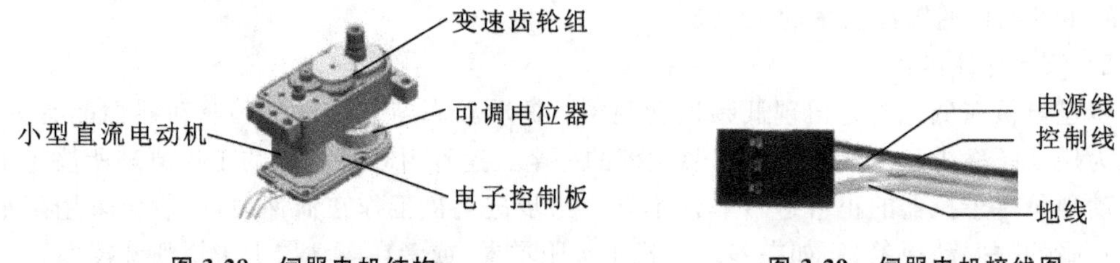

图 3-28　伺服电机结构　　　图 3-29　伺服电机接线图

输入一个周期性的正向脉冲信号，这个周期性脉冲信号的高电平时间通常在 1～2 ms 之间，而低电平时间应在 5～20 ms 之间。周期性脉冲的正脉冲宽度与 R/C 伺服电机的输出臂位置的关系如表 3-3 所示。

表 3-3　脉冲与角度位置关系

输入正脉冲宽度(周期为20 ms)	伺服电机输出臂位置
0.5 ms	sc　−90°
1 ms	sc　−45°
1.5 ms	sc　0°
2 ms	sc　45°
2.5 ms	sc　90°

四、制作过程

上位机是指人可以直接发出操控命令的计算机，一般是 PC 机，其屏幕上可显示各种信号变化(如液压，水位，温度等)。下位机是直接控制设备获取设备状况的计算机，一般是 PLC 或单片机等。上位机发出的命令首先给下位机，下位机再根据此命令转换为相应的时序信号直接控制相应设备。下位机定时读取设备状态数据(一般为模拟量)，转换成数字信号反馈给上位机。

通常上位机和下位机通信可以采用不同的通信协议，可以采用 RS-232 的串行通信，或者采用 RS-485 串行通信。当用计算机与 PLC 通信时不但可以采用传统形式的串行通信，还可以采用更适合工业控制的双线的 PROFIBUS-DP 通信，采用封装好的程序开发工具就可以实现这种通信方式。当然也可以自己编写驱动类的接口协议控制上位机和下位机的通信。通常由工控机、工作站、触摸屏作为上位机，通信控制 PLC、单片机等下位机，从而控制相关设备元件和驱动装置。

根据系统功能要求，6 路 PWM 信号分别控制 6 个伺服电机，每个伺服电机的转动范围为−90°～90°。6 个伺服电机实现了手的简单结构，能够完成复杂装配、搬运或仿照人手抓取鸡蛋等功能。

机械手由 4 个工作电压为 6 V、最大扭力为 12 kg 的伺服电机，以及 2 个工作电压为 6 V、最大扭力为 2 kg 的伺服电机和铝制合金结构组合在一起，其工作电流为 1.2～3 A，能完成多自由度的任务。因为伺服电机的工作电流比较大，故使用直流稳压电源给 6 个伺服电机供电。

初始状态时各参数归零，上电复位，各伺服电机处于 0°的位置。编号为 1 的伺服电机(手爪位置)，在机器手臂中处于手掌的位置，不像其他关节的伺服电机那样可以转向 180°，伺服传动只需很小的角度就可以完成手爪的张开或合拢这两个复杂的动作。抓东西时手爪不应长时间抓着东西不放，也不应长期保持伸展到最大的姿势，因为这样会使电动机长时间负载从而产生较大的热量，最终缩短电动机的寿命或损害电动机。但是，其他编号的伺服电机，不会有这个问题。

6 机械手臂运动控制仿真电路图如图 3-30 所示。

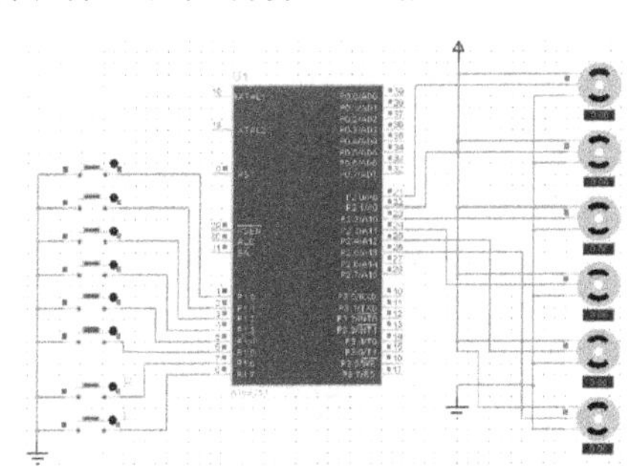

图 3-30　6 机械手臂运动控制仿真电路图

图 3-31　机械手臂

机械手臂运动一个周期时间为 20 ms，高电平为 1.5 ms(代表 90°状态)。按钮 L 按下，高电平由 1.5 ms 减少到 0.5 ms(代表从 90°转到 0°)。按钮 R 按下，高电平由 1.5 ms 增加到 2.5 ms(代表从 90°转到 180°)。高电平 1.5 ms±1 ms(代表 90°±90°)可实现伺服电机完成 0°～180°旋转。机械手臂如图 3-31 所示，机械手爪如图3-32所示。

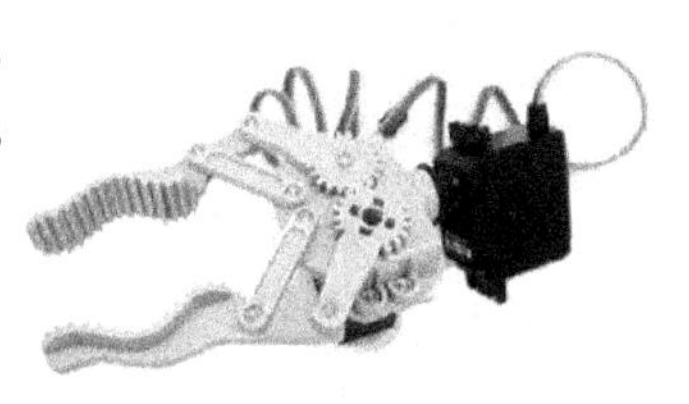

图 3-32　机械手爪

五、程序代码

具体程序代码如下。

```
#define uint unsigned int
#define uchar unsigned char
sbit anjian1=P1^0;
sbit anjian2=P1^1;
sbit anjian3=P1^2;
sbit anjian4=P1^3;
sbit anjian5=P1^4;
sbit anjian6=P1^5;
sbit  pwm1=P2^0;
sbit  pwm2=P2^1;
sbit  pwm3=P2^2;
sbit  pwm5=P2^4;
sbit  pwm4=P2^3;
sbit  pwm6=P2^5;
sbit jia=P1^6;
sbit jian=P1^7;
uchar pwm_flag=0;
uint pwm[]={2230,2230,2230,2230,2230,2230};
uint A,key;
void jia_jian(void);
void scan_key(void);
void delay10ms(void)
{
   unsigned char i,j;
   for(i=20;i>0;i--)
   for(j=248;j>0;j--) ;
}
void delay02s(void)
{
   unsigned char i;
   for(i=20;i>0;i--)
   delay10ms();
}
void main(void)
{
   EA=1;
   ET0=1;
   TMOD=0x01;
   TR0=1;
   while(1)
   {
     scan_key();
```

```
        jia_jian();
      }
    }
    void scan_key(void)
    {
    if (anjian1==0)
        {key=0;}
    if (anjian2==0)
        {key=1;}
    if (anjian3==0)
        {key=2;}
    if (anjian4==0)
        {key=3;}
    if (anjian5==0)
        {key=4;}
    if (anjian6==0)
        {key=5;}
    }
    void jia_jian(void)
    {
      if(jia==0)
      {
        delay10ms();
        if(jia==0)
          {
          delay02s();
          A=pwm[key];
          A=A+20;
        if(A>=2730)
          A=2730;
       pwm[key]=A;
    }
      }
    if(jian==0)
    {
     delay10ms();
     if(jian==0)
     {
     delay02s();
     A=pwm[key];
     A=A-20;
     if(A<=1730)
       A=1730;
     pwm[key]=A;
     }
```

```
    }
  }
  void timer0() interrupt 1 using 1
  {
    switch(pwm_flag)
    {
  case 1: TH0=(65536-pwm[0])/256;TL0=(65536-pwm[0])%256;pwm1=1;
  case 2: pwm1=0;TH0=(65536-(3500- pwm[0]))/256;TL0=(65536-(3500-pwm[0]))%256;
  case 3: TH0=(65536-pwm[1])/256; TL0=(65536-pwm[1])%256;pwm2=1;
  case 4: pwm2=0;TH0=(65536-(3500-pwm[1]))/256;TL0=(65536-(3500-pwm[1]))%256;
  case 5: TH0=(65536-pwm[2])/256; TL0=(65536-pwm[2])%256; pwm3=1;
  case 6: pwm3=0; TH0=(65536-(3500-pwm[2]))/256; TL0=(65536-(3500-pwm[2]))% 256;
  case 7: TH0=(65536-pwm[3])/256; TL0=(65536-pwm[3])%256;pwm4=1;
  case 8: pwm4=0; TH0=(65536-(3500-pwm[3]))/256; TL0=(65536-(3500-pwm[3]))%256;
  case 9: TH0=(65536-pwm[4])/256; TL0=(65536-pwm[4])%256; pwm5=1;
  case 10: pwm5=0; TH0=(65536-(3500-pwm[4]))/256; TL0=(65536-(3500-pwm[4]))%256;
  case 11: TH0=(65536- pwm[5])/256; TL0=(65536-pwm[5])%256; pwm6=1;
  case 12: pwm6=0; TH0=(65536-(3500-pwm[5]))/256; TL0=(65536-(3500-pwm[5]))%256;
  //case 13: TH0=(65536-2000)/256; TL0=(65536-2000)%256;
        default:  pwm_flag=0;
     }
     pwm_flag++;
    }
```

3.6 红外遥控系统的设计与实现

红外遥控的特点是不影响周边环境、不干扰其他电气设备。由于其无法穿透墙壁，故不同房间的家用电器可使用通用的遥控器而不会相互干扰。其电路调试简单，只要按给定电路连接无误，一般无须任何调试即可投入工作；编解码比较容易，可进行多路遥控。红外遥控虽然被广泛应用，但各生产商的遥控器不能互相兼容。当今市场上的红外线遥控装置一般采用专用的遥控编码及解码集成电路，但编程灵活性较低，并且产品多相互绑定，不能复用，故应用范围有限。本设计采用单片机进行遥控系统的应用设计，遥控装置将同时具有编程灵活、控制范围广、体积小、功耗低、功能强、成本低、可靠性高等特点，因此采用单片机控制的红外遥控技术具有广阔的发展前景。

一、课题背景

1. 基于单片机的红外遥控系统概述

红外线是一种光线，具有普通光的性质，如可以以光速直线传播，可以通过光学透镜聚焦，可以被不透明物体遮挡等。特别制造的半导体发光二极管，可以发出特定波长（通常是近红外）的红外线，通过控制二极管的电流也可以很方便地改变红外线的强度，以达到调制的目的。因此，在现代电子工程应用中，红外线常常被用做近距离视线范围内的通信载波。使用红外线做信号载波的优点很多，如成本低、传播范围和方向可以控制、不产生电磁辐射干扰，也不容易受外界干扰等，因此被广泛地应用于各种技术领域中。由于红外线为不可见光，因此对环境的影响很小，再由于红外光波的波长远小于无线电波的波长，所以红外线遥控不会影响其他家用电器，也不会影响附近的无线电设备。其最典型的应用就是家电遥控器。红外线遥控不具有像无线电遥控那样穿过障碍物去控制被控对象的能力，所以在设计家用电器的红外线遥控器时，不必要像无线电遥控器那样，每套遥控器(包括发射器和接收器)要有不同的遥控频率或编码(否则，就会隔墙控制或干扰邻居的家用电器)。同类产品的红外线遥控器，也可以有相同的遥控频率或编码，而不会出现遥控信号互相干扰的情况。这对于大批量生产及在家用电器上普及红外线遥控提供了极大的便利。

本设计主要研究并设计一个基于单片机的红外发射及接收系统，实现对温度的隔离控制。控制系统主要是由51系列单片机、集成红外发射遥控器、红外接收电路、LCD显示电路和温度控制电路等部分组成，系统框图如图3-33所示。红外线遥控器发射遥控信号经红外接收部分处理后传输给单片机，单片机根据不同的信息码控制温度报警，并完成相应的状态指示。

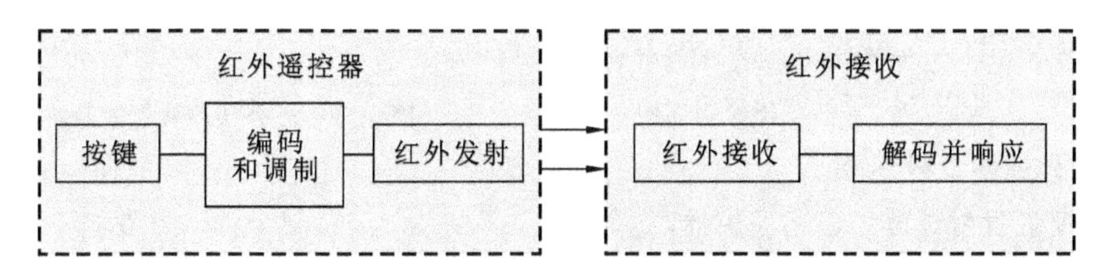

图3-33　红外线遥控系统框图

2. 本设计的方案及思路

本设计主控芯片采用51系列单片机，它具有运算能力强、软件编程灵活、自由度大、市场上比较多见、价格便宜且技术比较成熟、容易实现等特点。

红外传输则利用载波对信号进行调制，从而减少信号传输过程中的光波干扰，提高数据的传输效率。由遥控器将键盘信息及系统识别码等数据调制在红外载波上经红外发射头发射出去。接收方由红外一体化接收头实现对接收信号的放大、解调并还原为数据流，经由单片机解码后进行相关的操作。

3. 研发方向和技术关键

设计时有以下几个问题需要特别注意。

(1) 合理设计硬件电路，使各模块功能协调。

(2) 红外接收信号的脉冲波形。

(3) 红外接收信号的编解码。

(4) 单片机对I/O口的操作。

4. 主要技术指标

主要控制指标有以下几点。

(1) 遥控最远距离为8～10 m。

(2) 工作频率为38 kHz，即红外发射和接收的载频为38 kHz。

(3) 接收端可显示受控状态及输入控制数据。

二、总体设计

红外遥控系统是集光电技术于一体的系统。其工作原理是将用户按键信号经单片机编码处理后转化为脉冲信号，经由红外发射头发送出去；接收端由红外一体化接收头实现对接收信号的放大、解调并还原为数据流，经由单片机解码后进行相关的操作，从而完成整个遥控操作。

整个系统主要由单片机基本电路、红外接收电路、LCD 显示电路、温度控制电路等部分组成。系统硬件由以下几部分组成，其结构框图如图 3-34 所示。

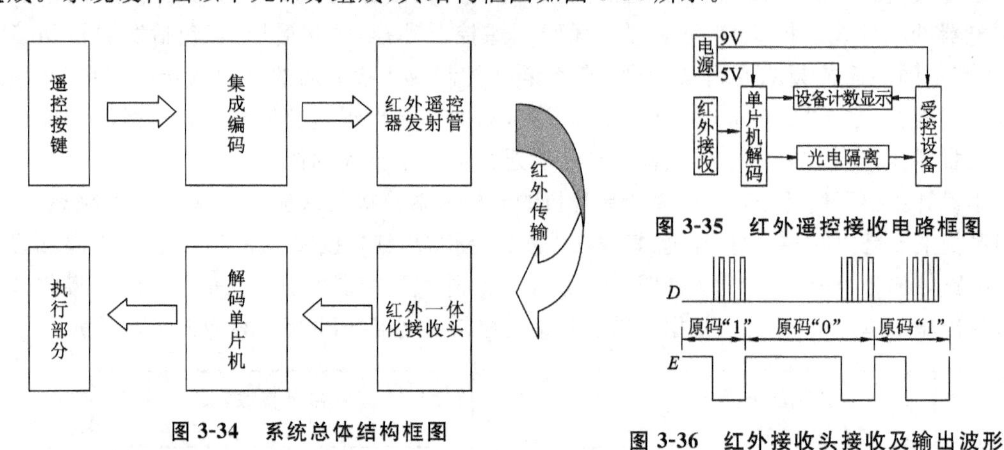

图 3-34　系统总体结构框图

图 3-35　红外遥控接收电路框图

图 3-36　红外接收头接收及输出波形

1. 红外遥控发射部分

红外遥控发射部分为普通遥控器。

2. 红外遥控接收部分

红外遥控接收电路框图如图 3-35 所示。红外接收端普遍采用价格便宜、性能可靠的一体化红外信号接收头 VS1838B，它接收红外信号频率为 38 kHz，周期约 26 μs，并能同时对信号进行放大、检波、整形，得到 TTL 电平的编码信号。

红外信号接收头收到信号后单片机立即产生中断，开始接收红外信号。接收到的信号经单片机解码得到用户遥控信息并转至 I/O 口执行，同时单片机还完成对处于工作状态的设备进行计数并显示。

3. 红外编码标准

红外遥控器使用的编码芯片是 PT2221，其编码标准为 NEC 编码标准。

此标准下的发射端所发射的一帧数据包含有 1 个引导码、8 位用户码、8 位用户反码、8 位键数据码、8 位键数据反码。引导码由一个 9 ms 的高电平和 4.5 ms 的低电平组成。当按下某一个键的持续时间超过 108 ms 时，则发送简码（简码由 9 ms 高电平和 2.25 ms 的低电平组成）来告之接收端是某一个按键一直被按着，如电视的音量和频道切换键都有此功能，简码与简码之间间隔的时间是 108 ms。“1”和“0”的区分采用脉冲位置调制方式（PPM）。

1）二进制信号的调制

二进制信号的调制仍由发送单片机来完成。若 A 是二进制信号的编码波形，B 是频率为 38 kHz（周期为 26 μs）的连续脉冲，则 C 是经调制后的间断脉冲串（相当于 $C=A\times B$），可用于红外发射二极管发送的波形。

2）二进制信号的解调

二进制信号的解调由一体化红外信号接收头 VS1838B 来完成，它把接收到的红外信号（图 3-36 中的波形 D）经内部处理并解调复原，在输出脚输出图 3-36 中的波形 E。VS1838B 的解调可理解为：当输入为脉冲串时，输出端输出低电平，否则输出高电平。VS1838B 可直接与单片机串行输入口及外中断相连，以实现随时接收遥控信号并产生中断，然后由单片机对编码进行还原。

3）二进制信号的解码

二进制信号的解码由接收单片机来完成，它把从红外信号接收头送来的二进制编码波形通过解码，还原为发送端发送的数据。如图 3-36 所示，把波形 E 解码还原成原始二进制数据信息 101。

三、硬件设计

1. 主控芯片 AT89C51

AT89C51 是美国 ATMEL 公司生产的低功耗、高性能的 CMOS 8 位单片机，片内含 4KB 的可系统编程的 Flash 只读程序存储器，器件采用 ATMEL 公司的高密度、非易失性存储技术生产，兼容标准 8051 指令系统及引脚。其 Flash 程序存储器既可在线编程(ISP)，也可用传统方法进行编程。

2. 红外发射

红外发射器大多是使用 Ga、As 等材料制成的红外发射二极管，其能够通过的 LED 电流越大，发射角度越小，则产生的发射强度就越大。发射强度越大，则红外传输的距离就越远，传输距离正比于发射强度的平方根。

通常，红外遥控器将遥控信号(二进制脉冲码)调制在 40 kHz(周期为 26.3 ms)的载波上，经缓冲放大后送至红外发射二极管，再产生红外信号发射出去。在红外数据发射的过程中，由于发送信号时的最大平均电流需几十毫安(对应毫瓦级发射功率)，所以需要三极管放大后去驱动红外发射二极管(又称电光二极管)。

3. 红外遥控接收电路

红外遥控接收电路是本设计中硬件电路的重点部分，由红外信号接收头电路、控制电路及状态显示电路组成。

一体化红外接收头采用 VS1838B，它负责对接收到的红外遥控信号进行解调，然后将调制在 40 kHz 上的红外脉冲信号解调后再输入到 AT89C51 的 INT0(P3.2)引脚，由单片机进行高电平与低电平宽度的测量。遥控信号的还原是通过 P3.2 输入二进制脉冲码的高电平、低电平及维持时间来完成的。当接收头接收信号时，单片机产生中断，并在 P3.2 对信号电平进行识别，并还原为原始发送数据。数据流通过单片机处理后传输至驱动控制部分，并通过数码管显示用电设备的个数。

1) 红外信号接收头电路

VS1838B 是用于红外遥控信号接收的小型一体化接收头，它的主要功能包括放大、选频、解调等，要求输入信号应为已经被调制的信号。经过它的接收、放大和解调会在输出端直接输出原始信号的反相信号。其不需要任何外接元件，就能完成从红外线接收到输出与 TTL 电平信号兼容的所有工作，而其体积与普通的塑封三极管相同，从而可以使电路简化。其灵敏度和抗干扰性都非常好，适合于各种红外线遥控和红外线数据传输，中心频率 38 kHz。VS1838B 只有 3 个引脚，如图 3-37 所示，从左至右依次为 OUT、GND、VCC。红外信号接收头电路图如图 3-38 所示，OUT 脚(引脚 1)与单片机 I/O 口直接相连。

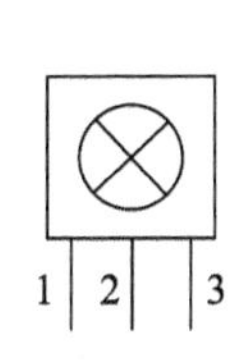

图 3-37　VS1838B 引脚

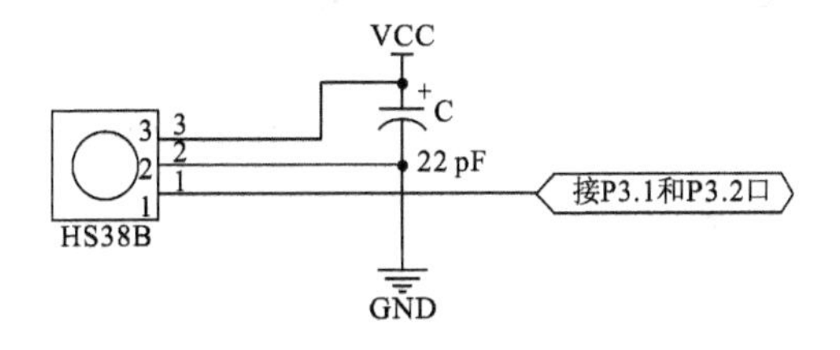

图 3-38　红外信号接收头电路

红外信号接收头内部放大器的增益很大，很容易引起干扰，因此在接收头的供电引脚上必须加上滤波电容。

2）控制电路

单片机在收到红外接收头解调后的信号后，对其进行解码，从而得到控制码，此时系统将转至对具体设备的控制工作。

温度检测部分采用 DS18B20 数字温度传感器，其接线方便，封装后可应用于多种场合，有管道式、螺纹式、磁铁吸附式、不锈钢封装式等多种封装形式，可根据应用场合的不同而改变其外观。封装后的 DS18B20 可用于电缆沟测温、高炉水循环测温、锅炉测温、机房测温、农业大棚测温、洁净室测温、弹药库测温等各种非极限温度场合。它具有耐磨耐碰、体积小、使用方便、封装形式多样等优点，适用于各种狭小空间的数字测温。

3）状态显示电路

红外遥控系统在接收到遥控码并对相关设备操作后，单片机将对正在工作的设备进行计数并通过 LCD12232 显示。

四、制作过程

1. 仿真调试电路

仿真调试电路如图 3-39 所示。

2. 实物制作样品

实物制作样品如图 3-40 所示。

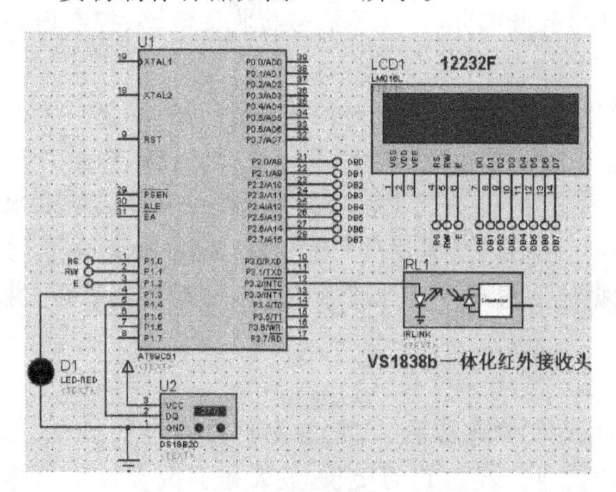

图 3-39 红外仿真调试电路图

图 3-40 实物制作样品图

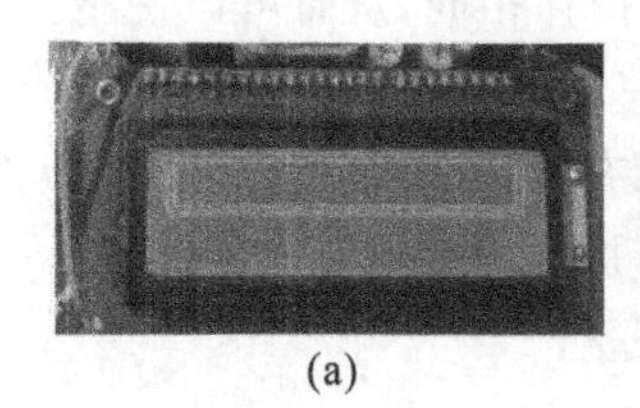

(a)

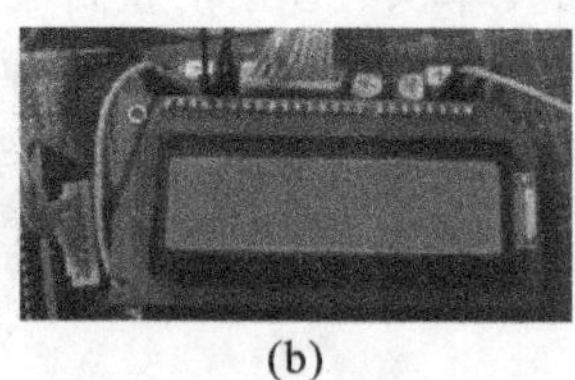

(b)

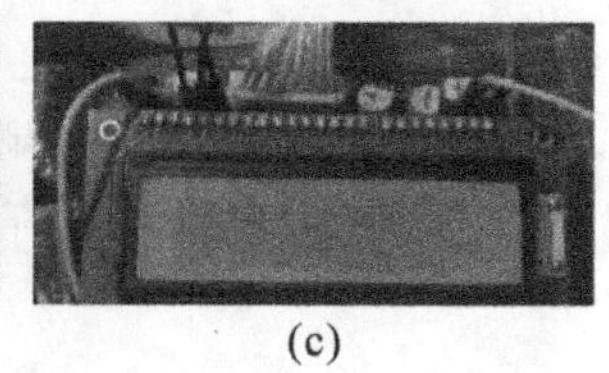

(c)

图 3-41 实物演示效果图

3. 实物演示效果

实物演示效果如图 3-41 所示。在程序内部设定按键的功能为："＋"键进入最低温度设置；"－"键进入最高温度设置；"EQ"键进入当前温度显示，以及键码显示界面。进入最低、最高温度报警设置时，按遥控器的数字键，可自定义输入新的报警温度。

温度控制规则为：若当前实际温度大于设定的最高温度，LED 灯发出警告；若当前实际温度小于设定的最低温度，LED 灯发出警告。

目前的遥控装置大多用于对某一设备进行单独控制，而在本设计中的红外遥控电路设计了多个控制按键，可以对不同的设备及同一设备的多个功能进行控制。系统可通过设定发射及接收程序中的识别码及识别反码来对不同的遥控器进行区分。对识别码、识别反码、控制码和控制码反码的判定，一方面消除了非遥控信号的红外干扰，另一方面降低了误操作发生的概率。

本设计的软件代码在配套的教学资源包中，可以按前言中提示的方式获取。

3.7 电子密码锁的设计与实现

在日常的工作和生活中，房屋的安全防范，以及单位的文件档案、财务报表和一些个人资料的保存多采用加锁的方法。若使用传统的机械式钥匙开锁，人们常需携带多把钥匙，使用极不方便，并且钥匙丢失后其安全性即大打折扣。在安全技术防范领域，随着单片机的问世，出现了带微处理器的密码锁，它除了具有电子密码锁的功能外，还引入了智能化的功能，从而使密码锁具有很高的安全性和可靠性。

一、课题背景

1. 基于单片机的电子密码锁概述

电子密码锁是一种通过密码输入来控制电路或芯片工作，从而控制机械开关的打开或闭合，来完成开锁、闭锁任务的电子产品。它的种类很多，有简易的电路产品，也有基于芯片的性价比较高的产品。现在应用较广的电子密码锁是以芯片为核心，通过编程来实现的。其性能和安全性已大大超过了机械锁。其主要特点如下。

(1) 保密性好　编码量多，随机开锁成功率几乎为零。

(2) 密码可变　用户可以随时更改密码，既可以防止密码被盗，同时也可以避免因人员的更替而使锁的密级下降。

(3) 误码输入保护　当输入密码多次错误时，报警系统自动启动。

(4) 无活动零件　不会磨损，寿命长。

(5) 使用灵活性好　不像机械锁必须佩戴钥匙才能开锁。

(6) 操作简单，一学即会。

2. 本设计的方案及思路

本系统的总体设计方案应在满足系统功能的前提下，充分考虑系统使用的环境，所选的结构要简单实用、易于实现，器件的选用应着眼于合适的参数、稳定的性能、较低的功耗及低廉的成本。

本设计由 AT89S52 单片机与低功耗 CMOS 型 EEPROM AT24C02 作为主控芯片与数据存储器单元，结合外部的键盘输入、LCD 显示、报警、开锁等电路模块组成。它能完成以下功能：正确输入密码前提下，开锁；错误输入密码情况下，报警；密码可以根据用户的需要进行更改。

本密码锁具有设计方法合理，简单易行，成本低，安全实用等特点，具有一定的推广价值。

3. 研究方向和技术关键

设计时有以下几个问题需要特别注意。

(1) 合理设计硬件电路,使各模块功能协调。

(2) 根据选用的电子密码锁芯片设计外部电路和单片机的接口电路。

(3) 在硬件设计时,结构要尽量简单实用、易于实现,使系统电路尽量简单。

(4) 根据硬件电路图,在开发板上完成器件的焊接。

(5) 根据设计的硬件电路,编写控制 AT89S52 芯片的单片机程序。

(6) 通过编程、编译、调试,把程序下载到单片机上运行,并实现其功能。

(7) 在进行硬件电路和软件程序设计时,应主要考虑提高人机界面的友好性,以及方便用户操作等因素。

(8) 软件设计时必须要有完善的思路,要做到程序简单,调试方便。

4. 主要技术指标

本设计采用AT89S52单片机为主控芯片,结合外部电路,通过软件程序组成电子密码锁电路,能够实现以下功能。

(1) 正确输入密码前提下,开锁并有正确提示。

(2) 错误输入密码三次的情况下,蜂鸣器报警并短暂锁定键盘。

(3) 密码可以根据用户的需要进行更改。

(4) 为了防止误操作,更改密码需要有两次确认。

(5) 密码掉电保存功能。

二、总体设计

本设计主要由单片机、矩阵键盘、液晶显示器和密码存储等部分组成。其中,矩阵键盘用于输入数字密码和进行各种功能的实现。由用户通过连接单片机的矩阵键盘输入密码,通过单片机来判断密码是否正确,然后通过控制引脚的输出电平来控制是开锁还是报警,实际使用时只要将单片机的负载由继电器换成电子密码锁的电磁铁吸合线圈即可。

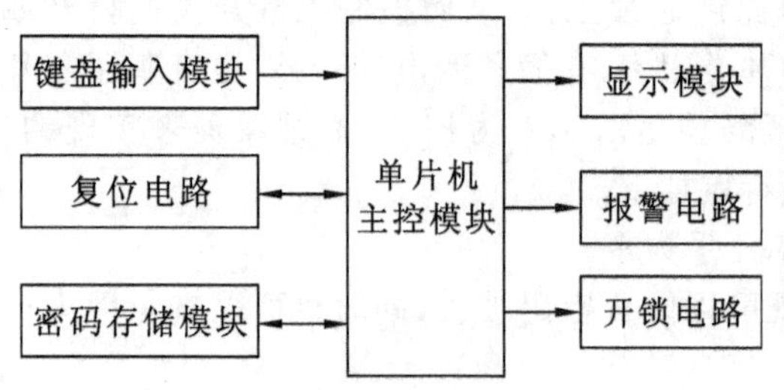

图 3-42　系统结构框图

系统结构框图如图 3-42 所示,各模块的具体功能如下。

(1) 键盘输入模块:分为密码输入按键与几个功能按键,用于完成密码锁输入功能。

(2) 显示模块:用于完成对系统状态显示及操作提示功能。

(3) 复位电路:用于完成系统的复位。

(4) 报警电路:用于完成输错密码时的警报功能。

(5) 密码存储模块:用于完成掉电存储功能,使修改的密码断电后仍能保存。

(6) 开锁电路:使用继电器及发光二极管模拟开锁,完成开锁及开锁提示。

三、硬件设计

整个系统主要以 AT89S52 单片机为控制核心,具有在线编程功能,并且功耗低,能在 3 V超低压工作。外部电路包括键盘输入部分、密码存储部分、复位部分、显示部分、报警部分和开锁部分等,根据实际情况选择 4×4 矩阵键盘作为键盘输入部分,显示部分选择字符型液晶显示器 LCD1602,密码存储部分选用 AT24C02 芯片来完成。

1. 键盘输入电路

4×4 矩阵式按键键盘由行线和列线组成,也称行列式键盘,按键位于行列的交叉点上,密码锁的密码由键盘输入，与独立式按键键盘相比，要节省很多I/O口。本设计中使用的4×4键盘不但能完成密码的输入还有其他的特别功能，如修改密码功能等。键盘的每个按键功能在程序设计中已经编写好。矩阵键盘采用“行列”扫描法，行列扫描法是一种最常用的按键扫描方法，如图3-43所示，开始时把行线P2.0～P2.3置为低电平，然后扫描列线，如果有一行列线为低电平，则去抖后判断其是否仍为低电平，如果仍为低电平，则这条列线为低电平，同时处于这条行线中的按键为低电平，然后判断是哪个按键按下，如果列线全部为高电平，则表示没有按键被按下。

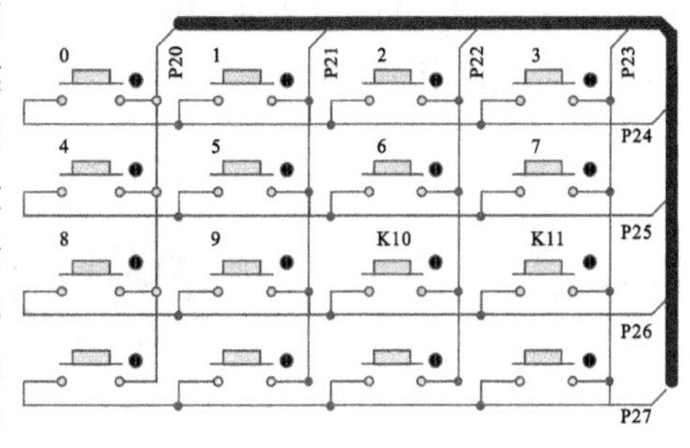

图 3-43　键盘电路

2. 密码存储芯片 AT24C02

AT24C02是美国Atmel公司生产的低功耗CMOS型E^2PROM，内含256×8位存储空间，具有工作电压宽(2.5～5.5 V)、擦写次数多(大于10 000次)、写入速度快(小于10 ms)、抗干扰能力强、数据不易丢失、体积小等特点。而且它是采用了I^2C总线进行数据读/写的串行器件，占用很少的资源和I/O口线，并且支持在线编程，可以很方便地进行数据的实时存取。AT24C02中带有片内地址寄存器，每写入或读出一个数据字节后，该地址寄存器自动加1，以实现对下一个存储单元的读/写，所有字节均以单一操作方式读取。为了降低总的写入时间，一次操作可写入多达8个字节的数据。I^2C总线是一种用于IC器件之间连接的二线制总线。它通过SDA(串行数据线)及SCL(串行时钟线)在连接到总线上的器件之间传输信息，并根据地址识别每个器件。AT24C02正是运用了I^2C总线来使用主/从机双向通信的，主机(通常为单片机)和从机(AT24C02)均可工作于接收器和发送器状态。主机产生的串行时钟信号通过SCL引脚传输，并发出控制字来控制总线的传输方向，同时产生开始和停止的条件。无论是主机还是从机，接收到一个字节后必需发出一个确认信号ACK。AT24C02的控制字由8位二进制数构成，在开始信号发出以后，主机便会发出控制字，以选择从机并控制总线传输的方向。

AT24C02的引脚描述如下。

- SCL为串行时钟引脚。串行时钟输入引脚用于产生器件所有数据发送或接收的时钟，它是一个输入引脚。
- SDL为串行数据/地址引脚。双向串行数据/地址引脚用于器件所有数据的发送或接收，SDL是一个开漏输出引脚。
- A0、A1、A2为器件地址输入端。当使用AT24C02时最大可级联8个器件，如果只有一个AT24C02被总线寻址，则A0、A1、A2这三个地址输入脚可悬空或连接到Vss。
- WP为写保护：如果WP引脚连接到V_{CC}，则所有的内容都被写保护，只能读取。而当WP引脚连接到V_{ss}或悬空，则允许器件进行正常的读/写操作。AT24C02组成的密码存储器电路如图3-44所示。

3. LCD 显示电路

显示部分由液晶显示器LCD1602取代普通的数码管来完成。开始时显示器一直处于初始状态，当需要对密码锁进行开锁时，按下数字键0～9输入密码，每按下一个数字键后在显示器上显示一个“*”，最多显示6位。当密码输入完成时，如果输入的密码正确，则LCD显示“Unlock OK!”，单片机P3.6会输出低电平，使三极管导通，电磁铁吸合，电子密码锁被打开；如果密码不正确，则LCD显示“Error”，P3.6输出高电平，电子密码锁不能被打开。通过 LCD 显示屏，可以清楚地判断出密码锁所处的状态。LCD 显示电路如图 3-45 所示（其中，RS 接 P3.0，R/W 接 P3.1，E 接 P3.2）。

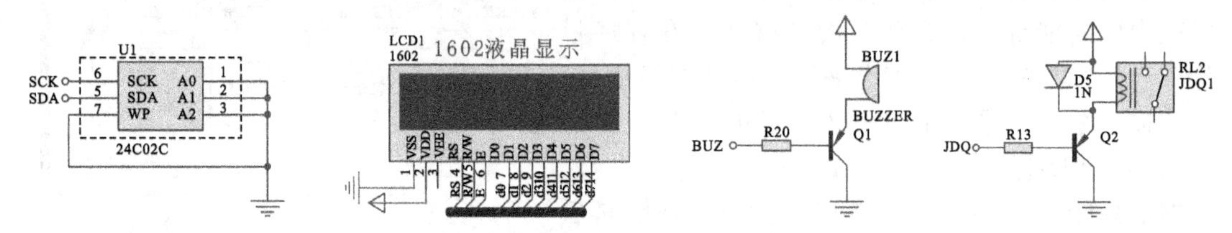

图 3-44　密码存储器电路　　图 3-45　LCD 显示电路　　图 3-46　蜂鸣器电路　图 3-47　继电器开锁电路

4. 报警电路设计

报警电路由蜂鸣器及外部电路组成，加电后不发声，当密码输入错误超过三次时，单片机的 P3.5 输出低电平，三极管导通，执行蜂鸣器报警声子程序发出声音报警。其电路如图 3-46 所示（其中，BUZ 接单片机 P3.5）。

5. 开锁电路设计

用户通过键盘任意设置密码，并存储在 AT24C02 中作为锁密码指令。开锁步骤如下：首先按下键盘数字键 0～9 输入密码，由单片机内部操作进行密码比对；当用户输入一个密码后，单片机自动识码，如果识码不符，则提示错误，如果错误超过三次则报警；如果输入正确，则单片机 P3.6 输出低电平，经三极管放大后，由继电器驱动电磁阀动作将锁打开，可在电路中接 LED 显示开锁状态。其电路如图 3-47 所示（其中，JDQ 接单片机 P3.6）。

四、制作过程

1. 仿真调试电路

仿真调试电路如图 3-48 所示。

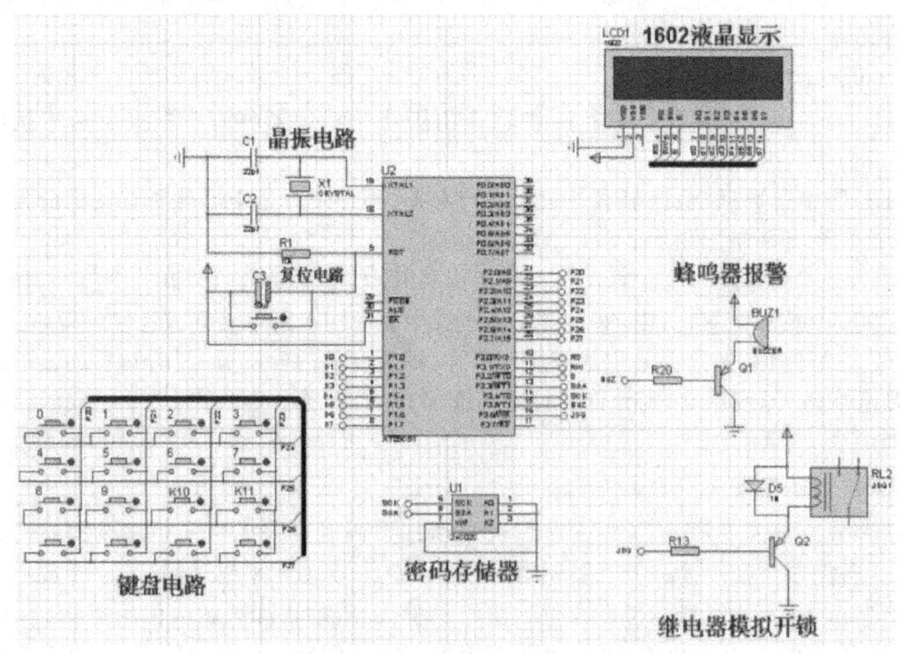

图 3-48　仿真调试电路图

2. 实物制作样品

实物样品如图 3-49 所示。

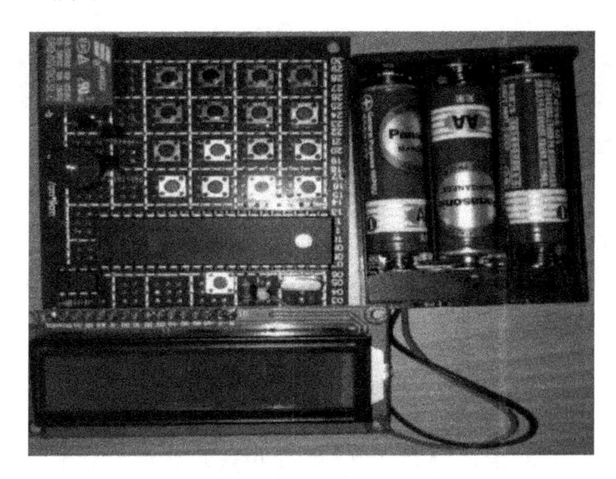

图 3-49　电子密码锁实物

本设计的电子密码锁是以手动键盘输入密码的，在科技快速发展的今天，遥控控制显得越来越重要，今后的电子密码锁应该具有以红外技术或无线电技术为辅助的密码按键输入远程交互技术，这样就能远程输入密码完成操作。也可以放弃传统的按键输入密码模式，借助传感器技术，运用声控来实现密码输入，又或者采用人脸识别技术，以及指纹识别技术，这些都可以使开锁的时间更短更方便。电子密码锁产业将向静态功耗更低，外部电路更简化，可提供的功能或控制口更多，更人性化、高科技化的方向发展。

本设计的软件代码在配套的教学资源包中，可按前言提示的方式获取。

3.8　电子万年历的设计与实现

电子万年历是实现对年、月、日、时、分、秒进行数字显示的计时装置，广泛用于家庭、实验室、小型办公场所、车站、银行大厅等场所，成为人们日常生活中的必需品。数字集成电路的发展和石英晶体振荡器的广泛应用，使得数字时钟的精度提高，其应用则更为广泛。

一、课题背景

1. 基于单片机的电子万年历概述

本设计采用直观的数字显示，可以同时显示年、月、日、时、分、秒和温度等信息，还具有时间校准等功能，特别适用于家庭居室、办公室、实验室、大厅、会议室、车站和广场等使用。

电子万年历具有读取方便、显示直观、功能多样、电路简洁、成本低廉等诸多优点，符合电子仪器仪表的发展趋势，具有广阔的市场前景。

2. 本设计的方案思路

本设计以 AT89S52 单片机作为主控核心，与时钟芯片 DS1302、单线数字温度传感器 DS18B20、按键、LED 显示器等模块组成硬件系统。可根据使用者的需要随时对时间进行校准和选择时间等操作。

3. 研究方向和技术关键

设计时有以下几个问题需要特别注意。

(1) 合理设计硬件电路，使各模块功能协调。

(2) 选用电子万年历芯片时，应重点考虑功能实在、使用方便、单片存储、低功耗、抗断电的器件。

(3) 根据选用的电子万年历芯片设计外部电路和单片机的接口电路。

(4) 在硬件设计时，结构应尽量简单实用、易于实现，使系统电路尽量简单。

(5) 根据硬件电路图，在开发板上完成器件的焊接。

(6) 根据设计的硬件电路，编写控制 AT89S52 芯片的单片机程序。

(7) 通过编程、编译、调试，把程序下载到单片机上运行，并实现其功能。

(8) 在硬件电路和软件程序设计时，主要考虑提高人机界面的友好性，方便用户操作等因素。

(9) 软件设计时必须要有完善的思路，要做到程序简单、调试方便。

4. 主要技术指标

本设计准备实现的主要功能如下。

(1) 通过 DS1302 能够准确计时，其时间可调并能在液晶上显示出来。

(2) 通过 DS18B20 能够实时、准确地检测当前的环境温度。

(3) 实现闹钟功能。

二、总体设计

本电路是以 AT89S52 单片机为控制核心，正常情况下外接 5 V 直流稳压电源，使万年历正常显示。时钟芯片 DS1302 可以对年、月、日、时、分、秒进行计时，并且掉电时能保证正常计时，具有掉电自动保存功能。温度的采集由 DS18B20 芯片及相关电路完成，可显示周边环境温度。显示部分由 LCD1602 显示器及相关电路组成。并且设有电铃控制，可以计时报警。其系统结构框图如图 3-50 所示。

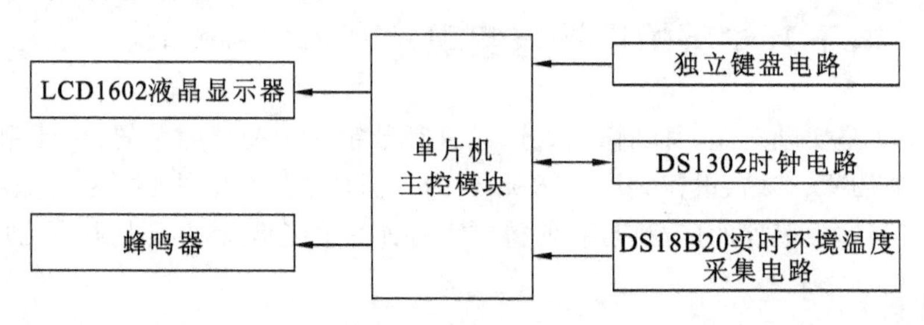

图 3-50　系统结构框图

1. 单片机主控模块

单片机主控模块采用 Atmel 公司的 AT89S52 单片机，它是一种低功耗、高性能的 CMOS 8 位微控制器。

2. 时钟电路模块

时钟芯片 DS1302 通过三线接口实现与单片机的通信，因为 DS1302 的功耗很小，故即使电源掉电后通过 3 V 的钮扣电池仍能维持 DS1302 走时精确。

3. 温度采集模块

温度采集模块采用数字式温度传感器 DS18B20，它是数字式温度传感器，通过单总线实现与单片机的通信，每个 DS18B20 都有一个唯一的序列号，可以方便地实现组网检测。

4. 显示模块

液晶显示器的效果出众，可以运用菜单项来进行操作，简单方便。

三、硬件设计

本电路以 AT89S52 单片机为控制核心，AT89S52 具有能够在线编程，功耗低，能在 3 V 超低压下工作等特点。时钟电路由 DS1302 芯片及相关电路组成，它是一种高性能、低功耗、带 RAM 的实时时钟电路，它可以对年、月、日、时、分、秒进行计时，具有闰年补偿功能，工作电压为 2.5～5.5 V，采用三线接口与 CPU 进行同步通信，并可采用突发方式一次传输多个字节的时钟信号或 RAM 数据。DS1302 芯片内部有一个 31×8 的用于临时性存放数据的 RAM 寄存器，具有使用寿命长、精度高和低功耗等特点，同时具有掉电自动保存功能；温度的采集由 DS18B20 芯片及相关电路构成；显示部分由 LCD1602 显示器及相关电路构成，完成对数字的显示。

1. 实时时钟电路设计

时钟电路是由 DS1302 及相关电路组成的，下面对其进行简要介绍。

1）时钟芯片 DS1302 的工作原理

DS1302 在每次进行读、写操作前都必须初始化，先把 SCLK 端置"0"，接着把 RST 端置"1"，最后才对 SCLK 输入脉冲，其读/写时序如图 3-51 所示。

2）DS1302 的控制字节

DS1302 的控制字格式如表 3-4 所示。控制字节的最高有效位（位 7）必须是逻辑 1，如果它为 0，则不能把数据写入 DS1302 中；位 6 如果为 0，则表示存取日历时钟数据，如果为 1 表示存取 RAM 数据；位 5 至位 1 为操作单元的地址；最低有效位（位 0）如为 0 表示要进行写操作，为 1 表示进行读操作；控制字节总是从最低位开始输出。

表 3-4　DS1302 的控制字格式

1	RAM/CK	A4	A3	A2	A1	A0	RD/WR

3）数据输入输出（I/O）

在控制指令字输入后的下一个 SCLK 时钟脉冲的上升沿时，数据被写入 DS1302，数据输入从低位（即位 0）开始。同样，在紧跟 8 位的控制指令字后的下一个 SCLK 时钟脉冲的下降沿读出 DS1302 的数据，读出数据时从低（位 0）位到高位（位 7）。如图 3-51 所示。

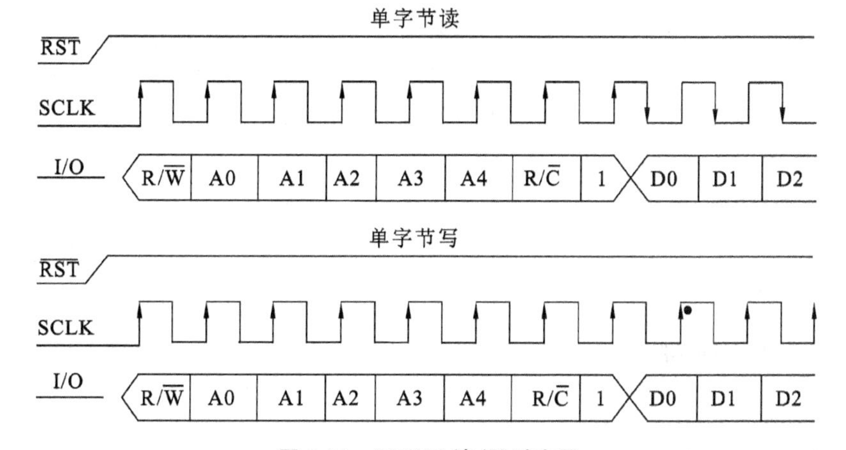

图 3-51　DS1302 读/写时序图

4）DS1302 的寄存器

DS1302 有 12 个寄存器，其中有 7 个寄存器与日历、时钟相关，存放的数据位为 BCD 码形式，其日历、时间寄存器及其控制字见表 3-5。

表 3-5　DS1302 的日历、时间寄存器

写寄存器	读寄存器	bit7	bit6	bit5	bit4	bit3	bit2	bit1	bit0
80H	81H	CH	10 秒			秒			
82H	83H		10 分			分			
84H	85H	12/$\overline{24}$	0	10 $\overline{AM}$/PM	时	时			
86H	87H	0	0	10 日		日			
88H	89H	0	0	0	10 月	月			
8AH	8BH	0	0	0	0	0	星期		
8CH	8DH	10　年				年			
8EH	8FH	WP	0	0	0	0	0	0	0

表 3-5 中 CH 是时钟暂停标志位，当该位为 1 时，时钟振荡器停止，DS1302 处于低功耗状态；当该位为 0 时，时钟开始运行。WP 是写保护位，在对时钟和 RAM 进行写操作之前，WP 必须为 0；当 WP 为 1 时，则不能对任一寄存器进行写操作。

此外，DS1302 还有年份寄存器、控制寄存器、充电寄存器、时钟突发寄存器及与 RAM 相关的寄存器等。时钟突发寄存器可一次性顺序读/写除充电寄存器外的所有寄存器内容。DS1302 与 RAM 相关的寄存器分为两类：一类是单个 RAM 单元，共 31 个，每个单元组态为一个 8 位的字节，其命令控制字为 C0H～FDH，其中奇数为读操作，偶数为写操作；另一类为突发方式下的 RAM 寄存器，此方式下可一次性读/写所有的 RAM 的 31 个字节，命令控制字为 FEH（写）、FFH（读）。

图 3-52 所示的是 DS1302 与单片机的连接电路。其中，VCC1 为后备电源引脚，VCC2 为主电源引脚，故在主电源关闭的情况下，也能保持时钟的连续运行。DS1302 由 VCC1 或 VCC2 两者中的较大者供电。当 VCC2 大于 VCC1＋0.2 V 时，由 VCC2 给 DS1302 供电；当 VCC2 小于 VCC1 时，DS1302 由 VCC1 供电。X1 和 X2 是振荡源引脚，外接 32.768 kHz 晶振。

2. 温度采集模块设计

如图 3-53 所示，采用数字式温度传感器 DS18B20 进行温度采集，它具有测量精度高，电路连接简单等特点，此类传感器仅需要一条数据线进行数据传输。使用 P3.7 与 DS18B20 的 I/O 口连接时应加一个上拉电阻，VCC 引脚接电源，VSS 引脚接地。

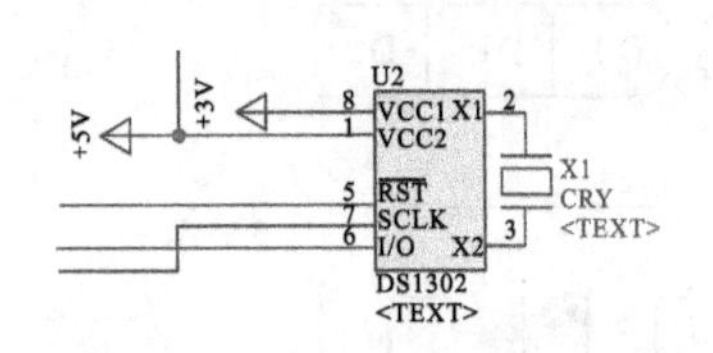

图 3-52　DS1302 时钟电路

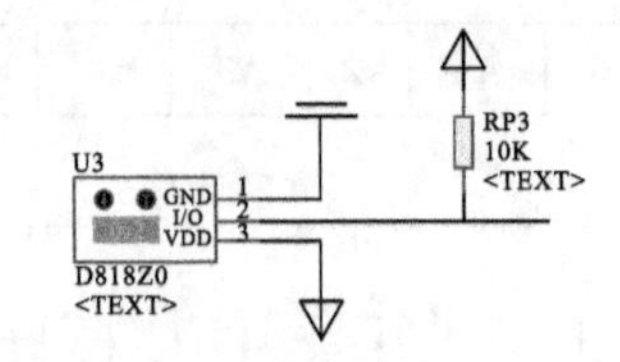

图 3-53　DS18B20 温度采集模块电路

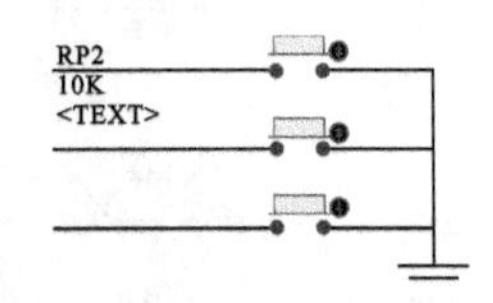

图 3-54　键盘电路设计

3. 功能按钮设计

当按钮被按下时，该按钮对应的 I/O 口被拉为低电平，松开时按钮对应的 I/O 口由内部的上拉电阻将该 I/O 拉为高电平，如图 3-54 所示。

4. 显示部分的设计

(1) 方案一　采用 8 段数码管。虽然经济实惠，但其操作比液晶显示器略显烦琐。

(2) 方案二　采用液晶显示器。液晶显示器的效果出众，可以运用菜单项来进行操作，简单方便。所以最后选择液晶显示方案。显示电路图如图 3-55 所示。

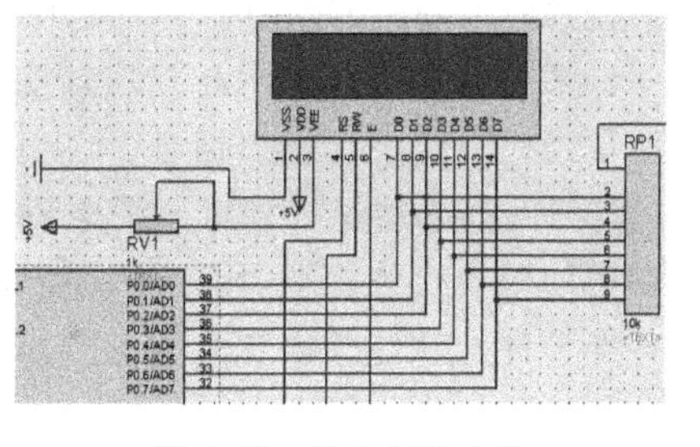

图 3-55　液晶显示电路

四、制作过程

1. 仿真调试电路

仿真调试电路如图 3-56 所示。

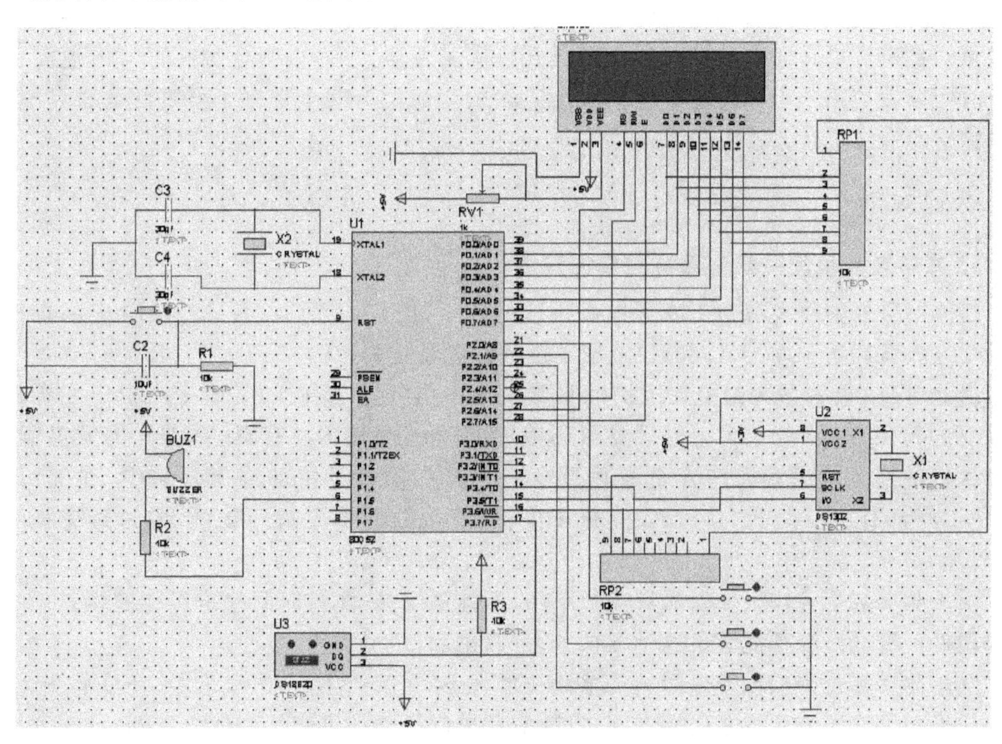

图 3-56　仿真调试电路图

2. 实物制作样品

实物样品如图 3-57 所示。

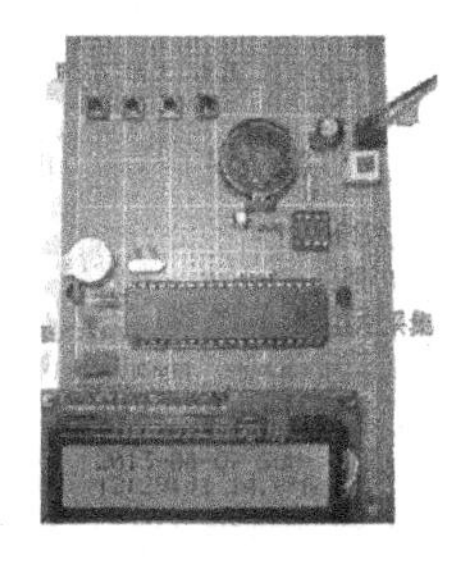

图 3-57　电子万年历实物图

本设计的硬件电路主要由单片机最小系统电路、按键模块、时钟芯片模块、LCD 液晶显示模块等组成，软件方面则是通过 C51 语言对系统进行编程，使得本设计的实时性和灵活性得到增强。系统实现了以下多种功能。

(1) 液晶显示器上同时显示年、月、日、星期等日历相关信息和温度信息。可通过按键设置年、月、日和星期。

(2) 掉电后时钟芯片正常运行，重新上电后不用校正时钟。

本设计还可以增加以下功能。

(1) 提醒功能　为了方便人们的生活，此万年历的设计中可以增加一些提醒功能。例如：温度高于某一设定值时可以给出气温过高，不适宜进行剧烈活动的温馨提示；或者当温度低于某一设定值时提示注意增加衣服，注意保暖；还可以把父母的生日信息编入程序内，在生日当天自动发出祝福信息。

(2) 可以增加遥控装置　考虑到本电子万年历一般挂在室内墙上这一特点，输入部分可以增加遥控接收模块，用普通遥控器就能对其进行日期的设置和查询等功能。

本设计的软件代码在配套的教学资源包中，可按前言中提示的方式获取。

3.9 煤气检漏仪的设计与实现——基于 MQ-7 的一氧化碳检测

管道煤气和罐装煤气的使用为人们的生活提供了很多便利，但是由于使用不当或因设备老化严重而导致的煤气泄漏事故却频繁发生，给人们的生命财产安全带来了很大的威胁。而在偏远的农村，在冬季因为燃煤取暖，因人们无法及时发现有毒气体的散发从而导致的中毒甚至死亡事件更是时有发生。而在矿业开采和工业生产中，因为各种有毒气体泄漏发现不及时而导致的工人中毒甚至爆炸事故给工人的生命财产安全带来了严重的危害，并且给国家的财产造成了巨大的损失。

一、课题背景

1. 基于单片机的一氧化碳检测系统概述

气体报警器的研发有助于防止煤矿事故的发生，据权威部门统计，仅 2013 年因煤矿事故死亡人数就高达 1067 人，同时也造成了巨大的经济损失。

由此可见，报警器无论是在人们的日常生活中，还是在煤矿等工业生产中都发挥着至关重要的作用，所以实时准确测量周围环境中的可燃性气体及有毒、有害气体的泄漏，对保护人们的身体健康和财产安全有重要意义。其在国民经济的许多领域中，如油田、矿山、化工等都有着广泛的应用。如何开发出稳定可靠、性价比高的装置，成为急需解决的课题。

由于要求数字气体报警器具有体积小巧，监控精度高，能长时间稳定工作的特点。传统的纯硬件报警器已经不能满足这种要求了，可以采用单片机进行设计。

气体传感器是当前比较热门的传感器技术，已经在工业生产、医学诊断、环境监测、国防等领域得到了广泛应用。在应用方面，目前应用最广泛的是可燃性气体传感器，已普遍应用于气体泄漏检测和控制系统中。仅以用于安全保护家用燃气泄漏报警器为例，日本早在 1980 年就开始实行安装城市煤气、液化石油气体报警器法规；美国的一些州已经立法，规定家庭、公寓等都要安装 CO 报警器。报警器种类也相当繁多，有用于一般家庭、饮食餐店、医院、学校、工厂的各种气体报警器；有单体分离型报警器、外部报警系统、集中监视系统、防中毒报警系统等。其结构形式有袖珍型便携式、手推式、固定式等；工业用固定式又有壁挂式、台放式、单台监控式、多路巡检式等。目前，气体检测技术与计算机技术相结合，实现了智能化、多功能化，其灵敏度和工作性能提高，功耗和成本降低，尺寸缩小，电路简化。例如，美国英思科公司(ISC)生产了一台气体监控仪，可以实现 4 种气体的检测，采用了统一的软件，只需要更换气体传感器，即可实现对特定气体的检测。

2. 本设计的方案思路

本小节将设计一个基于 MQ-7 的一氧化碳检测系统。该系统通过四路 MQ-7 探头模拟探测四个房间内的一氧化碳情况，并通过 LCD1602 液晶显示器把四组探头所在位置的当前温度及一氧化碳是否超过标准值都显示出来。

3. 研发方向和技术关键

设计时有如下几个问题需要注意。

(1) 合理设计硬件电路，使各模块功能协调。

(2) MQ-7 的工作条件。

(3) DS18B20 对温度的检测。

(4) 单片机对 I/O 口的操作。

二、总体设计

系统主要包括单片机最小电路、AD 转换电路、防爆燃检测电路、一氧化碳监测电路、蜂鸣器声音报警电路和 LCD 显示电路等几个部分。系统组成框图如图 3-58 所示。LCD 显示电路、单片机最小电路和蜂鸣器报警电路会安装在小区监控室内，便于小区管理人员对全小区各处的煤气泄漏情况进行监控。

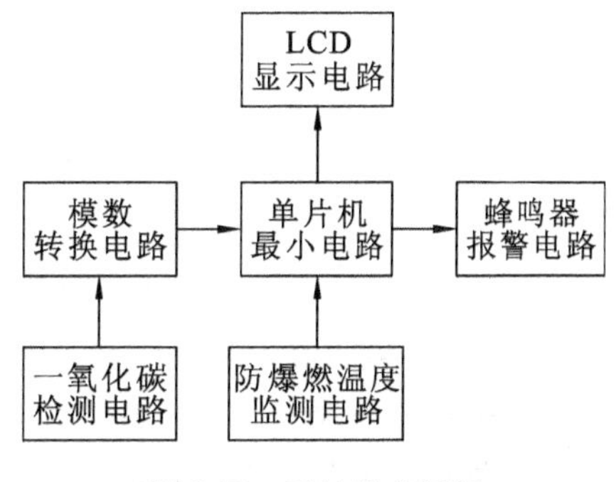

图 3-58　系统组成框图

单片机最小电路为系统电路的控制部分，起着信息处理和驱动所有外部电路的功能。蜂鸣器报警电路和 LCD 显示电路为系统的预警电路，管理人员可通过预警电路及时监测各处检测情况。

一氧化碳监测电路和防爆燃温度监测电路都是一氧化碳监测系统的监测电路，用来对被监测处周边的环境进行数据采集，然后将其传输给系统控制电路。一氧化碳监测电路是本系统用来将外部气体体积浓度信号转换为电压信号的电路。一氧化碳探头在电路中相当于一个可变电阻，电阻阻值会随着监测气体中一氧化碳浓度的升高而降低。将一氧化碳探头和一个阻值不变的电阻串联，输出电压为不变电阻两端的电压，则输出电压会随着空气中一氧化碳的浓度升高而升高。模数转换电路将一氧化碳监测电路的模拟输出电压转换为单片机可处理的数字信号，然后将此信号传输给单片机进行处理，通过超值比较判断是否有一氧化碳泄漏。

一氧化碳是易燃性气体，当空气中的一氧化碳燃烧时，会使得一氧化碳监测电路无法监测到一氧化碳泄漏，因此本系统还加入了一个防爆燃监测电路，此电路会检测空气的温度，通过温度是否超值来判断是否有爆燃情况出现。

当系统检测到一氧化碳泄漏或爆燃发生时，会通过蜂鸣器报警电路发出报警声音，并通过 LCD 液晶显示器显示出是哪一处发生的报警和报警的类型。

1. 气体传感器的分类及优缺点

气体传感器是一种将某种气体体积分数(即浓度)转换为相应电信号的传感器。国外从 20 世纪 30 年代开始研究开发气体传感器。过去气体传感器主要用于煤气、液化石油气、天然气及矿井中的瓦斯气体的监测与报警，目前需要监测的气体种类由原来的还原性气体(H_2,C_4H_{10},CH_4 等)扩展到毒性气体(CO,NO_2,H_2S,NO,NH_3,PH_3 等)。

气体传感器种类繁多，从原理上可以分为如下三大类。

(1) 利用物理化学性质的气体传感器，如半导体、催化燃烧等。

（2）利用物理性质的气体传感器，如热导、光干涉、红外吸收等。

（3）利用电化学性质的气体传感器，如电流型、电势型等。

下面对工业上常用的几种气体传感器进行简单介绍。

（1）半导体气体传感器　这类传感器主要使用半导体气敏材料，利用气敏元件的电阻、电流或电压随气体浓度变化而变化的原理工作的。由于其具有灵敏度高、响应快、输出信号强、耐久性强、结构简单、价格便宜等诸多优点，这类传感器得到了广泛的应用。目前，世界上许多国家开展了对半导体气敏材料的研究，其中日本、美国处于领先地位，我国也投入大量资金和人力进行研究，并取得了一定成果。该传感器已成为世界上产量最大、使用最广的气体传感器之一。

（2）固体电解质气体传感器　这是一种产量仅次于半导体气体传感器的一类传感器。它使用固体电解质材料作为气敏元件。其原理是气敏材料在通过气体时产生离子，形成电动势，通过测量电动势来测量气体浓度。由于这种传感器具有电导率高、灵敏度和选择性好等优点，因而得到了广泛的应用，几乎应用于石化、环保、矿业等各个领域。例如，测量 H_2S 的 YST-Au-WO_3，测量 NH_3 的 NH^+4CaCO_3 等。但这种传感器的制造成本高，监测气体的范围有限，在环境污染检测领域有其优势。

（3）接触燃烧式气体传感器　这类传感器可分为直接接触燃烧式气体传感器和催化接触燃烧式气体传感器。其工作原理是：气敏材料在通电状态下，可燃性气体氧化燃烧或在催化剂作用下氧化燃烧，产生的热量使电热丝升温，从而使其电阻值发生变化，通过测量阻值变化来测量气体浓度。接触燃烧式气体传感器在环境温度下非常稳定，并能对爆炸下限的绝大多数可燃性气体进行检测，普遍应用于石化工厂、造船厂、矿井隧道、浴室、厨房等处可燃性气体的监测和报警。这类传感器只能测量可燃性气体，对不可燃性气体不敏感。其优点为在燃气爆炸下限内输出为线性、只与燃气浓度成正比，温度和湿度的变化对其工作状态影响很小，选择性好、反应速度快、精度高、再现性好。其缺点是催化剂寿命有限，当在可燃性气体与空气的混合物中有硫化氢等含硫物质的情况下，则有可能在无焰催化燃烧的同时，一些固态物质附着在催化元件表面，阻塞载体的微孔，从而引起响应缓慢，反应滞缓，使灵敏度降低。

（4）高分子气体传感器　利用高分子气敏材料制作的气体传感器近年来得到快速的发展。高分子气敏材料在遇到特定气体时，其电阻、介电常数、材料表面声波传播速度和频率、材料重量等物理性能会发生变化。高分子气敏材料由于具有易操作性、工艺简单、常温选择性好、价格低廉、易与微结构传感器和声表面波器件相结合等特点，在毒性气体和食品鲜度等方面的检测中具有重要作用，可以弥补其他气体传感器的不足。

（5）电化学传感器　这类传感器由膜电极和电解液灌封而成。气体浓度信号将电解液分解成阴阳带电离子，通过电极将信号传出。它的优点是反应速度快、准确度高、稳定性好、能够定量检测，但寿命较短（大约两年）。它主要适用于毒性气体的检测，目前国际上绝大部分毒气检测都采用此类型传感器。

2. 一氧化碳监测电路

气敏传感器 MQ-7 适用于家庭或工业上对液化气、天然气、煤气的监测装置。优点：其对液化气、天然气、城市煤气有较高灵敏度；对乙醇、烟雾几乎不响应，具有优良的抗干扰能力，有快速的响应恢复特性，有长期的使用寿命和可靠的稳定性，测试电路比较简单等。

MQ-7 气敏元件的结构和外形如图 3-59 所示，由微型 Al_2O_3 陶瓷管、SnO_2 敏感层，测量电极和加热器构成的敏感元件固定在塑料或不锈钢制成的腔体内，加热器为气敏元件提供了必要的工作条件。封装好的气敏元件有 6 只针状引脚，其中 4 只引脚用于信号传输，2 只引脚用于提供加热电流。

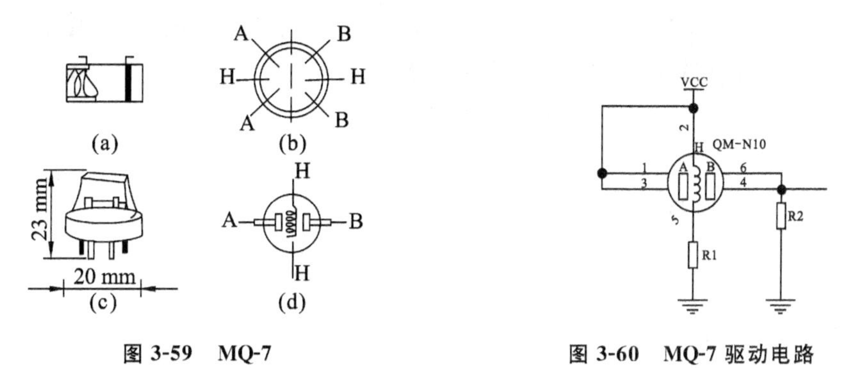

图 3-59　MQ-7　　　　图 3-60　MQ-7 驱动电路

本系统中一氧化碳监测电路的电路图如图 3-60 所示。电路中 MQ-7 的加热电阻 RH 为 30 Ω，电阻 R_1 阻值为 30 Ω，R_2 为 10 kΩ。传感器表面电阻 R_s 随着一氧化碳的浓度变化而变化，通过与其串联的负载电阻 R_2 连接入电路，从而将 R_2 上的电压作为输出电压，其计算公式如下。

$$\frac{U_2}{U_C - U_2} = \frac{R_2}{R_S}$$

然后将所得到的模拟电压信号 U_2 通过 ADC0809 转换为数字信号传输给单片机进行处理。

3. AD 转换电路

AD 转换电路在总电路中是一个过渡电路。因为一氧化碳采集到的模拟电压电路需要传输给单片机进行处理，而单片机只能处理数字信号，因此需要 AD 转换电路把从一氧化碳监测电路输入的模拟信号转换为单片机可以处理的数字信号，然后再按照一定时序传输给单片机。AD 转换电路与 AT89C52 和一氧化碳监测电路的连接电路图如图 3-61 所示。左侧 IN0、IN1、IN2、IN3 四个接口分别为一氧化碳监测电路四个电压输出端接口。ADC0809 的转换输出端口与 P1 端口连接。

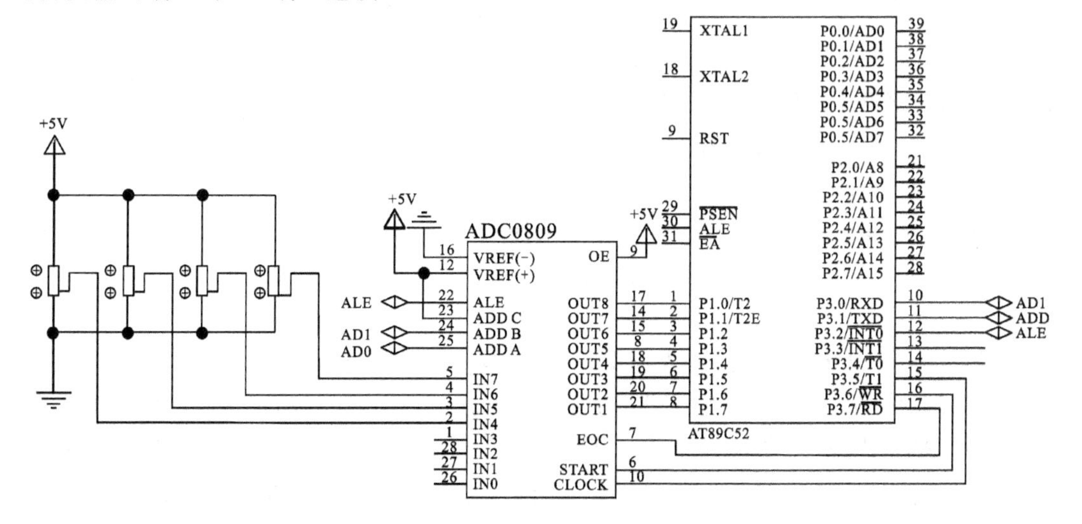

图 3-61　AD 转换电路

ADC0809是带有8位A/D转换器、8路开关及微处理器兼容的控制逻辑的CMOS组件。它是逐次逼近式A/D转换器，可以与单片机直接连接。

ADC0809内部逻辑结构由一个8路模拟开关、一个地址锁存与译码器、一个A/D转换器和一个三态输出锁存器组成。多路开关可选通8个模拟通道，允许8路模拟量分时输入，共用A/D转换器进行转换。三态输出锁存器用于锁存A/D转换完的数字量，当OE端为高电平时，才可以从三态输出锁存器中取走转换完的数据。

1) ADC0809引脚结构

ADC0809各脚功能如下，其引脚结构如图3-62所示。

- D7～D0：8位数字量输出引脚。
- IN0～IN7：8位模拟量输入引脚。
- VCC：+5 V工作电压。
- GND：地。
- VREF(+)：参考电压正端。
- VREF(-)：参考电压负端。
- START：A/D转换启动信号输入端。

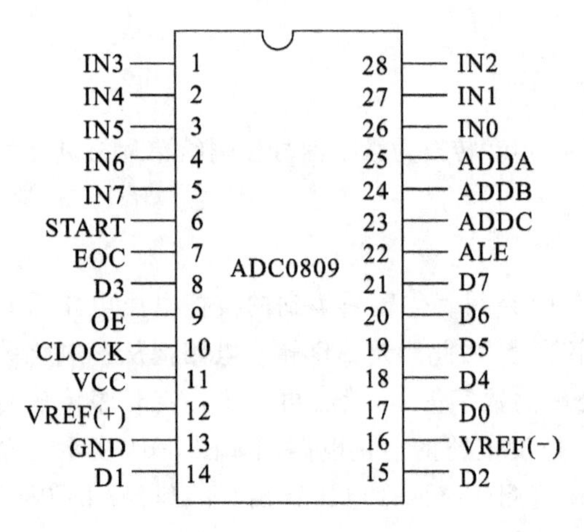

图3-62　ADC0809引脚图

- ALE：地址锁存允许信号输入端（以上两种信号用于启动A/D转换）。
- EOC：转换结束信号，高电平有效。该信号在A/D转换过程中为低电平，其余时间为高电平。该信号可作为被单片机查询的状态信号，也可作为对单片机的中断请求信号。在需要对某个模拟量不断采样、转换的情况下，EOC也可作为启动信号反馈接到START端，但在刚加电时需由外电路第一次启动。
- OE：输出允许信号，高电平有效。当微处理器送出该信号时，ADC0809的输出三态门被打开，使转换结果通过数据总线被读走。在中断工作方式下，该信号往往是单片机发出的中断请求响应信号。
- CLOCK：时钟信号输入端（一般为500 kHz）。
- ADDA、ADDB、ADDC：地址输入线。

ADC0809对输入模拟量要求为：信号单极性，电压范围是0～5 V，若信号太小，必须进行放大；输入的模拟量在转换过程中应该保持不变，如若模拟量变化太快，则需在输入前增加采样保持电路。

ADC0809的地址输入和控制线有4条，具体如下。

(1) ALE为地址锁存允许输入线，高电平有效。当ALE线为高电平时，地址锁存与译码器将ADDA、ADDB、ADDC三条地址线的地址信号进行锁存，经译码后被选中的通道的模拟量进入转换器进行转换。ADDA、ADDB和ADDC为地址输入线，用于选通IN0～IN7中的某一路模拟量输入。其通道选择表如表3-6所示。

表 3-6 通道选择表

ADDC	ADDB	ADDA	选择的通道
0	0	0	IN0
0	0	1	IN1
0	1	0	IN2
0	1	1	IN3
1	0	0	IN4
1	0	1	IN5
1	1	0	IN6
1	1	1	IN7

(2) START 为转换启动信号。当 START 为上跳沿时，所有内部寄存器清零；当 START 为下跳沿时，开始进行 A/D 转换；在转换期间，START 应保持低电平。

(3) EOC 为转换结束信号。当 EOC 为高电平时，表明转换结束；否则，表明正在进行 A/D 转换。

(4) OE 为输出允许信号，用于控制三条输出锁存器向单片机输出转换得到的数据。OE=1 时，输出转换得到的数据；OE=0 时，输出数据线呈高阻状态。

数字量输出及控制线共 11 条，具体如下。

(1) D7～D0 为数字量输出线。

(2) CLOCK 为时钟输入信号线。因为 ADC0809 的内部没有时钟电路，所需时钟信号必须由外界提供，通常使用频率为 500 kHz。

(3) VREF(+)，VREF(-)为参考电压输入。

2) ADC0809 使用说明

ADC0809 的工作流程如下。

(1) ADC0809 内部带有输出锁存器，可以与 AT89C52 单片机直接相连。

(2) 初始化时，使 START 和 OE 信号全为低电平。

(3) 传输需要转换的那一通道的地址到 ADDA、ADDB、ADDC 端口上。

(4) 在 START 端给出一个至少有 100 ns 宽的正脉冲信号。

(5) 是否转换完毕，可根据 EOC 信号来判断。当 EOC 变为高电平时，这时令 OE 为高电平，转换的数据就输出给单片机了。

ADC0809 芯片的时钟信号由引脚 14 提供，其频率为 200 kHz。

因为本系统中只有四个一氧化碳监测电路模拟信号需要处理，因此将 ADC0809 的引脚 C 置高电平，使得芯片只用转换 IN4、IN5、IN6、IN7 四个引脚处扫描到的模拟信号即可。其通道选择如表 3-7 所示。

表 3-7 通道选择表

ADDB	ADDA	选择的通道
0	0	IN4
0	1	IN5
1	0	IN6
1	1	IN7

将引脚 OE 连接+5 V,使得单片机可以随时扫描 ADC0809 芯片的输出引脚 D7～D0 输出的信号,这样既可以节省单片机的引脚资源和因需要处理来自引脚 OE 的信号所需的单片机处理器资源,也可以通过程序控制单片机采集信号的时序来避免采集数据失误。

首先由单片机引脚 12 给 ADC0809 发送一个高电平信号,ADC0809 开始检测来自单片机引脚 10 和引脚 11 的通道选择信号,然后单片机引脚 12 置低电平,将 ADC0809 收到的通道信号进行锁存。然后又由单片机引脚 15 给 ADC0809 发送一个维持 1 ms 时间的高电平信号,当信号为上跳沿时,所有内部寄存器清零;下跳沿时,开始进行 A/D 转换。检查 EOC 转换结束信号是否为高电平,当转换结束信号为低电平时,转换尚未结束,单片机等待,直至转换结束信号转变为高电平,模数转换结束。因为 OE 变为高电平,单片机可随时扫描来自 ADC0809 的数字信号,因此开始传输 ADC0809 转换得到的数字信号。

4. 防爆燃温度监测电路

防爆燃温度监测电路中 DS18B20 与单片机的连接方式如图 3-63 所示。本系统的温度测量芯片 DS18B20 的供电方式是外部电源供电方式,工作稳定可靠,抗干扰能力强,而且电路也比较简单,可以开发出稳定可靠的多点温度监控系统。

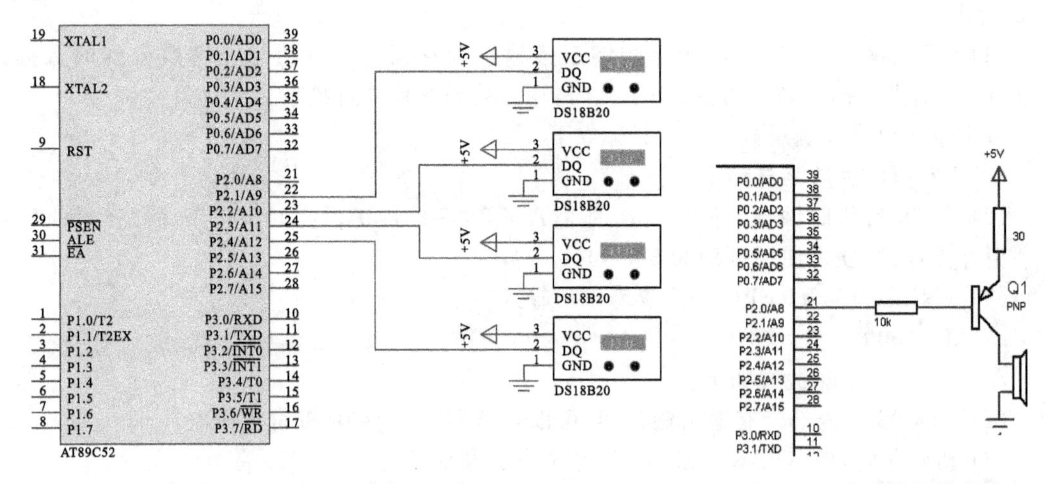

图 3-63　防爆燃温度监测电路　　　　图 3-64　蜂鸣器报警电路

5. 声光报警电路

当系统检测到一氧化碳气体泄漏或一氧化碳爆燃(即 DS18B20 检测到的温度超过预警值)时,系统会进行声光报警。报警电路分为两个部分,即蜂鸣器报警电路和 LCD 显示报警电路。

系统中声音报警使用的是蜂鸣器报警,电路图如图 3-64 所示。压电式蜂鸣器主要由多谐振荡器、压电蜂鸣片、阻抗匹配器及共鸣箱、外壳等组成。有的压电式蜂鸣器外壳上还装有发光二极管。多谐振荡器由晶体管或集成电路构成。当接通电源后(1.5～15 V直流工作电压),多谐振荡器起振,输出1.5～2.5 kHz的音频信号,阻抗匹配器推动压电蜂鸣片发声。压电蜂鸣片由锆钛酸铅或铌镁酸铅压电陶瓷材料制成。在陶瓷片的两面镀上银电极,经极化和老化处理后,再与黄铜片或不锈钢片粘在一起。

在图 3-64 所示电路中,PNP 三极管起到一个开关的作用,而此开关的控制端为 P2.0。当单片机引脚 P2.0 为低电平时,三极管的 be 两端电压为 5 V,be 端接通,三极管开关接通,蜂鸣器正极电压大于 1.5 V,蜂鸣器进行报警。当单片机引脚 P2.0 输出为高电平时,三极管基极和放电极都是高电压，be 无法导通，三极管开关断开，蜂鸣器正极电压为 0 V，蜂鸣器无响应，不进行报警。

系统进行声光报警时，需要在 LCD 显示屏上显示出报警电路的位置。本系统使用 LCD 液晶显示器为 LCD1602。由于本系统应有显示装置完成显示功能，显示器最好能够显示数据，考虑到同种 LCD 液晶显示器的屏幕越大、体积越大，则功耗越大的特点，而该型号显示器消耗电量比较低，可以满足系统要求。该类液晶显示模块采用动态的液晶驱动，可用 5 V 供电。

LCD1602 的引脚 3 处连接的 8.2 kΩ 电阻为对比度调整电阻。当此处电阻过大时，会使得屏幕上显示的符号亮度过低，而当此处电阻直接接地或者连接电阻太小时，屏幕上会显示出一个个亮方块，而应该显示的符号很大程度上会被这些方块遮盖。

三、硬件设计

在本次设计中，软件最主要的是对 MQ-7 传感器传输来的模拟电压信号和 DS18B20 传输来的温度信号进行处理。对于 DS18B20 传送来的温度信号，单片机可以直接进行处理，从而得出当前检测的温度值。而对于 MQ-7 传感器送来的模拟电压信号，需要先进行 A/D 转换处理，即先将其转换为单片机可以处理的数字信号，再通过超值判断子程序，对需要显示的内容进行处理，最后调用显示子程序，将需要显示的内容显示在 LCD 液晶显示器上，并且进行蜂鸣器警。其电路如图 3-65 所示。

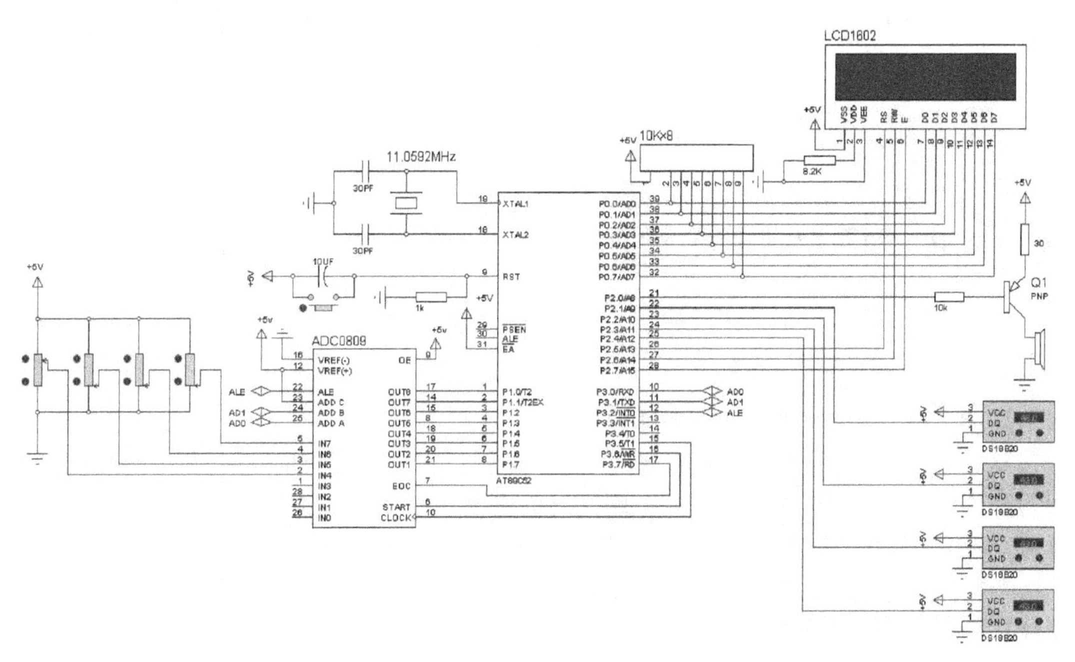

图 3-65　系统电路原理图

四、制作过程

本系统的软件编程主要使用的是 C 语言，其中所有的子程序都是以模块的形式进行编写。使用这种方式编写程序有以下几个优点。

(1) 程序高度集成化，各个子程序调用时，不会相互干扰。

(2) 子程序调用更加简单，在主程序调用子程序时，只需要调用子程序名称及其参数，无须了解其内部程序如何工作。

(3) 由于各个程序模块之间不会相互干扰，因此在程序编译调试过程中，如果程序出错，只需要在出错的子程序模块中找到错误即可，这样就大大降低了程序编译难度。

其主程序流程图如图 3-66 所示。本系统的实物图如图 3-67 所示。

本设计的软件代码在配套的教学资源中，可按前言中提示的方式获取。

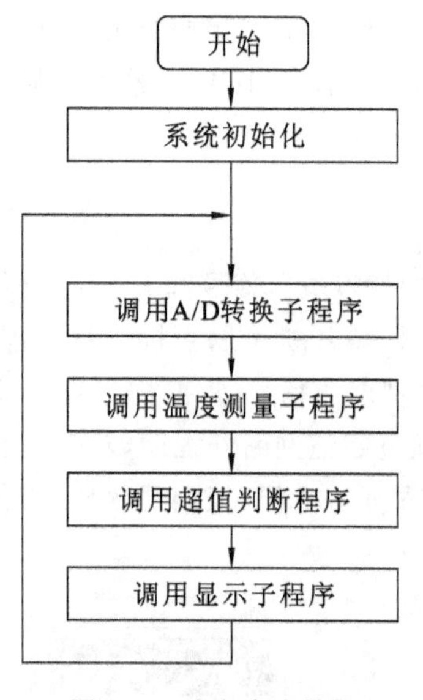

图 3-66　主程序流程图

图 3-67　实物图

3.10　超声波测距的设计与实现——基于单片机的小车避障系统

一、课题背景

1. 基于单片机的超声波测距系统概述

随着全球经济的发展和社会的进步，道路的通行能力、交通安全等问题也越来越突出。利用现代计算机及信息技术来提高道路交通的安全和效率已成为国内外研究的热点。20 世纪 80 年代以后开展起来的关于智能交通系统(ITS)的研究，被认为是解决各种交通问题的一个很好的途径。智能交通系统是将先进的信息技术、通信数据传输系统、电子控制系统及计算机处理系统有效地应用于整个运输管理体系，使人、车、路协调统一，从而建立一个全方位发挥作用的实时、准确、高效的运输综合管理系统。智能汽车是 ITS 发展的重要组成部分，包括先进车辆控制系统、自动高速公路系统、先进的驾驶员信息系统等都是紧紧围绕智能汽车进行的，它对 ITS 有着很大的影响。

本设计所研究的是基于 STC89C52 单片机的车载超声波避障控制系统，它属于智能汽车技术的一种，其研究具有很好的现实意义。

2. 本设计的方案思路

本小节将设计一个基于超声波测距的汽车倒车防撞及汽车前进时的避障控制系统。该系统通过测量从发射超声波到接收到回波的时间间隔，计算得出障碍物与车辆之间的距离，并根据距离的远近结合车辆自身的状态，对车辆进行不同的操作。在车辆的前后各装有三组超声波探头，分别用于监测车辆前后左右不同方向的障碍物情况。当车辆处于倒车状态时，由装在车辆后方的超声波探头进行超声波的发射与回波检测，并通过测距系统分别得到三组探头与障碍物的距离并加以储存，通过 LCD1602 液晶显示器把三组超声波探头测得的距离按顺序显示出来，同时控制蜂鸣器发出示警信号。当车辆处于前进状态时，由装在车辆前方的三组超声波探头进行超声波的发射与回波检测，当超声波探头测得前方出现障碍物时，进行两次距离的测量，根据两次测量到的障碍物与车辆距离的变化情况，得出障碍物在车辆前方的大概方向，进而控制车辆进行转弯或直接停车，从而避免车辆与前方障碍物相撞。在整个系统开始工作之前，将由以 DS18B20 芯片为核心的温度测量系统对车辆周围的环境温度进行检测，对超声波的速度进行温度补偿，以达到更加精确的测量数据。

3. 研发方向和技术关键

设计时有以下几个问题需要特别注意。

(1) 合理设计硬件电路，使各模块功能协调。

(2) 超声波产生的条件。

(3) 超声波探头发射超声波与回波检测。

(4) 单片机对 I/O 口的操作。

4. 主要技术指标

本设计准备实现的主要功能如下。

(1) 超声波的工作频率为 40 kHz。

(2) 超声波发射与返回的距离为实际距离的 2 倍。

(3) 单片机根据超声波测得的实际情况对前进电动机或转向电动机进行控制。

二、总体设计

基于超声波的汽车倒车及避障控制系统，主要是通过超声波测量获得车辆周围障碍物的情况，然后实现对车辆进行不同的操作。具体包括倒车时对车辆与障碍物的距离进行显示并提醒驾驶员注意，以及车辆前进时对车辆进行转向或直接停车的操作，从而避免车辆与前方的障碍物发生碰撞。

根据以上要求，可以将本设计的硬件电路分为几个模块进行设计。主要包括：①以 STC89C52 单片机为核心的单片机控制中心模块，用于对各个模块进行控制，以及对各类数据进行处理，使整个系统得以稳定运行；②以超声波探头为核心的超声波测距模块，分别在车辆前边与后边各装 3 组超声波探头，用于测量车辆前后左右不同方向的障碍物情况，使测量的数据更加丰富，对车辆周围环境的监测也更加全面；③以 DS18B20 芯片为核心的温度测量模块，对车辆周围环境温度进行测量，用于对超声波的速度进行温度补偿，以测得更加精确的距离数据；④以 LCD1602 液晶显示器为核心的显示模块，用于对车辆周围环境温度的显示，以及在倒车时对车辆与后方障碍物的距离进行显示；⑤由蜂鸣器构成的报警模块，用于在车辆倒车时测得后方出现障碍物时提醒驾驶员注意；⑥避障控制驱动电路，用于在车辆前进时对车辆进行转向或直接停车的操作，以避免车辆与前方障碍物相撞，达到安全驾驶的目的。

超声波测距模块为基于超声波的汽车倒车及避障控制系统的关键模块，对车辆采取的一切控制操作都是以超声波测距模块测得的车辆周围障碍物的环境数据为依据进行的，所以设计一个测量准确、运行稳定、误差小的超声波测距模块，是整个系统成功运行的关键。由超声波测距模块得到的车辆与障碍物的距离数据越精确、速度越快，系统对车辆所采取的避障操作也就越及时、越准确。相反，若超声波测距模块反应慢、运行不稳定、测量误差大，就会使系统不能及时得到车辆周围的障碍数据或得到错误的障碍数据，进而无法对车辆进行有效的避障控制，从而有可能使车辆直接与前方障碍物发生碰撞造成车祸。

由于本设计是通过遥控玩具车进行最后的实物仿真实验，而遥控玩具车采用的是直流电动机作为其动力，因此其驱动电路由两个直流电动机驱动电路组成，分别控制车辆的前进、后退和左转、右转。

由以上分析可以得出基于超声波的汽车倒车及避障控制系统的硬件电路的设计框图如图 3-68 所示。

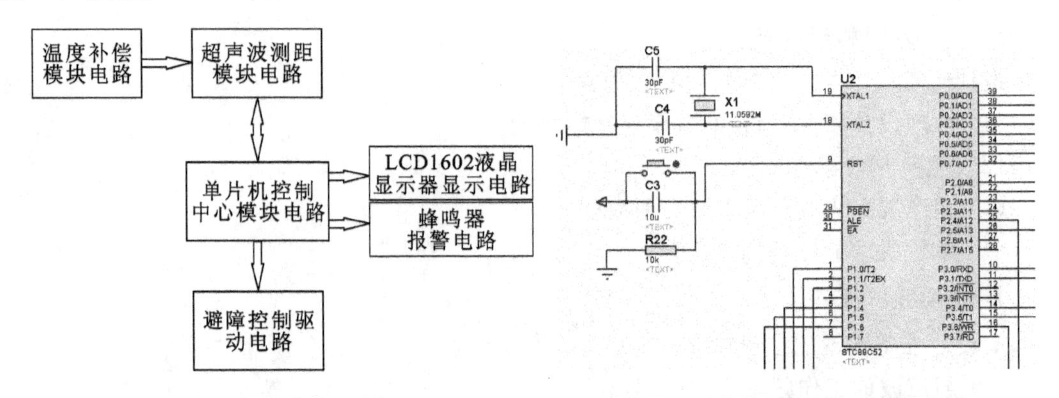

图 3-68　硬件电路设计框图　　图 3-69　单片机控制中心模块电路

三、硬件设计

1. 模块功能介绍

单片机控制中心模块是本系统的核心模块，起着连接各个模块并对各个模块进行控制的作用。包括：①对温度补偿模块进行控制，提取 DS18B20 所测得的信息，并加以处理得到周围环境温度，并通过该温度合理选择超声波的速度；②对超声波测距模块的超声波发射电路和回波检测电路进行控制，并通过测得的时间间隔及超声波的速度加以计算得出车辆与障碍物的距离数据；③对 LCD1602 液晶显示器进行初始化，并控制其显示内容；对蜂鸣器电路进行控制，使其合理发出报警信号；对避障控制模块进行控制，控制遥控小车的前进后退，以及转向或者停车等避障操作。单片机控制中心模块电路如图 3-69 所示。

2. 超声波测距模块

超声波测距模块是本系统的关键模块，只有通过超声波测距模块及时准确地得到距离数据，才能准确控制车辆进行避障操作。本设计中的超声波测距模块分为超声波发射电路和超声波回波检测电路。超声波指的是频率高于 20 kHz 的机械波，它可以由超声波传感器（超声波换能器/超声波探头）产生。超声波传感器可以分为发送器和接收器，它是利用压电效应实现电能和超声波的相互转化。在发射超声波的时候，利用逆压电效应将电能转化为超声波振动，发射出超声波信号；而在收到超声波回波的时候，则是利用正压电效应将超声波的振动信号转换成电信号。

超声波测距模块硬件电路设计框图如图 3-70 所示。

1）超声波发射电路

本设计中的超声波发射电路是以 555 定时器为中心，选取合适的电阻和电容使其产生 40 kHz 的电平信号，使之与超声波发射探头的 40 kHz 固有频率保持一致，连接至超声波发射探头，发射超声波。超声波发射电路如图 3-71 所示。

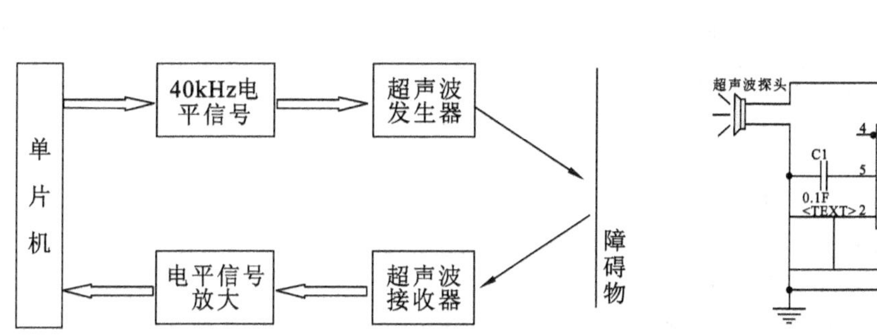

图 3-70　超声波测距模块设计框图

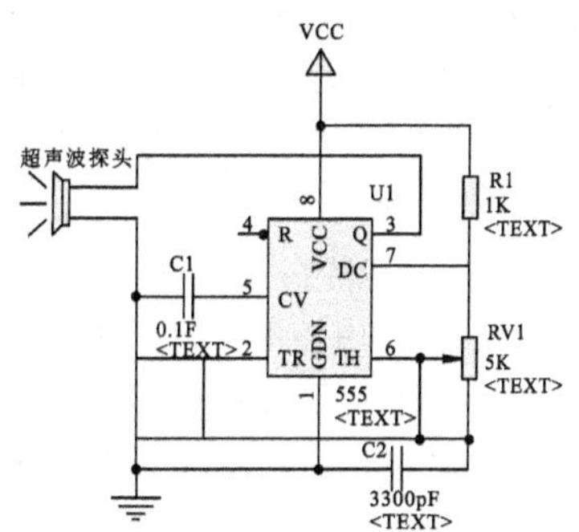

图 3-71　超声波发射电路

2）超声波回波检测电路

超声波回波检测电路采用集成电路 CX20106A，它是一款红外线检波接收的专用芯片，常用于电视机红外遥控接收器。当 CX20106A 接收到 40 kHz 的信号时，会产生一个低电平下降沿脉冲信号，该信号可以连接到单片机的外部中断引脚作为中断触发信号使用。超声波回波检测电路如图 3-72 所示。

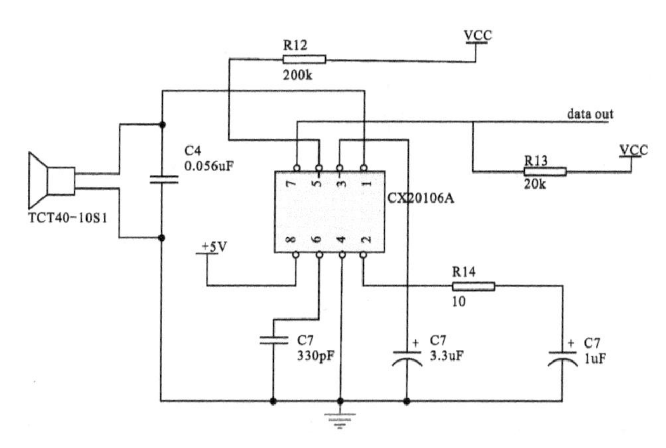

图 3-72　超声波回波检测电路

3. 显示模块

显示模块主要用于显示温度和车辆倒车时后方障碍物与车辆的距离，本系统的显示模块是以 LCD1602 液晶显示器为核心设计的。在单片机系统中选取液晶显示器作为显示器件有很多优点，如低功耗、体积小、超薄轻巧、显示质量高、采用数字式接口等。

LCD1602 字符型液晶显示模块是一种专门用于显示字母、数字、符号等的点阵式 LCD，目前常用的有 16×1、16×2、20×2 和 40×2 等。

4. 温度补偿模块

本设计中的超声波测距模块的设计思想是向某一方向发射超声波，同时定时器开始计时，超声波遇到障碍物立即返回，当回波检测电路检测到回波的同时停止计时，得到时间间隔 t，再用超声波的传播速度 v 乘以时间间隔 t 得到超声波发生器与障碍物的距离。而超声波在空气中的传播速度与温度成正比,温度越高超声波的传播速度就越快。为了得到更加精确的距离数据,要求选取的超声波在空气中的传播速度 v 更加准确,这就需要使用温度补偿模块来检测车辆周围的环境温度,并根据测得的温度来选取超声波在空气中的传播速度。

本设计选取 DS18B20 芯片作为核心设计温度测量模块。DS18B20 是一款实时温度传感器,共有三个引脚 VCC、DQ 和 GND。其中,VCC 为电源引脚,其电源电压范围为 3～5.5 V;DQ 为数据输入/输出引脚,漏极开路,常态下为高电平;GND 为接地引脚。芯片内部有 64 位的 ROM 单元和 9 字节的暂存器单元。64 位 ROM 单元包含了 DS18B20 唯一的序列号(唯一的名字)。

DS18B20 能够直接读出被测温度,并且可根据实际要求通过简单编程实现实时温度的测量。在使用中该芯片具有如下优点。

(1) 与单片机连接时仅需要一条 I/O 口线即可实现与单片机的双向通信。

(2) 在使用过程中不需要任何的外部器件。

(3) 可用数据线供电,电压范围为＋3.0～＋5.5 V。

(4) 测温范围为－55～＋125 ℃。

(5) 通过编程可实现 9～12 位的数字读数方式。

本次设计的温度补偿模块电路如图 3-73 所示。当温度补偿电路测得当前的环境温度之后,由超声波的波速与温度之间的公式来确定计算距离所用的超声波波速,其公式如下。

$$v=331+0.60t$$

5. 蜂鸣器报警模块

在车辆倒车过程中,当车辆后方出现障碍物,在利用 LCD 显示模块将距离显示出来的同时,由单片机控制蜂鸣器电路发出报警信号提醒驾驶员注意。本设计中的蜂鸣器电路是由一个三极管作为开关控制其发声的,当单片机发出的低电平信号,经过电阻 R60,控制三极管 Q1 导通时,会有电流通过蜂鸣器,驱动蜂鸣器发出报警信号;当单片机发出高电平信号且三极管截止时,则没有电流通过蜂鸣器,蜂鸣器也就不会发出任何声音。蜂鸣器报警模块电路如图 3-74 所示。

6. 直流电动机驱动电路

本设计所采用的实验车辆为遥控玩具车,使用两个直流电动机为其提供动力,其中一个直流电动机为车辆的前进和后退提供动力,另一个直流电动机用于为车辆的转向提供动力,由于单片机管脚输出的电平不足以驱动直流电动机,所以需要设计一个直流电动机的驱动电路。本设计中采用 H 桥电路作为直流电动机的驱动电路,以保证直流电动机能够获得足够的工作电压。

图 3-75 所示为本设计中用到的 H 桥式直流电动机驱动电路,该电路的核心部分由四个三极管和一个直流电动机组成,因其外形酷似英文字母“H”,因此得名 H 桥式电动机驱动电路。要使中心的直流电动机转动,必须导通其对角线上的一对三极管。图 3-75 中当电阻 R113 接高电平,电阻 R112 接低电平时,三极管 Q9 和 Q5 导通,电流就从电源正极经过三极管 Q9 从右至左通过直流电动机,再经过三极管 Q5 流回电源负极,直流电动机逆时针转动。当电阻 R113 接低电平,电阻 R112 接高电平时,三极管 Q8 和 Q2 是导通的,电流从左至右流过直流电动机,此时直流电动机顺时针转动。

四、制作过程

基于超声波的汽车倒车及避障控制系统是以 STC89C52 单片机为核心进行设计的,对于单片机的控制,大体上可以分为数据采集处理和过程控制两个部分。系统利用超声波对车辆与障碍物的距离进行测量和通过 DS18B20 对车辆周围环境温度的检测属于数据采集处理过程，而对车辆进行避障操作则属于过程控制。本设计使用 Keil C 软件对 STC89C52 进行编程控制，完成各个模块的协调合作，使得整个系统可以完美运行，实现车辆的避障和距离显示、报警等操作。

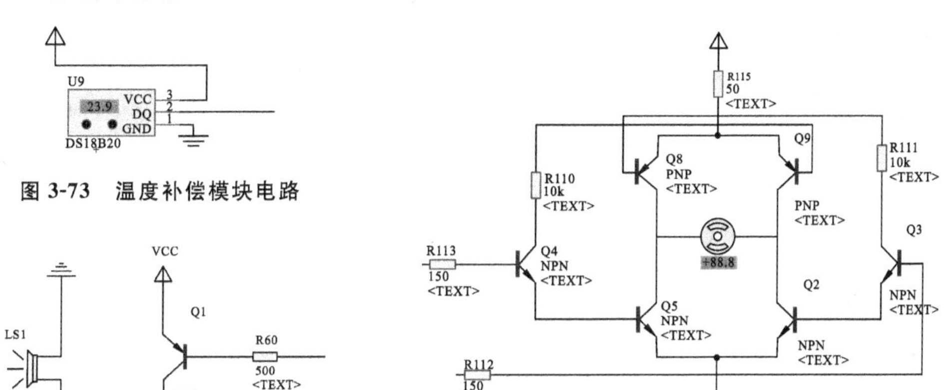

图 3-73 温度补偿模块电路

图 3-74 蜂鸣器报警模块电路

图 3-75 H 桥式直流电动机驱动电路

本课题所设计的基于超声波的汽车倒车及避障控制系统，对车辆进行的所有操作都是根据车辆与障碍物的距离所进行的。所以，首先要通过编程利用单片机对超声波测距模块进行控制，测量车辆与障碍物之间的距离。利用超声波进行距离测量的方法是利用超声波在空气中传播时遇到障碍物立即返回的特性，通过速度与时间的乘积来得到距离数据。但是超声波在空气中传播的波速不是恒定的，而是与温度有关，所以在开始测量之前要通过编程利用 DS18B20 温度测量模块对系统运行的环境温度进行检测，用以对超声波的波速进行补偿，以得到更加准确的距离数据。在得到车辆与障碍物的距离之后，根据这个距离数据和车辆行驶状态来进行后续的距离显示、报警或车辆避障等操作。为了实现上述功能，本设计在进行软件设计时根据各个硬件电路模块的设计将整个软件系统分为若干模块，分别进行程序的设计和编写。其中，超声波测距模块程序用于实现超声波的发射、计时及回波检测等控制和距离数据的计算；温度检测模块程序用于实现对 DS18B20 的初始化、DS18B20 测量数据的读取、温度转化等功能；显示模块程序实现对 LCD1602 液晶显示器的初始化、显示数据的输入和定时刷新等功能；蜂鸣器报警模块程序则实现蜂鸣器发声控制功能；避障模块程序通过对直流电动机驱动电路的控制来实现车辆的转弯控制和直接停车等功能。系统总体程序流程图如图 3-76 所示。实验小车如图 3-77 所示。

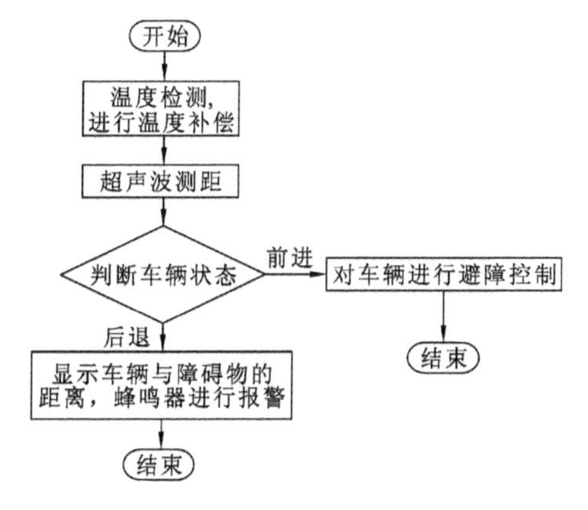

图 3-76 系统总体程序设计流程图

图 3-77 实验小车实物图

参考文献

[1] 江世明. 基于 PROTEUS 的单片机应用技术[M]. 北京：电子工业出版社，2009.
[2] 刘剑，刘奇穗. 51 单片机开发与应用基础教程(C 语言版)[M]. 北京：中国电力出版社，2012.
[3] 江力. 单片机原理与应用技术[M]. 北京：清华大学出版社，2006.
[4] 闫玉德，俞虹. MCS-51 单片机原理与应用(C 语言版)[M]. 北京：机械工业出版社，2004.
[5] 张志良. 单片机原理与控制技术[M]. 2 版. 北京：机械工业出版社，2011.
[6] 杨旭方. 单片机控制与应用实训教程[M]. 北京：电子工业出版社，2010.
[7] 鞠剑平，陈朝大. 单片机应用技术教程[M]. 武汉：华中科技大学出版社，2012.
[8] 王守中，聂元铭. 51 单片机开发入门与典型实例[M]. 2 版. 北京：人民邮电出版社，2009.
[9] 周慈航，饶运涛. 单片机程序设计基础[M]. 北京：北京航空航天大学出版社，1997.
[10] 胡汉才. 单片机原理及其接口技术[M]. 3 版. 北京：清华大学出版社，2010.
[11] 胡伟. 单片机 C 程序设计及应用实例[M]. 北京：人民邮电出版社，2003.
[12] 赵佩华. 单片机接口技术及应用[M]. 北京：机械工业出版社，2005.
[13] 姜志海，赵艳雷. 单片机的 C 语言程序设计与应用[M]. 北京：电子工业出版社，2008.
[14] 武庆生，仇梅. 单片机原理与应用[M]. 成都：电子科技大学出版社，1998.
[15] 马忠梅，籍顺心，张凯，等. 单片机的 C 语言应用程序设计[M]. 4 版. 北京：北京航空航天大学出版社，2007.
[16] 刘同法，肖志刚，彭继卫. C51 单片机 C 程序模板与应用工程实践[M]. 北京：北京航空航天大学出版社，2010.
[17] 邹显圣. 单片机原理与应用项目式教程[M]. 北京：机械工业出版社，2010.
[18] 姚国林. 单片机原理与应用技术[M]. 北京：清华大学出版社，2009.
[19] 张涛. 单片机技术[M]. 北京：电子工业出版社，2012.
[20] 刘训非，陈希. 单片机技术及应用[M]. 北京：清华大学出版社，2010.